TEN CANONICAL BUILDINGS 1950-2000

Peter Eisenman

建筑经典

1950-2000

〔美〕彼得·埃森曼 著

范路 陈洁 王靖 译

创于1897 商务印书馆
The Commercial Press

建筑新视界

TEN CANONICAL BUILDINGS 1950-2000

Peter Eisenman

建筑经典

1950-2000

〔美〕彼得·埃森曼 著

范路 陈洁 王靖 译

商务印书馆
The Commercial Press
1897

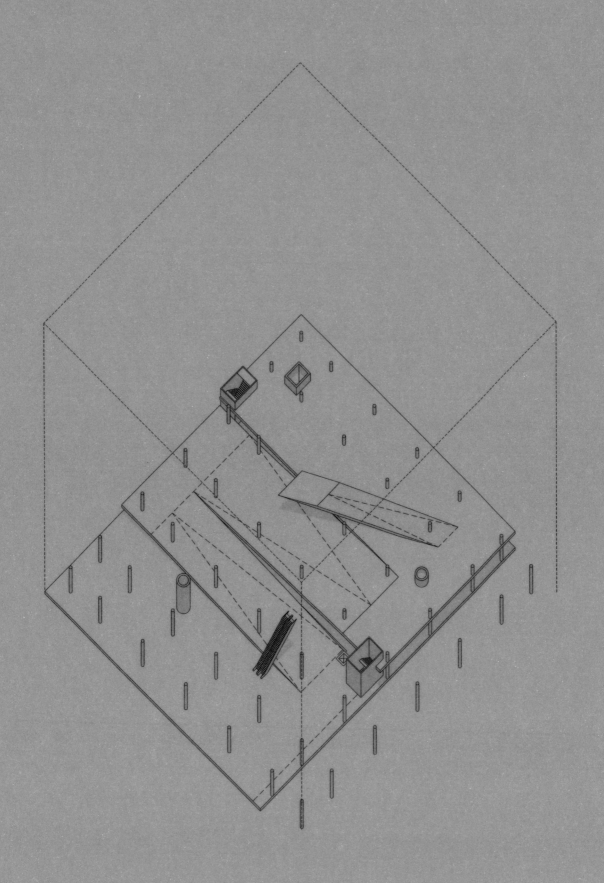

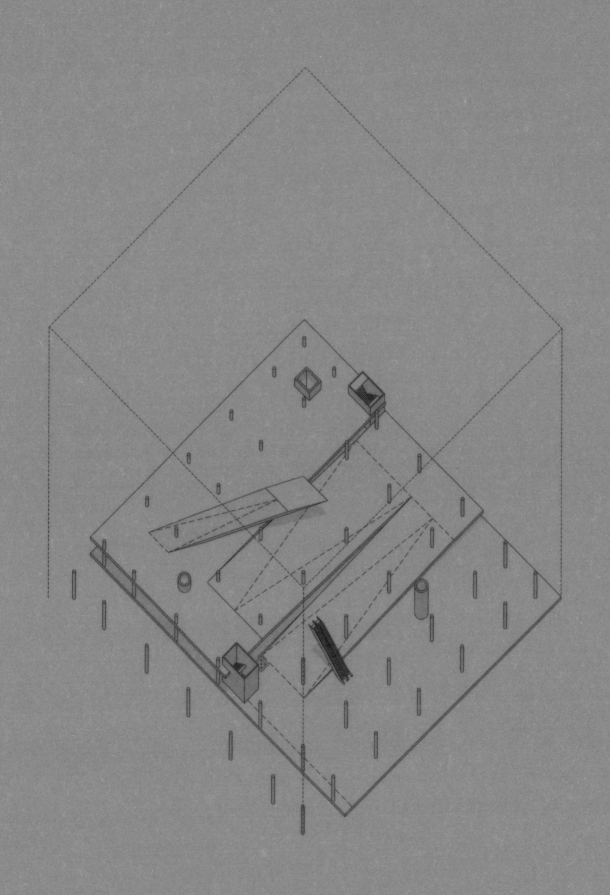

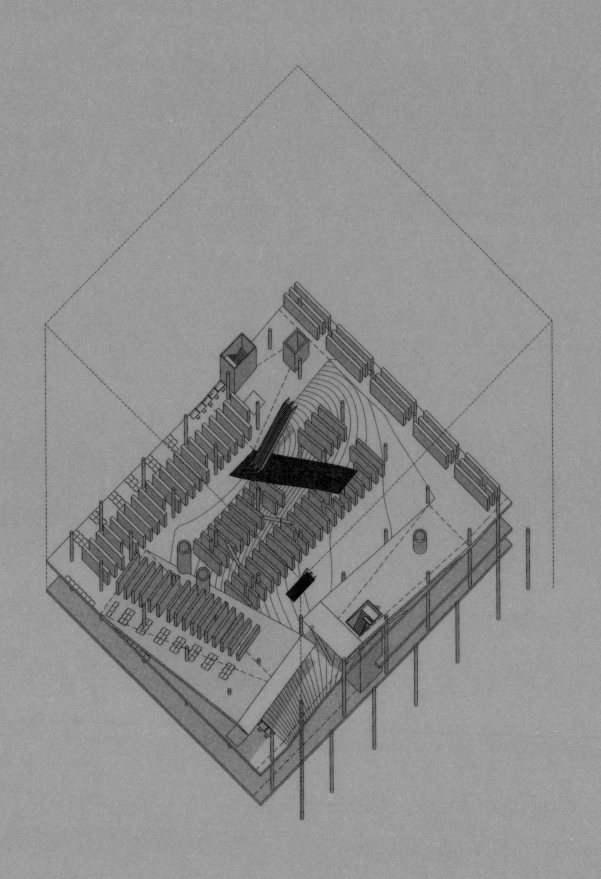

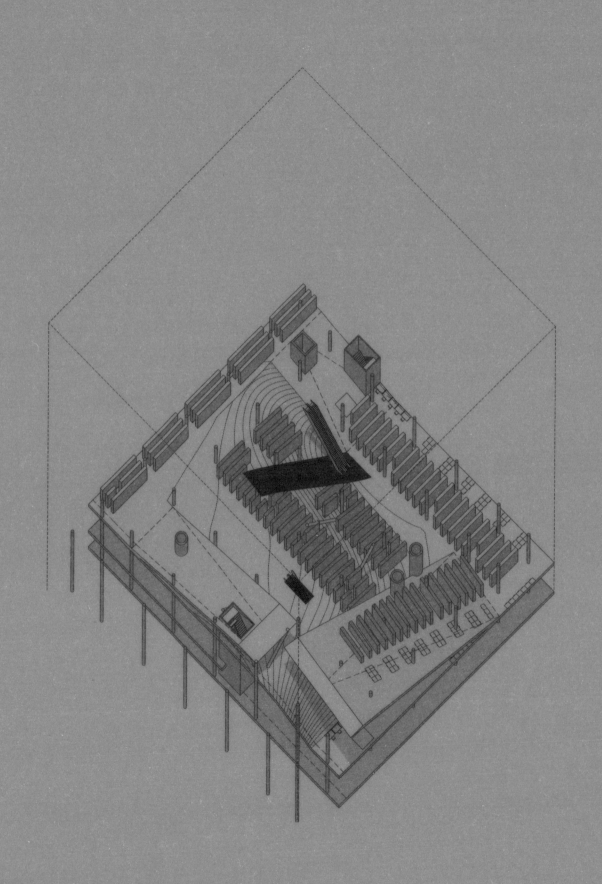

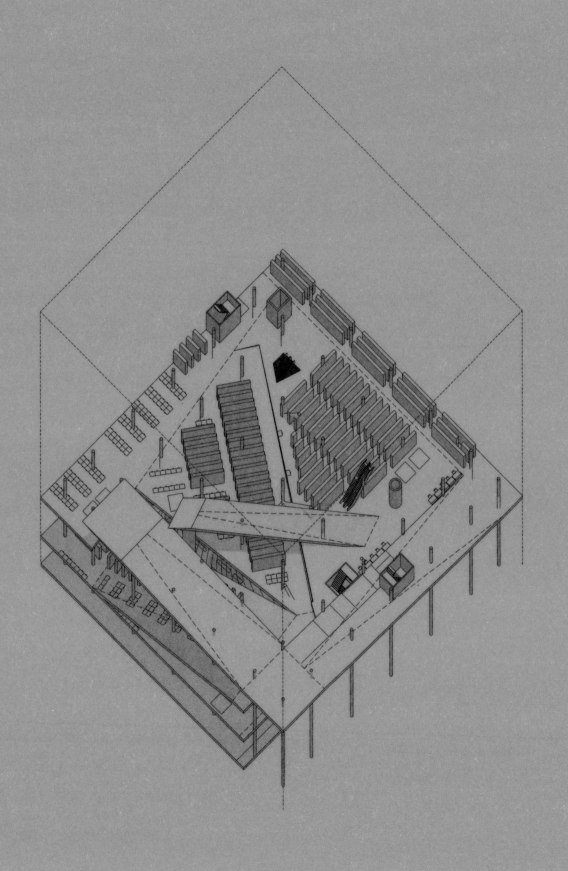

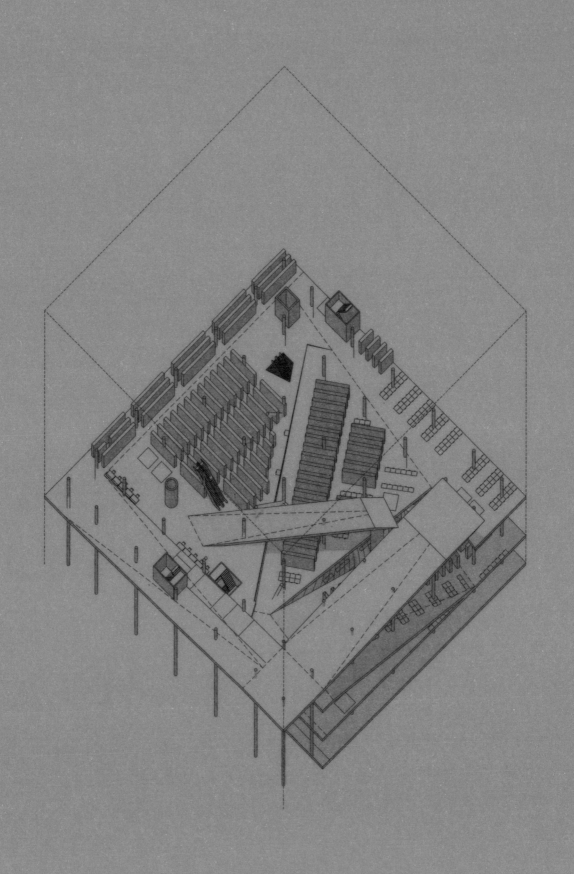

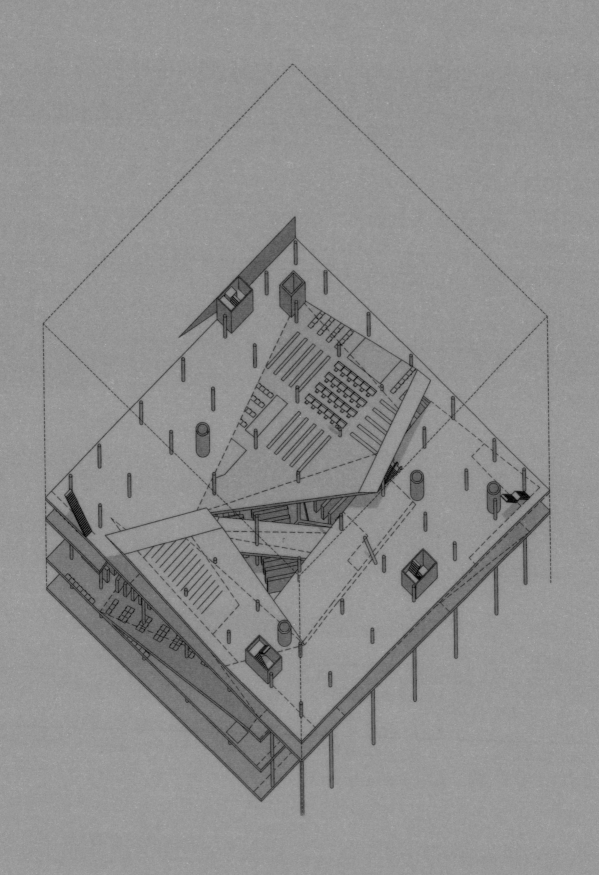

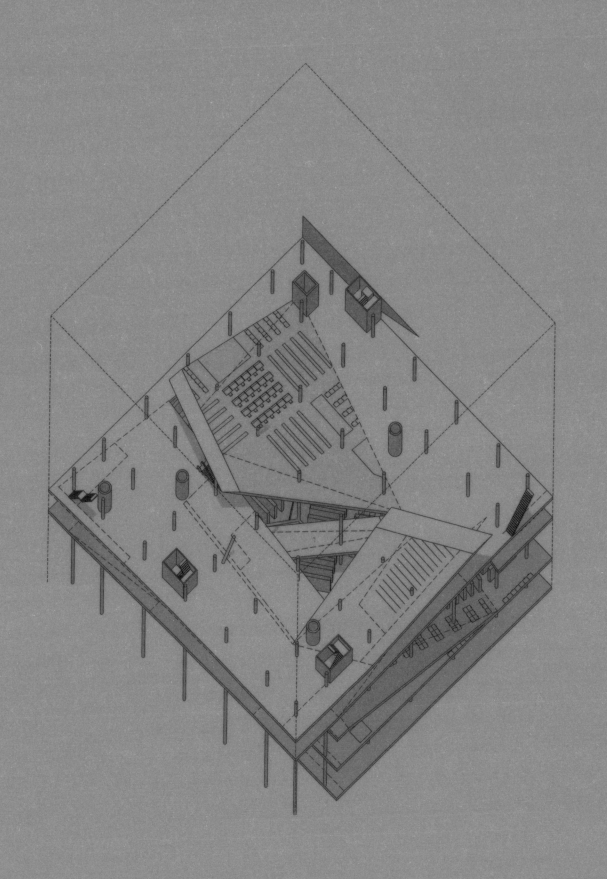

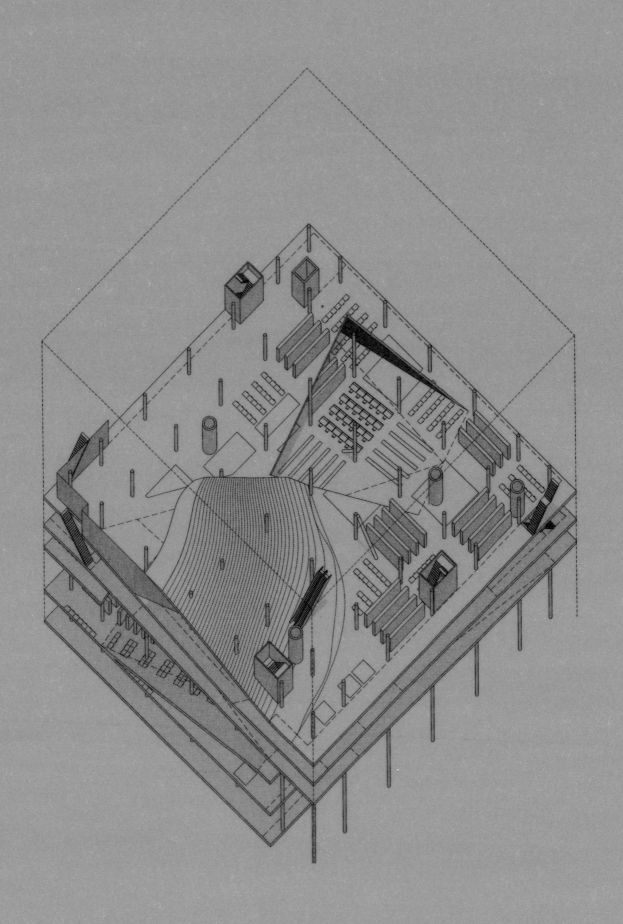

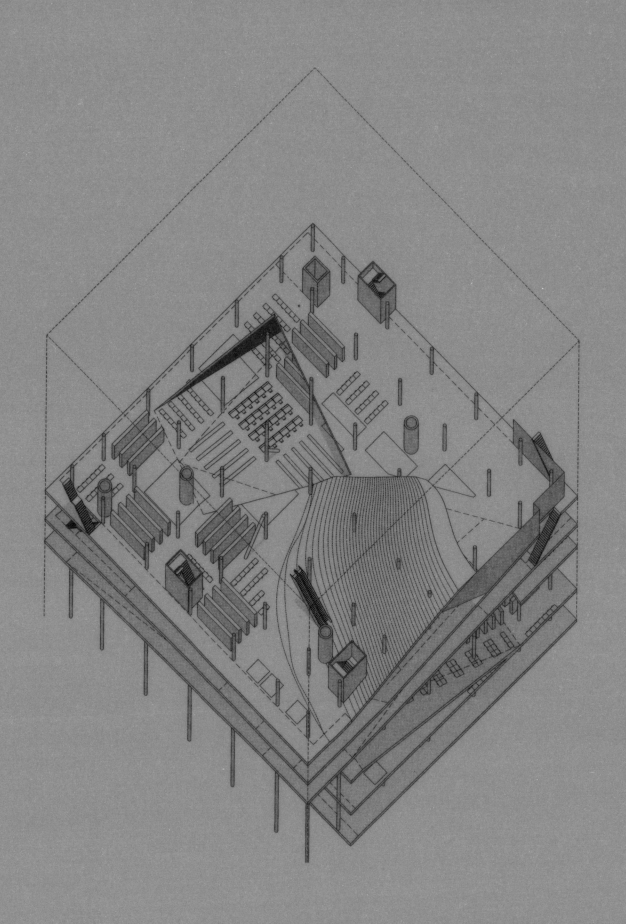

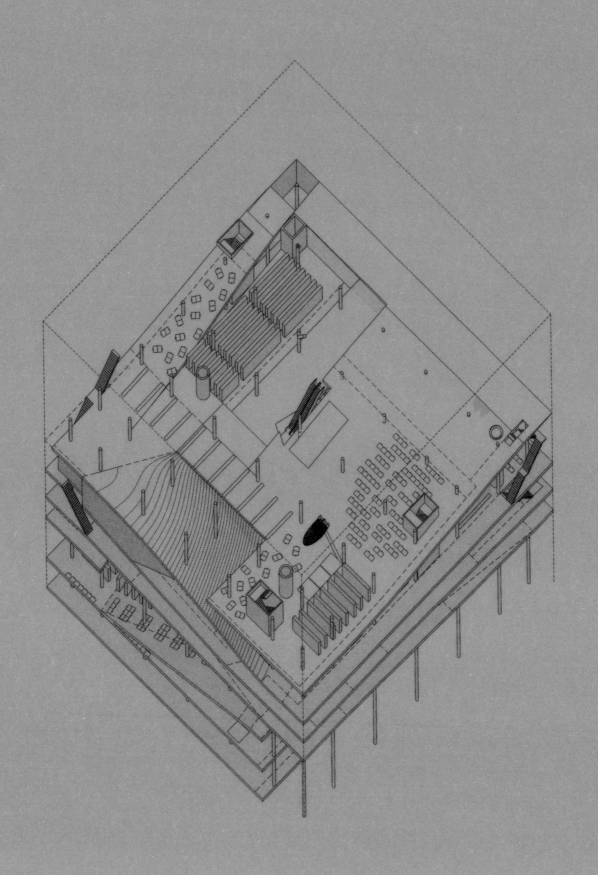

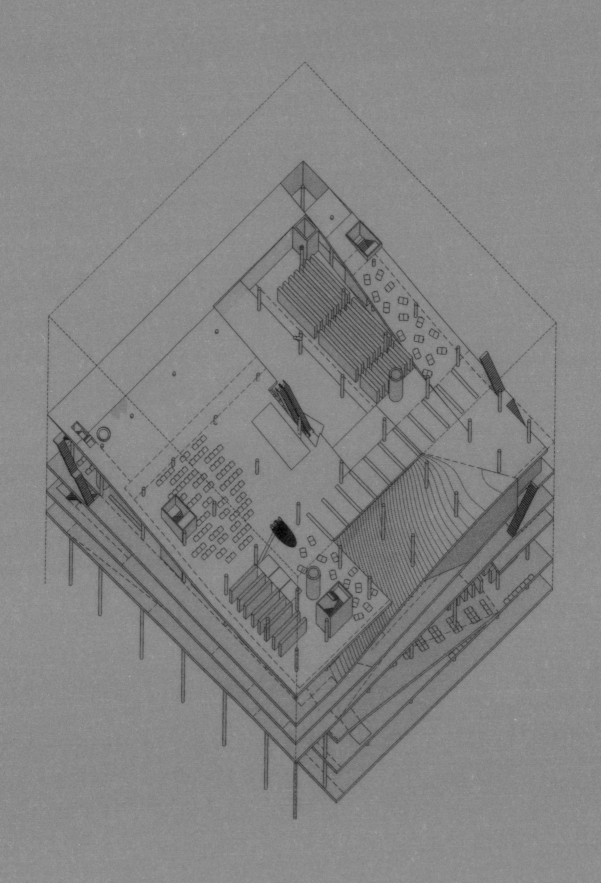

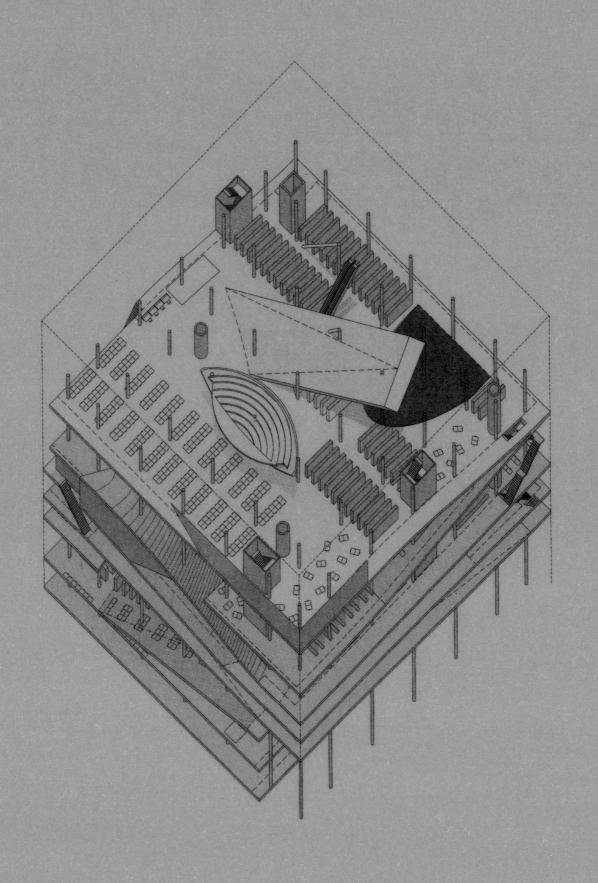

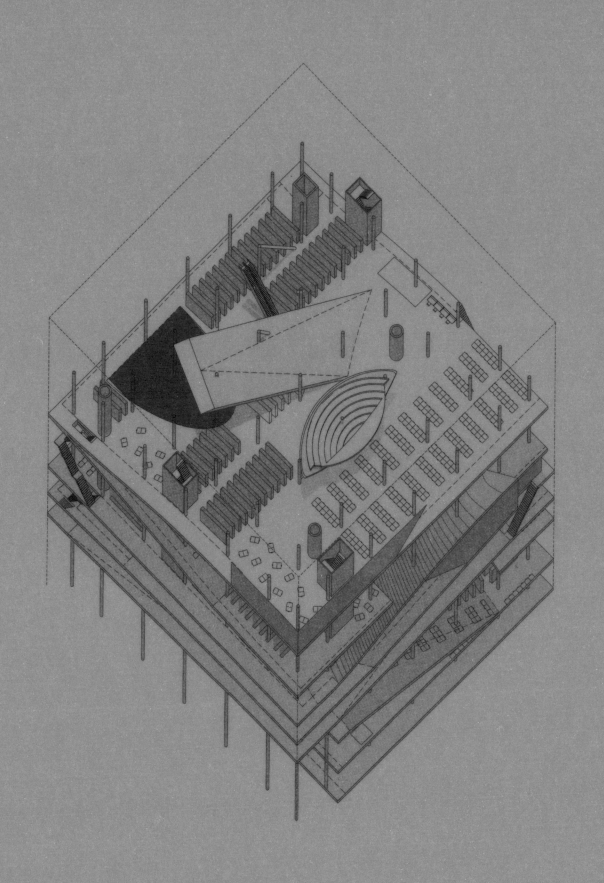

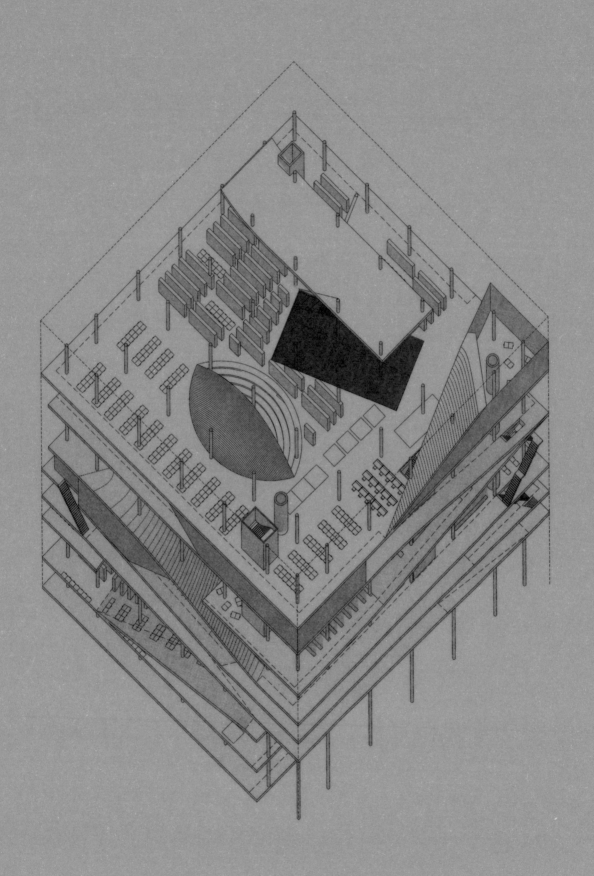

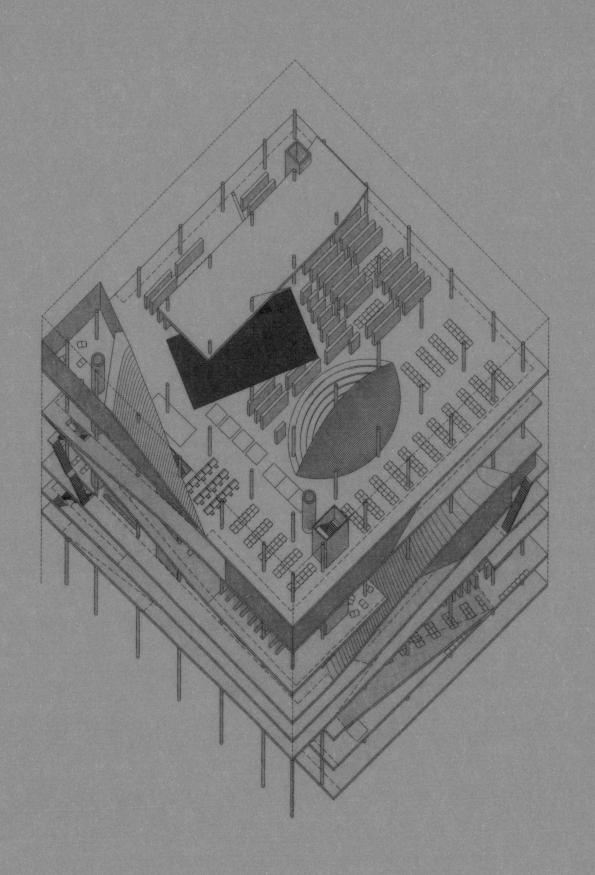

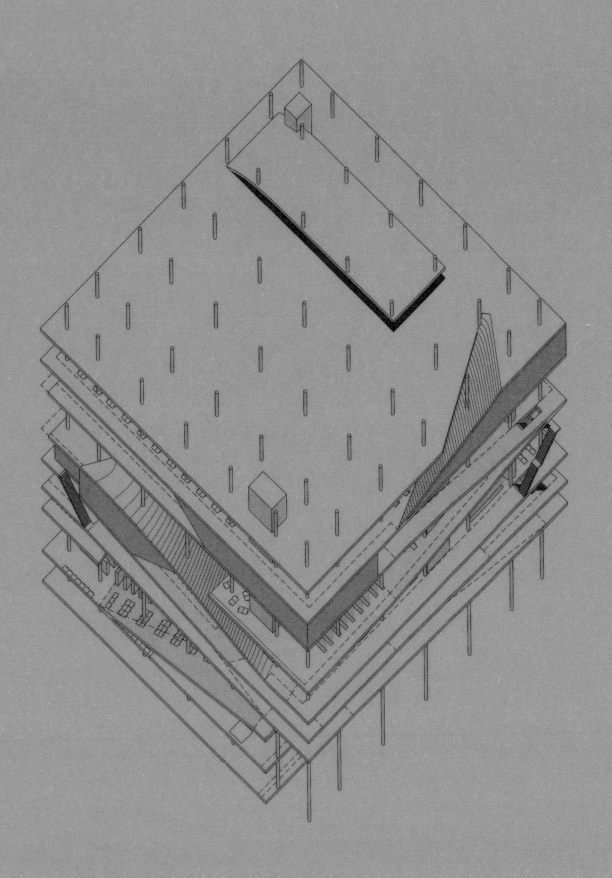

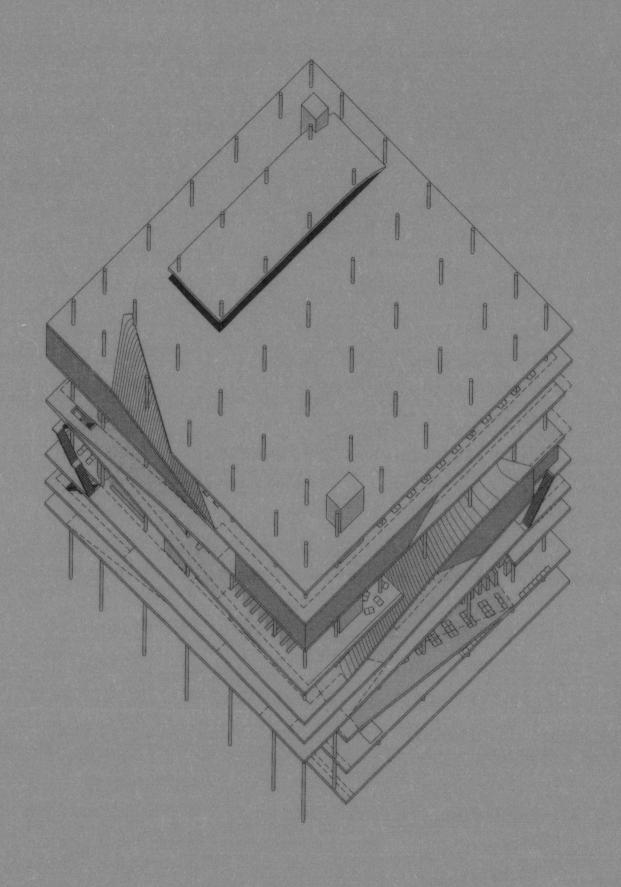

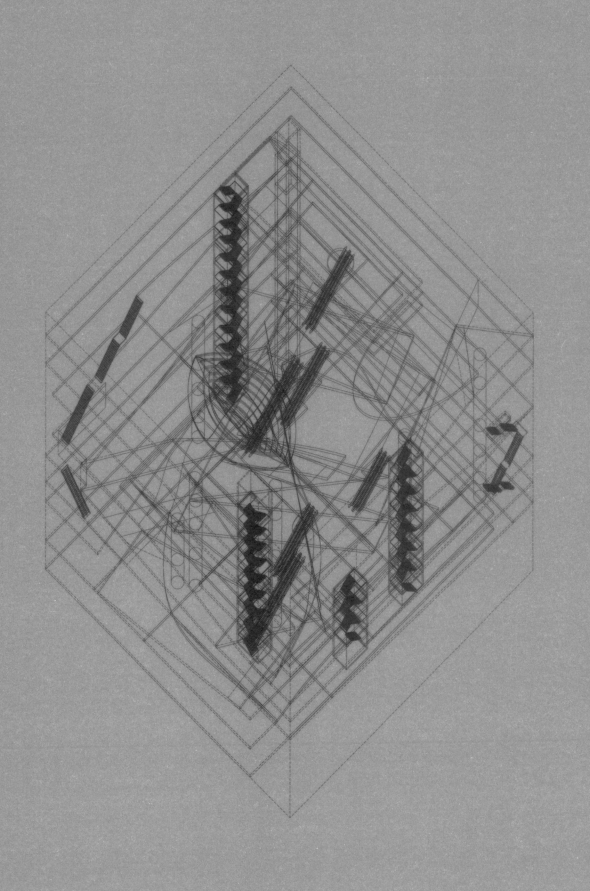

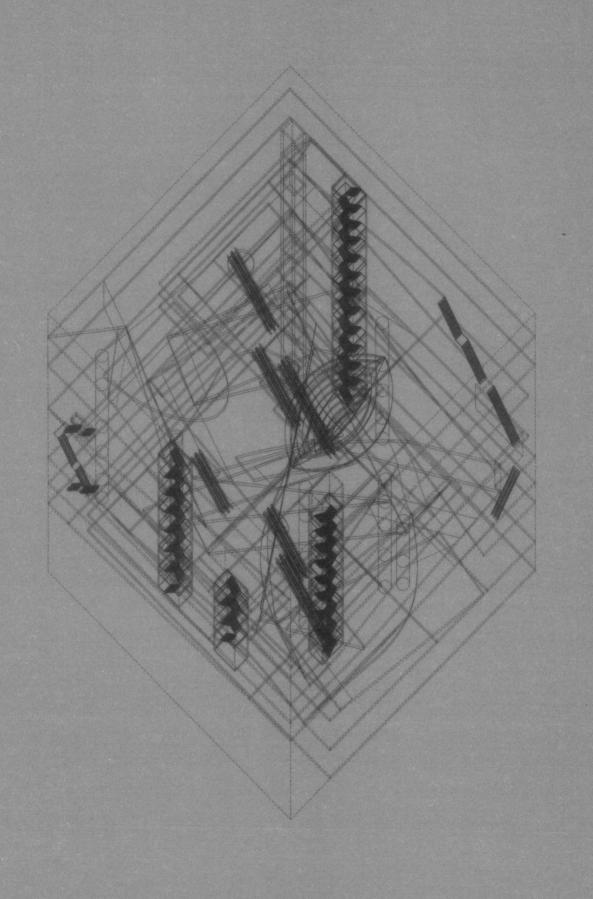

目　录

中文版序　彼得·埃森曼 / 1

译者序：设计创新的经典　范路 / 3

致谢 / 9

埃森曼的经典：一种关于现代的反记忆　斯坦·艾伦 / 11

导言 / 1

1　文本的轮廓 / 13
　　路易吉·莫雷蒂，"向日葵"住宅，1947—1950 年

2　伞形图解 / 37
　　路德维希·密斯·凡·德·罗，范斯沃斯住宅，1946—1951 年

3　文本的异端 / 59
　　勒·柯布西耶，斯特拉斯堡议会大厦，1962—1964 年

4　从格网到历时性空间 / 87
　　路易斯·康，阿德勒住宅与德·沃尔住宅，1954—1955 年

5　九宫格图解及其矛盾性 / 113
　　罗伯特·文丘里，凡娜·文丘里住宅，1959—1964 年

6　材料的反转 / 139
　　詹姆斯·斯特林，莱斯特大学工程馆，1959—1963 年

7　类比的文本 / 163
　　阿尔多·罗西，圣·卡塔尔多公墓，1971—1978 年

8   虚体的策略 / 185

     雷姆·库哈斯，朱西厄大学图书馆，1992—1993 年

9   轴线的解构 / 215

     丹尼尔·里伯斯金，犹太人博物馆，1989—1999 年

10   柔软伞形图解 / 241

     弗兰克·盖里，彼得·路易斯大楼，1997—2002 年

参考文献 / 271

索引 / 279

图片来源 / 283

中文版序

彼得·埃森曼

范路译　罗乐校

在《建筑经典：1950-2000》的中文版译者序中，范路引用了曼弗雷多·塔夫里（Manfredo Tafuri）的评论——"埃森曼再设计了特拉尼（Eisenman Redesigns Terragni）"，并认为我对书中十座建筑的分析也算是对它们的再设计。他认为这些"再设计和分析常常显得有些牵强"，认为我把自己的想法强加给了被讨论的作品。这让我想到了雅克·德里达对拷贝副本（the copy）和原本（the original）关系的讨论。德里达指出，每个拷贝副本在某些情况下都会变成新的原本。而我的分析便以类似的方式发挥作用——它们就像拷贝副本一样，一旦构想出来，就独立成为了新的原本。20世纪欧洲整个哲学传统的基础便是如此，哲学家用其他哲学家作为代言人来说自己的想法。德里达对胡塞尔或海德格尔的讨论，不仅没有削弱彼此，反而为新的"原本的"海德格尔或德里达建立了一个语境。本书便应该放到20世纪西方哲学的语境下来阅读。

这类书能够存在的必要前提，是存在所谓象征性的学科权威（symbolic disciplinary authority）。如果本书讨论的建筑代表了某种对于现状的抵抗，那么这些作品反抗了设计它们时所面对的学科权威。如果审视二战后的美国建筑历史，就会发现这种权威的痕迹。在1940年代是弗兰克·劳埃德·赖特；在1950年代是勒·柯布西耶和密斯·凡·德·罗；在1960年代是路易斯·康；在1970年代是罗伯特·文丘里、詹姆斯·斯特林和阿尔多·罗西；在1980年代是解构理论（deconstruction）；在1990年代是数字化（the digital）。今天这种权威处于弱势，而建筑学中缺少反抗、挑战学科当下状况的作品，便能证明这一点。今天可能不会有《建筑经典：1950-2000》这样的书了，因为已经没有批评性的学科权威了。今天，我们的学生和同行找不到象征性权威的模范。这不是因为民粹主义者（populist）控诉各种权威，而是由于我们文化的弱势。任何文化都会有低谷，这在当今的建筑学中十分明显。然而低谷也并不意味着文化将总是这样。与此同时，或许现在最好的选择是走向内部，"致力于语言研究（work on the language）"。

补充说明一点。今天要理解本书的研究和写作背景，可能有必要先读一下我完成于1963年的博士论文《现代建筑的形式基础》（*The Formal Basis of Modern Architecture*）。它比文丘里的《建筑的复杂性与矛盾性》和罗西的《城市建筑学》要早3年完成。该论文分析了勒·柯布西耶、弗兰克·劳埃德·赖特、阿尔瓦·阿尔托（Alvar Aalto）和朱塞佩·特拉尼（Giuseppe Terragni）的作品，并用原形（primitive form）将建筑描述为一种语言，而这就是"现代建筑的形式基础"。

我的作品总是对立于流行的时尚和特定时期的时代精神（zeitgeist），或早或晚或前或后都是如此。因此，它对立于大数据、参数化（parametricism）、物体化的本体论（object oriented ontology）和当今的其他时尚。我的作品总是关注建筑学科自身的起落兴衰、它的转变和批判等等。我的分析图解与当下流行时尚——如数字化作品中很明显的现象学——的不同之处在于，运转（movement）是我的作品尤其是图解的内在特质。我的图解和分析，与鲁道夫·维特科尔（Rudolf Wittkower）和科林·罗（Colin Rowe）的很不一样。他们的图解或多或少是静态的，而我的图解则具有内在运转（intrinsic movement）的含义。这种运转可看作是概念或精神的现象，而非表面现象。我即将于2015年9月出版的新书《虚拟的帕拉迪奥》（Palladio Virtuel），最充分地体现了这一点。它彻底改变了人们对帕拉迪奥的已有认识。我的分析工作的独特之处是，以观察为解读（seeing as reading），将建筑看作文本（text）而非叙事（narrative）。因此，与流行的观念相反，建筑不仅仅是关于物质的存在。这就是我从1960年持续到现在的工作所试图表明的。

如今学生常常要问，为何要研究帕拉迪奥、阿尔伯蒂或柯布西耶。我通常会给出同样的答案，即：为了讲一种语言，创作一部歌剧，写一本小说，编排一支舞蹈，你必须了解这一学科，以及其自主性（autonomy）、语法（grammar）和句法（syntax）的构成。如今，在这样一个多元、全球化的世界里，有太多人似乎忘记了这一点。学生、老师、老师的老师，他们常常不知道建筑是什么，为何如此发展？因为他们只是粗略地了解建筑学的学科规律，以及是什么在推动这一学科的发展。当然，可持续和环境问题的因素是存在的，但就像从事可持续发展的人士所谈到的，这类工作并没有任何的形式上的决定因素（formal determinants）。假如存在形式的决定因素，它们也不会与任何叙事发生一一对应的关系（one to one correspondence）。从1963年至今，我的形式分析研究一直将这些决定性因素置于批判体系（a critical matrix）之中。如果要解释建筑学批判体系构成要素的本质，那很可能需要一篇长文章或一本小书。但在此只需要表明，我建筑创作、理论写作和教学研究的目标，是探索生成一种不再仅仅基于笛卡尔几何的复杂形象（a complex figuration）。

总之，我最新的研究是，形式如何能撼动并抵抗已被普遍接受的全球资本的力量。与学科权威形成对比的是，资本已成为意识形态力量的来源。为了试图让建筑脱离意识形态力量，起步工作或许可以是与学科规律进行批判性对话。

我期待继续与中国对话，与中国的思想者和学生对话。十分感谢这次出版机会！

2015年3月

译者序：设计创新的经典

范　路

经典与范式转变

《建筑经典：1950—2000》是美国建筑师、建筑理论家彼得·埃森曼于2008年出版的一本重要的理论著作。该书根据埃森曼在普林斯顿大学的研究生理论课讲稿整理而成，分析了20世纪后半叶10位影响深远建筑师——莫雷蒂、密斯、柯布西耶、康、文丘里、斯特林、罗西、库哈斯、里伯斯金、盖里——各自的一座重要建筑。通过这十座建筑，埃森曼探讨了这些建筑师的理论立场、创新之处和设计贡献，并反思了现代主义之后的建筑发展。

埃森曼用经典（canon）来定义其挑选的十座建筑，而他对经典的界定指向了设计创新。在该书导言中，他分辨了三类建筑——经典建筑（canonical buildings）、伟大建筑（great buildings）和批判性建筑（critical works）。埃森曼认为，经典建筑既不同于伟大建筑，也有别于批判性建筑。伟大建筑是某种范式（paradigm）的充分表达，是总结式的，只需要简单明确的解读。而经典建筑却是新旧范式转变的关键点，具有创新性和预示性。伟大作品具有中心性，而经典作品具有边缘性和异端性（heresy）。相对而言，经典建筑和批判性建筑的区别则要微妙一些。经典建筑是一种连接也是一种断裂，而批判性建筑主要与其先例发生断裂。经典作品具有批判性，而批判性作品未必都是经典。批判性作品只是质疑已有范式，而经典作品在批判过去的同时还提出了新的可能。因此在他眼中，经典建筑是理解建筑范式演化和设计创新的最好切入点。

由于经典具有边缘和异端的特性，书中讨论的经典建筑不一定是其建筑师最著名的作品。在讨论柯布西耶的章节，埃森曼选取柯布晚年设计的斯特拉斯堡议会大厦方案作为经典，而非人们熟悉的马赛公寓、朗香教堂或拉图雷特修道院等。在分析路易斯·康的部分，他挑选了阿德勒和德·沃尔两座住宅设计方案，而非著名的耶鲁大学美术馆、宾夕法尼亚大学理查德医学楼、印度管理学院等作品。在这十座建筑中，虽然有些建筑十分著名，但埃森曼的讨论却集中在人们较少关注的方面，即它们的经典特性。例如，针对文丘里住宅，他主要分析了设计过程中所有方案的平面演变，而非该住宅广受赞誉的立面符号系统。面对莱斯特大学工程馆时，埃森曼建立了不同于主流甚至是斯特林自己的解释框架，主要讨论了材料虚体和实体反转的形式意义，而非常规的功能布局、形体空间等议题。

在设计师的创作生涯中，经典建筑是新旧范式转换的时刻，所以探讨它们就需要以建筑师的所有作品为背景。而理解这十座建筑，就是理解十位建筑师设计生涯和对建筑发展贡献的重要线索。在讨论斯特拉斯堡议会大厦方案时，埃森曼指出笛卡尔网格（Cartesian grid）和形象（figure）的二元关系，是理解柯布西耶一生探索的线索。其"二战"前的作品以笛卡尔网格为主导，"二战"后的创作以形象为主导。而在柯布设计生涯最后的斯特拉斯堡议会大厦项目中，二元对立并以一方为主导的关系变成了二元并置。而该项目也成为了之后库哈斯朱西厄大学图书馆创作的先例。对里伯斯金而言，形式策略从指示性痕迹（indexical trace）向修辞学象征（rhetoric symbol）的转变，是理解其所有作品的很好视角，而犹太人博物馆项目正是两种策略相互挣扎、共同作用的结果。盖里的绝大部分建筑都运用了数字技术，但其中却有两种不同的设计过程。在他早期的实践中，使用计算机更多是辅助手段，形式生成主要还是基于先例的类比方法（analogic process）。而到了路易斯大楼项目中，基于算法的数字化形式生成（digital process）才介入其中，成为共同的主导。而如今，参数化形式生成的设计已成为当代建筑的一个重要流派。可以看出，埃森曼以一叶落而知天下秋的方式，详细分析了10个经典案例，更以亲历者的视角描述了20世纪后半段的建筑发展历程。

建筑自主性与图解

埃森曼讨论的建筑范式，是建筑形式的范式。而这充分体现了他一生对建筑自主性的不懈探求。在埃森曼的理论体系中，建筑自主性是建筑关于自身、表达自身的形态规则。它包括先验的形式逻辑和设计意图（intention）的贯彻，是建筑形式从无到有生成的深层句法逻辑。其1979年的代表性论文《现代主义的视角——多米诺住宅和自我指涉的符号》则能帮助我们理解这一概念。在该文中，他从自主性的视角对现代建筑的经典原型——柯布西耶的多米诺住宅进行了分析。他认为在多米诺住宅中，楼板、柱子、楼梯、基础的形式以及各类构件相互位置关系的多层次设计，都表达了住宅形式的最初意图——长轴性，体现了多米诺所寓意的不断复制与无限延伸可能。在各类构件相互关联、共同表达长轴性的过程中，多米诺住宅体现了现代主义的物体性（objecthood），成为一个自我指涉的符号（the self-referential sign）。而这种形式自主——形式操作和意图贯彻，使得建筑不同于几何（geometry）、雕塑（sculpture）和房子（building），成为关于建筑的建筑（an architecture about architecture）。[1]

埃森曼认为，自主性是建筑学的核心问题。而建筑的工具性（instrumentality）——功能、结构与类型等，却不是让建筑成为经典的理由，因为"所有的建筑都伫立在那儿；所有的建筑都有功能；

---

    1   Peter Eisenman. Aspects of Modernism: Maison Dom-ino and the Self-Referential Sign. In: Peter Eisenman. Eisenman inside out: selected writings, 1963-1988 [M]. New Haven and London: Yale University Press, 2004. pp.111-120.

所有的建筑都有围护"。[1] 他认为，对巴洛克建筑师波洛米尼设计的教堂来说，能否听清弥撒或重大活动时是否拥挤，并不是建筑史讨论的主题。而现代建筑受限于狭隘的功能主义，致使现代主义的形式原则没能充分发挥作用。在自己的建筑创作中，埃森曼便高举自主性的旗帜，回归建筑的零度，探索新的形式原则。[2] 这些形式原则不同于通常讨论的比例、柱式、意义等问题，而是深层的形式生成句法。因此在该书中，可以看到一系列相关的形式术语，如笛卡尔网格/形象、实体（solid）/虚体（void）、中心（center）/边缘（periphery）、向心的（centripetal）/离心的（centrifugal）、正面性（frontality）等。

针对建筑自主性，埃森曼使用了独特的形式分析图解。图解在建筑学中有很长的历史，而埃森曼图解的独特之处包括：使用正投影图和轴测图，并绘制一系列关于生成过程的图解。在自文艺复兴以后占主导地位的透视图中，人类主体以目击者眼睛的方式，将某种设想的时空结构引入观察对象。而使用正投影和轴测图，就是要淡化这种主客体之间的能动关系，尽可能回归建筑的形式自主。[3] 例如前面提到的多米诺住宅分析中，他就没采用柯布经典的人视点透视，而运用了自己的图解。然而，轴测图也有别扭的时候。就像斯坦·艾伦在该书序言中所指出的，轴测图解"强调了从上往下看的屋顶的几何特征。但这不足以说明彼得·路易斯大楼的雕塑效果，因为盖里几乎都用模型来进行设计，并且非常关注人们在街道上对其建筑的体验"。[4] 埃森曼认为，以往的图解更多是分析建筑的最终结果和形象，而他的图解关注建筑生成过程中的各种状态，因而是系列的。图解系列展现了建筑从无到有各种状态的演化过程，也呈现了控制形式生成的各种因素。在设计过程中，总是有前提和基础，所以埃森曼的图解也具有了先在性（anteriority）。先在可以是历史先例，也可能是过程中某个状态之前的状态。反向来看，此刻的图解也会成为将来状态的先在性，这使得某个图解在继承过去的同时也指向了未来，因此与范式转变和设计创新联系了起来。

形式结构与建筑精读

无论关注范式还是运用图解，埃森曼形式分析方法的一个重要来源是艺术史中的形式结构分析。该分析排斥社会、宗教、文化、经济等外在因素讨论，主要关注艺术作品自身的形式特性和潜在本质，是一种"为艺术而艺术"的纯视觉理论。该理论由德国哲学家赫尔巴特开启，经艺术史家里

1　Peter Eisenman. Ten Canonical Buildings: 1950-2000 [M]. New York: Rizzoli International Publications, 2008. p.21.

2　Gevork Hartoonian. Peter Eisenman: In Search of Degree Zero Architecture. In: Gevork Hartoonian. Architecture and Spectacle: A Critique [M]. Farnham and Burlington: Ashgate Publishing Limited and Company, 2012. pp.55-80.

3　Peter Eisenman. Diagram Diaries [M]. New York: Universe Publishing, 1999. pp.38-40.

4　Stan Allen. Eisenman's Canon: A Counter-Memory of the Modern. In: Peter Eisenman. Ten Canonical Buildings: 1950-2000 [M]. New York: Rizzoli International Publications, 2008. p.11.

格尔、沃尔夫林等发展成熟。后来，建筑理论家维特科夫尔和科林·罗运用形式结构方法分析文艺复兴建筑和现代建筑，产生了广泛的影响。例如，科林·罗在其经典论文《理想别墅的数学》中，用几何网格分析了帕拉迪奥的福斯卡里别墅和柯布西耶的斯坦因别墅在平面秩序上的相似性和细微差别。[1]埃森曼于1960年代在剑桥大学攻读博士期间与科林·罗相识，并深受其形式结构分析法的影响。埃森曼认为，科林·罗教会了他超越建筑表面现象而发现物理呈现背后的规律，即"少关心眼睛看到的，而多关心头脑看到的"。[2]

埃森曼用建筑精读（close reading in architecture）来描述科林·罗的用头脑看，并视之为建筑分析中的核心概念。然而精读一词也体现了埃森曼形式分析的另一重要方法——文本化分析。精读最早可追溯到亚里士多德的《诗学》，在20世纪英美新批评（New Criticism）流派中发展完善，并成为当代文学研究中一种重要的分析方法。它强调对文本本身的仔细持续解读，关注文本字面意思背后的意义和可能性。它综合了语言、语义、结构、文化等方面的分析，是一种微妙而复杂的过程。一方面，正是文本解释复杂微妙事物的能力，让埃森曼对形式进行文本化分析。他认为语言文字能够帮助人们理解建筑中某些独特的、用其他方式难以表达的现象。另一方面，精读关注的是文本的深层逻辑，而埃森曼主要借鉴的是结构主义语言学和1968年之后的后结构主义理论。不难看出，他讨论的是文本字面背后的结构和逻辑，这也契合他对于形式结构的研究。而这种两方面结合的建筑精读，开始出现于他1963年的博士论文《现代建筑的形式基础》，并在后来的研究中不断完善。在《建筑经典：1950—2000》中，对每座建筑的分析都包括两部分，前半部分是以哲学、文学概念展开的文本化分析，后半部分则是以图解为主导的形式结构分析。无论形式图解还是哲学文本，他探讨的都是形式结构，都是建筑自主性。

具体在该书中，最核心的概念是来自德里达理论的不可判定性（undecidability），它贯穿了书中所有十座建筑的讨论。在埃森曼的分析中，不可判定性不同于模糊性，因为后者背后有潜在的清晰性。而它是某种二元并置的状况，也体现了新旧范式转变过程中的状态。他认为不可判定的状况自古有之——如文艺复兴时期，在布鲁乃列斯基和布拉芒特设计的教堂中，都能发现不可判定的结构或空间特质，[3]只是1968年之后的理论才提供了描述它们的词语。在不可判定性这一总体概念之下，埃森曼又引入了一批操作性概念来分析书中的十座建筑。但在该过程中，有些文本化分析让人耳目一新，有些则不免牵强。例如，他用皮尔斯符号理论对密斯的范斯沃斯住宅进行分析，指出该住宅中的柱子具有形象符号（icon）和指示符号（index）双重属性。在讨论路易斯·康的阿德勒和德·沃

1　Colin Rowe. The Mathematics of the Ideal Villa. In: Colin Rowe. The Mathematics of the Ideal Villa and Other Essays [M]. Cambridge: The MIT Press, 1987. pp.1-28.

2　Peter Eisenman. Ten Canonical Buildings: 1950-2000 [M]. New York: Rizzoli International Publications, 2008. p.16.

3　Peter Eisenman. Zones of Undecidability: The Processes of the Interstitial. In: Cynthia Davidson (editor). Anyhow. Cambridge: The MIT Press, 1998. pp.29-32.

尔住宅时，他用莫里斯·布朗肖评论普鲁斯特《追忆似水年华》中提出的历时性（diachronic）概念，描述古典三段式九宫格与现代主义不对称网格的叠加。这些文本化分析都十分精彩，提供了新的解读角度。然而在讨论斯特拉斯堡议会大厦的章节，他认为柯布"二战"后作品的设计策略因批判了"新建筑五原则"，而成为1923年《走向新建筑》文本的异端。这种论述就表面化了。

形式生成与再设计

如果说加入文本化分析是埃森曼建筑精读与科林·罗形式分析的表面区别，那么两者在目标层面则有着根本不同。对科林·罗及之前的理论家来说，都是分析建筑的最终成果，是事后之见。而埃森曼分析的是建筑生成过程中的形式演变，是对设计过程的探究。前者属于本体论，而埃森曼关注的是设计方法论。本书对十座建筑的分析可算是对它们设计创新过程的还原，所以他更重视方案的生成过程。在讨论凡娜·文丘里住宅时，他认为该建筑诸多过程方案平面的意义并不亚于最终建筑的价值。因为一系列平面蕴含了朝不同方向发展的能量，显示了诸多矛盾性与可能性——三段式与四分式的、实体中心与虚体中心的、中央与边缘的互动。在最终方案里，矛盾性和多义性在清晰平面中丧失殆尽，而只是体现在立面表达上了。埃森曼认为过程分析不仅是引导建筑生成的手段，还应该体现在最终结果中。而他在自己的设计中，努力将形式过程和逻辑表达于最终形态，以过程的痕迹来建构批判性。

关注过程分析，也一定程度上影响了埃森曼的文风。在分析建筑时，他常常就一个概念翻来覆去地说，给人十分"唠叨"的感觉。这固然与其行文习惯有关，但也与他重视形式生成过程不无关联。从说明观念的角度来看，反复论述确实显得多余。但从设计过程的视角分析，这种唠叨便十分必要。好设计表达概念，需要从整体到细节、从平面到剖面、从空间到材料各个层面都贯彻设计意图。这样的设计表达才充分，才能让"上帝存在于细部之中"。而埃森曼认为，当各类建筑要素及其相互关系都体现设计意图，它们就会呈现冗余（redundancy）的状态。[1] 而描述冗余，就难免唠叨。埃森曼反复地论述，常常是从不同设计阶段和不同设计层面出发，考察思想观念如何以形式表达。

然而，埃森曼形式分析背后却隐藏着一个问题——他以自己的理论框架来还原其他建筑师的设计过程，带有强烈的主观色彩。建筑师的设计过程毕竟具有某种神秘色彩，无法被完全揭示，有时连设计者自己都不能完全说清楚。所以在分析过程中，尽管埃森曼大量参考了相关资料，但他对建筑形式生成的呈现，并不完全等同于原作者的设计过程。那该如何理解？实际上，埃森曼在分析的过程中，以自己的逻辑重新整理了设计过程，是对建筑的再设计（redesign）。埃森曼早年曾出书深

1　Peter Eisenman. Aspects of Modernism: Maison Dom-ino and the Self-Referential Sign. In: Peter Eisenman. Eisenman inside out: selected writings, 1963–1988 [M]. New Haven and London: Yale University Press, 2004. pp.117.

入分析意大利建筑师特拉尼的作品，而建筑理论家塔夫里在论及埃森曼对特拉尼的分析时，就曾明确指出："在书写特拉尼的过程中，埃森曼再设计了他。"[1]而在本书中，埃森曼也再设计了十座经典建筑。埃森曼的形式分析指向设计创新，所以他的分析方法也体现了其设计方法。在创作中，他过分重视形式自主的设计。但这与他批判的功能主义一样，也陷入了过于单一化的思维模式。然而在该书中，十位建筑师有各自不同的关注点，十座建筑有各自不同的复杂性。它们常常偏离、甚至脱离埃森曼的分析框架。但正是两方面若即若离的关系，使不同的意志在建筑中激荡，让埃森曼和十位建筑师的合作再设计更加丰富精彩。

埃森曼的著作并不好懂。他的讨论涉及哲学、文学、艺术史等诸多领域，还大量使用抽象概念。但概括说来，该书有两点突出的价值：一是对建筑形式结构的深入分析；二是对建筑形式创作的模糊领域进行了理性探讨。而这对于当下中国建筑设计的教学和实践，都有重要借鉴意义。

1　Manfredo Tafuri. Giuseppe Terragni: Subject and "Mask". In: Peter Eisenman. Giuseppe Terragni: Transformations, Decompositions, Critiques [M]. New York: The Monacelli Press, 2003. p.292.

致 谢

　　本书中的想法和论点，是我在普林斯顿大学建筑学院作为客座讲师主持四年多的研讨课中形成的。正是普林斯顿建筑学院的支持，尤其是斯坦·艾伦院长的支持，才使本书得以面世。我特别要感谢那些参加讨论课并在暑假花时间绘制建筑分析图的普林斯顿学生——约翰·巴西特（John Bassett）、安德鲁·海德（Andrew Heid）、阿杰伊·曼斯里普拉加达（Ajay Manthripragada）、迈克尔·王（Michael Wang）、卡罗琳·耶基斯（Carolyn Yerkes）以及后来加入的马修·罗曼（Matthew Roman）。安德鲁·海德还继续参与了本书的设计工作。

　　这本书明显是团队努力的成果。阿丽亚娜·劳里（Ariane Lourie）帮助我进行了大量的起草和改写工作，才使我最初的手稿变成本书最终的样子。她甚至还对书中插图进行了编辑和修改。辛西娅·戴维森（Cynthia Davidson）对本书进行了复审，使其更为清晰。杰弗里·基普尼斯（Jeffrey Kipnis）对导言的初稿进行了见解深刻的评价。爱丽丝·贾菲（Elise Jaffe）和杰弗里·布朗（Jeffrey Brown）帮我从勒·柯布西耶、路易吉·莫雷蒂、路德维希·密斯·凡·德·罗、约翰·海杜克（John Hejduk）、路易斯·康、阿尔多·罗西和詹姆斯·斯特林的档案中找到了最好的历史图片。这些图片对于说明书中讨论的建筑不可或缺。我要感谢那些为我提供照片的建筑师及其事务所：文丘里与斯科特·布朗（Scott Brown）及其合伙人事务所、大都会建筑事务所（OMA）、丹尼尔·里伯斯金事务所、盖里及其合伙人事务所。最后，我还要感谢大卫·莫顿（David Morton）以及纽约里佐利出版社（Rizzoli）的编辑人员，他们耐心而认真地复制了书中的插图。

7

埃森曼的经典：一种关于现代的反记忆
Counter-Memory

斯坦·艾伦

"有效的"历史使生命和自然免于可靠的稳定，并且杜绝其自身被一种无声的固执带往千年终结的境地。它将连根拔起其传统的基础，无情地打断其虚假的连续性。因为历史并非为了理解而存在；它是为了切割而存在。

——米歇尔·福柯（Michel Foucault）[1]

埃森曼新书名为《建筑经典：1950—2000》，它暗示要建立一种新的正统。实际上，埃森曼所谓的经典确实具有一些说教意味。而重要的是，这些严谨的书面阅读物来自2003年至2006年间他在普林斯顿大学教授的讨论课。从某种意义上来看，书中的观点无异于一种新的教学方法，其核心就是对20世纪的堪称典范的经典建筑进行精读。过去，埃森曼常常因为依靠建筑学以外的概念而受到批评。然而通过本书中的这些分析工作，他清楚地表明：建筑物自身，而非建筑准则之外的哲学概念，才是建筑思想的源泉。

但仅限于此将失去其观点的力量。我认为他的标题是某种策略，是他想提出另一种观点时分散读者注意力的计谋。埃森曼的操作基于一种相当非正统的有关经典的观念。这使得他更接近于福柯关于"有效的"历史的看法，而非经典永恒不变的保守观念。

埃森曼通过对个案的选择表明了，正是建筑学边缘的"自由分离"或一些显然不重要的时刻才是经典。换句话说，只有当先前的边缘被吸收进成规，引起成规自身逻辑的内部调整，才能产生创新。埃森曼认为，现代状况充斥矛盾，因而也体现在不连续的形式和断裂的历史上。"历史的目的"，福柯写道，"不在于发现我们同一性的根源，而在于承认其自身的分散。""一部经典作品"，埃森曼在书中写道，"是一个枢纽，一次断裂，一个征兆，或者说是某种必然的标识转变的东西。"对埃森曼

9

1　米歇尔·福柯（Michel Foucault，1926—1984），法国著名思想家、哲学家、历史学家，其研究涉及医学、历史、语言学、政治学等领域，被誉为"二十世纪最后的思想家"。代表作有《疯癫与文明》、《临床医学的诞生》、《词与物》、《知识考古学》、《规训与惩罚》、《性经验史》。"反记忆"（Counter-Memory）是福柯提出的概念，指那些挑战于主流记忆的记忆。——译者注

（一个福柯的细心读者）而言，历史的任务就是让矛盾与不连续清晰可见。他正在寻找着那些改变规则、转变范式的时刻。从这个意义上来说，埃森曼的经典与永恒的经典恰恰相反：它与历时性的断裂时刻明确关联，其意义只存在于那一特殊时刻所展现出的可能性之中。

在本书中，非连续性（discontinuity）被视为主要的分析性修辞，这也成为埃森曼与其导师科林·罗（Colin Rowe）[1]的显著对比。在这里提到罗（正如埃森曼在其导言中所说），既表明了埃森曼对于从罗那里所学到知识的感激，也体现了两者的不同。罗曾发表过著名的学说，指出在古典与现代之间，潜在着一种几何上的连续性。对埃森曼而言，罗对连续性的强调，使得现代建筑受困于一种人文主义的传统。为了使现代建筑脱离其人文主义的传统，有必要建立另一种替代的谱系。在新的谱系中，断裂与非连续性将成为主导。埃森曼将罗的细致形式阅读的方法用在了截然不同的任务中：对断裂和分歧的确认。然而他仍受惠于罗的分析方法："科林·罗首先教会我如何看到建筑物的内涵而非其表面呈现。"埃森曼引用弗兰克·斯特拉（Frank Stella）[2]著名的字面主义格言——"你所见的就是你看见的"——并将其反过来理解。与其导师罗一样，他感兴趣的不是"表面现象，而是现象背后所蕴含的内容。"

或许，"现代主义的角度：多米诺住宅与自我指涉的符号"（"Aspects of Modernism: Mansion Dom-ino and the Self-Referential Sign"）一文是关于这种分析方法最著名的例子，它以最强烈的方式表达了埃森曼与罗在意识形态上的距离。在这篇文章中（以一段福柯的文字开篇），埃森曼认为，正是多米诺住宅中的自我指涉符号，使其成为了"真正的现代主义作品"。埃森曼是从多米诺体系的象征性透视图开始分析的。表面上，这幅表现结构体系的设计图，常常被看作是自由平面基本原则的一种图解。而埃森曼从与众不同的角度解读这幅画，从中发现了一些微小但很重要的形式变化。这些形式变化产生了一种建筑形式的零点：一种将人造物界定为建筑而非结构图解的、所必需的最小形式差别。埃森曼方法中的所有要素是：明显忽略结构、场地和功能以支持细微的形式解读，并将这种分析延伸为一种更为广义的主题，即埃森曼所谓的"图解"。多米诺住宅是本书讨论的最关键的图解之一。正如之前的一些文章所述，它是最特殊的出发点和概念手段，打开了现代和后现代建筑的领域。在这里提及多米诺，既是讨论一种分析方法，也是指一座典范的现代主义作品。它象征了现代性条件下的民主化空间和转向自我指涉的后现代建筑。对埃森曼而言，它仍然是"一种对于西方人文主义建筑400年传统真实而再生的决裂。"

埃森曼在其早先的一篇文章中，表达了相同的观点，并预示了这种分析方法：在"现实的与英国的：方盒子的解构"（"Real and English: The Destruction of the Box"）一文中，埃森曼对詹姆斯·斯

1　科林·罗（Colin Rowe，1920—1999），出生于英国的著名建筑历史学家、批判家、理论家及教师。他的理论对20世纪后半叶的建筑和城市设计产生了深远的影响。其代表作有《理想别墅的数学模型》、《拼贴城市》等。——译者注

2　弗兰克·斯特拉（Frank Stella，1936—），美国著名的极少主义（minimalism）和后绘画性抽象（post-painterly abstraction）艺术家。——译者注

特林的莱斯特大学工程馆进行了出色的、反直觉的形式解构。这篇文章刊登在《反对派》（*Opposi-tions*）杂志（1974年）第1期上，尽管它是在发表十年前写成的。在与科林·罗解释方式的智力拔河中，斯特林充当了埃森曼的化身："为了给自己清出一块'地盘'，斯特林不得不接受勒·柯布西耶的概念，还必须接受公认的、他自己导师科林·罗对柯布西耶的解释。"在一篇重要的文章及其一系列的图解中——该文章预示了多米诺文章中发展更为充分的观点，埃森曼梳理了有关多米诺图解的形式推论。结构支撑从水平楼板边缘往后退，不仅强调了空间的水平流动（产生了自由平面），也使竖直面从其结构支撑中获得了自由，并在竖直方向上创造了一个空间层次。埃森曼将斯特林的形式创新看作是竖直表面的另一种主题。该主题"表明了，当使用一种不同于迄今为止传统的非物质化的立体主义美学的建筑语汇时，竖直面具有成为支配性空间基准的潜能。"

　　这种形式解读的精确性或许不如其方法论上的含义来得重要。在我看来，这篇文章的真正力量在于突出了斯特林建筑的形式特征。这些特征与当时对斯特林作品的主流解释完全不同，甚至与斯特林自己的解释框架都不同。那时候——今天还是这样，人们几乎只讨论莱斯特工程馆清晰的功能布局、工业材料的直接使用［虽然称不上"粗野派（brutalist）"］，[1]以及对现代主义先辈经典作品的一系列引用［例如讲堂部分突出的尖角是对梅尔尼科夫（Melnikov）的模仿］。[2]认为早期的斯特林属于自我指涉和形式革新的阵营，是一种具有煽动性的反直觉想法。他为这件作品打开了更宽广的解读范畴，并确信对于像莱斯特大学工程馆如此复杂的作品，将总会有新的解释。

　　对莱斯特大学工程馆的分析，在本书中再次出现。作者增加了一些背景趣闻，使其更好读懂。他还增加了一些新近绘制的图解，以使观点更为清晰。与时间年表和前后次序相比，更为重要的还是方法本身：埃森曼固执地坚持以正投形图和轴测图的方式，对这些建筑进行不同于公认看法的解读。这种方法也会有别扭的时候。对弗兰克·盖里凯斯西储大学项目的图解，强调了从上往下看的屋顶的几何特征。但这不足以说明该建筑的雕塑效果，因为盖里几乎都用模型来进行设计，并且非常关注人们在街道上对其建筑的体验。当然，埃森曼的方法也会有睿智的形式解读。例如，对朱西厄大学图书馆的分析就让我们认识到：尽管雷姆·库哈斯将其设计的建筑看作是一种社会/文化的道具，但他仍是一位能够创造出精妙形式的建筑师。毕竟，如果他仅仅只是将建筑当作社会批判的工具，那我们还真的会对他那么感兴趣吗？同样，通过对罗伯特·文丘里母亲住宅平面变化策略的耐心解释，埃森曼让我们看到：尽管文丘里常常与竖直立面的符号学能力相联系，他还是一位出色的平面设计高手，而他的作品也能够经得起持续形式分析的考验。11

　　1　粗野派建筑（Brutalist Architecture），流行于20世纪50年代至70年代中期的建筑流派，得名于英国的史密森夫妇。该流派批判现代主义的抽象性，强调对材料毛糙、沉重、粗野质感的表现。代表作品有勒·柯布西耶的马赛公寓、保罗·鲁道夫的耶鲁大学建筑系馆等。——译者注

　　2　康斯坦丁·梅尔尼科夫（Konstantin Melnikov，1890—1974），20世纪20至30年代的俄国先锋派建筑师和画家，其代表作有鲁萨科夫工人俱乐部等。——译者注

　　最后要提及的是（或许这一点很难立即显现），在我看来，埃森曼内在化了哈罗德·布鲁姆（Harold Bloom）[1]的观点。该观点认为：当一位作者从其前辈那儿接受滋养时，与其面对一件充分完善的、成熟的杰作，还不如学习前辈早期的作品，或成熟作品的边缘与尚未解决的方面。因为常常是后者才为扩展领域提供了线索和缝隙，为进一步工作腾出了空间。在战后的建筑历史中，密斯·凡·德·罗的范斯沃斯住宅和斯特林的莱斯特大学工程馆，毫无争议地占据着中心地位，而路易吉·莫雷蒂则是一位不显著的人物。分析路易斯·康的阿德勒和德·沃尔住宅而非其更著名的公共建筑，同样也是反直觉的。今天，我们将柯布西耶的斯特拉斯堡议会大厦看作经典，主要是因为它变形的表面成为众多后继作品的学习对象。既然如此，库哈斯的朱西厄大学图书馆，则为柯布西耶那座有些被忽视的建筑作品赋予了某种回顾性的"经典"地位。

　　但这不只是为了追求模糊不清的东西。埃森曼找到并瞄准那些瞬间——那些有名的和不那么有名的建筑，是因为它们依旧能够为前行提供空间。埃森曼的经典决不是一种新的正统。经典常常含有回顾过去以确认历史中伟大、无法企及纪念碑的意味。而埃森曼的经典则是预见式的——它为未来的纪念碑打下了基础。与从高处流传下来的佚名经典的观念不同，埃森曼的经典具有一些独特的气质，最终也是高度个人化的。虽然如此，其最终目的肯定不是和"埃森曼"有关。它既不是一个普世的经典，也不是个人的谱系。它既是对某个建筑师思想轨迹的记录，也是一种预示未来其他轨迹的方法。严格说来，这些建筑见证了新的可能性的第一次出现，即使那些可能性会以试验的、不完整的方式出现。或许这就是埃森曼最显著的洞察力。在此，他展现了一系列的可能性提示和建筑问题。这些问题开放且临时，但它们总是为之后的作者完成作品、创造新断裂而留出空间。反过来，12 这些留出的空间将会为后代的建筑师开启能够继续追随的新领域。

导　言

在阅读哈罗德·布鲁姆的著作《西方经典》(*The Western Canon*)的时候，我发现"经典"(canon)一词比我开始所设想的要更加灵活，并能帮助我组织本书的基本构想——呈现建筑学中精读(close reading)[1]的必要发展过程。《西方经典》一书考察了西方文学经典的组成，而布鲁姆对经典一词多样且或许有些微妙的应用，帮助我厘清了对这段时期的思考。布鲁姆在不同的背景下指出，经典涉及对限制的体验。这种限制是延伸或断裂的，或者说是有活力、原始、专制和个人的。对布鲁姆而言，经典还涉及作者及其全部作品；而在本书中，经典建筑则是没有参考其著作出处的单独作品。对布鲁姆来说，经典具有中心；而本书感兴趣的则是边缘与交点。在布鲁姆看来，经典还具有一种异端的能量，该能量有益于区别经典在宗教中的作用和在艺术与科学中的作用。在宗教中，经典的观念会指向操作性的信条：一种正统学说，就像在经典法律中一样。而在科学中，经典模式——如经典的坐标系或经典的共轭(conjugates)——包含了不确定性。音乐中的经典模式是对位法，重复也不断变化。在本书中，"经典的"(canonical)一词包含了精读建筑方法潜在的异端和越界本质。就像布鲁姆所指出的，如果说政治正确可看作是反对深奥难懂的艺术(difficult art)的论战，那么经典就是曲高和寡与通俗的结合；在本书中，正是要区分解读的容易与困难。最后，至少米歇尔·福柯指责了经典的概念，他用档案(archive)这一重新组织等级的概念来取代经典。我没有为建筑定义或指派"经典的"一词。事实上，尽管我在此已经尝试了一个临时定义，但这不是后续目标。宁可说，"经典的"这一概念表明了我对解读建筑的兴趣，也解释了本书对每个建筑案例的选取。选取这些案例是为了定义当今建筑学中的独特历史时刻。如果"经典"一词的部分含义与它公认的定义相违背，那么它在此处的用法就体现了那种可能。更具体地说来，"经典的"一词开始把建筑历史，定义为一种对人们认为的建筑永恒性的连续不断攻击：这些永恒性包括主体/客体(subject/object)、图/底(figure/ground)、实体/虚体(solid/void)，以及从局部到整体(part-to-whole)的关系。久而久之，这些概念成为经典；因此，在对经典的攻击中，这些建筑本身也成为经典。但作为一组建筑，这里的

1　精读(close reading)是文学研究中一种非常重要的分析方法，与20世纪的新批评(New Criticism)理论紧密相关。它强调对文本本身的仔细持续解读，主要关注的是文本字面意思背后的意义和可能性。它是一种微妙而复杂的过程，综合了语言(linguistic)、语义(semantic)、结构(structural)、文化(cultural)等方面的分析。这种分析并非即可学会能用的技巧，它需要掌握众多相关文献资料并经过大量训练。在本书中，埃森曼提出的建筑学中的精读，便是结合艺术史中形式结构分析与文学理论中文本分析的一种分析方法。——译者注

作品并不代表一种经典。宁可说，"经典的"观念开始描述了潜在的分析方法。这种分析方法源于以更灵活、较少教条的方式解读建筑的兴趣。

虽然书中的10座建筑是个人选择的，但它们并不是我个人的经典。回想起来，选择它们更多是出于两个理由：它们既代表了精读的必然演化，又体现了精读本质的发展——从形式到文本的，或许是更加现象的。也许最重要的是，这些作品不仅挑战了建筑经典，还挑战了我们所接受的对于精读的经典观念。这里所讨论的建筑师，体现了不同的意识形态、理论观点、风格观念，以及对待场地、材料和程序计划的不同态度。在我看来，能以某种松散的方式界定它们，是因为它们都处于后现代建筑实践的核心。这明显不同于现代主义的实践和当下的建筑实践。本书试图为这些核心概念进行定位，而这些概念形成了其讨论的基础。最后，这将反思支撑现代建筑的解读策略，并重申需要其他形式的精读。

＊＊＊

科林·罗首先教授我如何看到没有在建筑中呈现出来的东西。罗并不要求我描述能够确实看到的东西：例如，一座三层建筑，底部为粗琢石表面，每往上一层就更光滑一些，其立面具有 ABCBA 的横向和谐比例，等等。罗想要我看到的是物质呈现背后所暗含的概念。换句话说，少关心眼睛看到的（the eye sees）——光学视觉的（the optical），多关心头脑看到的（the mind sees）——想象视觉的（the visual）。后者"用头脑看"的观念，在这里便被称作"精读"。

这里讨论的每座建筑都需要人们用不同的方式来看待，对需要考量的建筑尤其如此。对于这10座建筑的研究，会减少对光学视觉效果或主题的关注，但反过来却会对想象视觉提出各自不同的需求。想象视觉并不是指对图像的表面反应，而是对建筑形式组织所表达出来的明显和隐含方面的反应。本书讨论的这些建筑都需要精读。可以认为，精读将人们迄今所知的事情定义为建筑历史。但对我们此处的目的而言，精读还表明了：一座建筑被"写作"的方式，就是需要以此解读它的方式。如果本书16 提出的第一个问题是"精读什么？"那么后面章节给出的答案便是对批判性建筑观念的精读。

本书提到的解读在1968年之前是不可能出现的。因为直到那时，才有了雅克·德里达（Jacques Derrida）[1]著作《论文字学》（Of Grammatology）的影响，才有了任何单一解读的不可判定性（undecidability）观念。而本书所使用"不可判定的"（undecidable）一词，不仅仅是在模糊性（ambiguity）、不确定的（indeterminate）、多样的（multiple）和不可判定的这些词语间进行文字游戏。这些词语间的区别至关重要。威廉·恩普森（William Empson）[2]的7种模糊性或许是对现代主义

1　雅克·德里达（Jacques Derrida，1930—2004），20世纪下半期最重要的法国思想家之一，西方解构主义哲学的代表人物。德里达的理论动摇了整个传统人文科学的基础，也是整个后现代思潮最重要的理论源泉之一。其代表作有《论文字学》、《书写与差异》、《哲学的边缘》、《胡塞尔现象学中的起源问题》等。——译者注

2　威廉·恩普森（William Empson，1906—1984），英国著名文学批评家、诗人。其代表作有《朦胧的七种类型》、《田园诗的几种形式》、《使用传记》等。——译者注

的最好界定。模糊性置身于有关"不是/就是"和"确定的/不确定的"的辩证观念之中。如同可决定的特征一样，这种观念具有一种假设的清晰性，掩饰了任何检验压制的需要。不可判定性质疑了模糊性观念的真正本质。正是在这种背景下，德里达的著作仍在今日的建筑文化中接受检验。而这已引向了关于德勒兹式（Deleuzian）[1]多样模式的更为灵巧的解读。

如果说自1968年以来，不可判定性是批判性（criticality）的一个方面，而且由于不可判定性相对于模糊性在建筑学（相比于文学）中或许更难弄清楚，那么今天，精读就更加屈从于不可判定性。不可判定性的观念使得人们能够回顾并看到作品中的变化。而这反过来需要一种新的、被认为是呼应建筑经典发展的精读。

首先，有必要区分历史上的经典时期和本书提到的1950年至2000年这段时期。一种研究建筑规律的方法是用一段特殊的历史时期作为主要范本，用一段特殊时期的历史状况来代表历史本身。例如，当不用历史作为叙事结构时，人们能够用北部意大利从1520年至1570年这段时期来描述建筑历史中的一个经典时刻。这个特殊的经典时刻能够用来解释建筑历史中的其他经典时刻。因此，不必分析众多的这类时刻来理解什么是经典时刻。

从这种意义上来说，经典需要特殊的历史背景。但它不必是某个时刻、某种"精神"（Geist）或某种可比较的赋予历史意义需要的表达。可以认为，经典时刻描述了所谓的范式转变（paradigm shift）。但范式转变并不必意味着经典观念中潜在的批判性内容。从历史中辨别经典时刻的目的是：尽管历史提供了一种流向建筑规律的叙述，但它本身没有为精读提供必要的基础，也没有为开放规律质疑其自身的历史（因此让历史具有可选择的解释）提供必要的基础。

正如本书所使用的，"经典的"一词开始为构成今日建筑学中批判性的其他解读提供了可能的基础。与其关注作为历史的历史（history qua history）——这座建筑建造于这个时期，由这个建筑师以这种方式使用，等等——建筑经典的观念还使得记录精读的变化（从形式到文本、从现象学的到表述行为的）成为可能。因此，经典是一种展开特殊讨论的方法，是为了将其自身历史解读为某种非叙述事实的事件。这些解读是让人们看到战后现代主义的契机，是没有先前意识形态和陈词滥调修辞的、充满其他强有力概念的契机。如果说经典在建筑规则圆心的周围建立了边界，那么这种解读表明：对经典的批判最终会导致新的经典观念来取代这一边界。人们会认为，经典将不可避免地批判任何时刻的既有经典。

当这10座建筑界定经典建筑（最终被作为后现代主义所了解）演化的时候，它们并没有过多地描述历史。精读不仅是形式和概念上的，它还存在于后现代主义内部，并立即成为了后现代主义的经典，同时它也是主流现代主义的异端。"后现代主义"一词在这里并不表示一种风格，它指的是现代主义之后的一段时期。后现代主义表现了一种批判现代主义，尤其是批判抽象性（精读的现代主

1　吉尔·德勒兹（Gilles Louis René Deleuze，1925—1995），法国影响巨大的后现代哲学家。他哲学思想的一个主要特色是研究欲望，并由此攻击一切中心化和总体化。其代表作有《差异与重复》、《反俄狄浦斯》、《千高原》等。——译者注

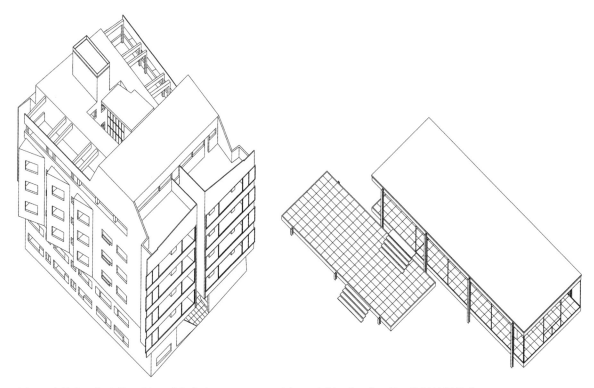

图1 路易吉·莫雷蒂，"向日葵"住宅。   图2 密斯·凡·德·罗，范斯沃斯住宅。

义主要模式）的建筑态度。并非1950年至2000年间的所有建筑都描述了这一时刻。书中的10座建筑，以其各自方式和不同视角引发了争论。这些争论共同界定了一系列经典时刻，而后者松散地识别了后现代时期一些越界概念。

经典常常与所谓的伟大作品相混淆。在本书中，经典不必是一系列的伟大作品，一座经典建筑也不必是一件伟大的作品。从某种意义上来说，经典与伟大作品之间并没有什么关系。伟大的建筑可以只需要初步查看，界定单一的、方向明确的解读；而在本书中，经典建筑则以不可判定为前提，常常将解读传播出去，作为批判性的必要条件。人们在此将会看到，伟大作品的精读只是让自身完整，就像约恩·伍重（Jørn Utzon）的悉尼歌剧院（Sydney Opera House）或弗兰克·盖里的毕尔巴鄂古根海姆博物馆（Guggenheim Museum Bilbao）。解读这两座建筑都不需要或几乎不需要外部参考。而解读一座经典建筑却非如此，它需要向前考察这座建筑启发了什么，向后考察这座建筑又表示了什么。

18 从这种意义上来说，伟大建筑是永恒的，而经典建筑则属于特殊的时刻。例如在18世纪，帕拉第奥的圆厅别墅（Palladio's Villa Rotunda）被看作是经典建筑，因为对该作品的精读产生了对他的马孔坦塔别墅（Villa Malcontenta）的解释。而在20世纪，圆厅别墅则被看作是伟大的建筑，而马孔坦塔别墅则被称作经典，因为对后者的精读产生了对柯布西耶斯坦因别墅（Villa Stein at Garches）

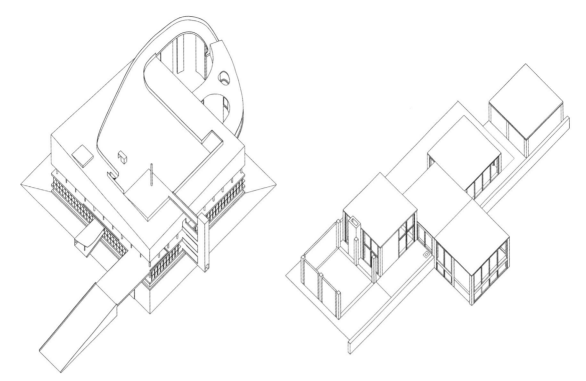

图 3　勒·柯布西耶，斯特拉斯堡议会大厦。　　　图 4　路易斯·康，德·沃尔住宅。

的解释。经典建筑不应被当作自身孤立的物体，对它的研究需要关注其反映特殊时刻的能力，以及其与之前之后建筑关联性的能力。在对本书建筑作品的研究中，每座经典建筑都会影响其他一些建筑，这些后续建筑沿着经典建筑的轨迹产生，反过来又重新界定了什么是经典。因此，经典作品密切联系并依赖于在特殊时刻有效的精读概念和在那时激发这种精读的特殊作品。经典作品怀疑先前的作品并要求新的解释，不仅是对个别作品的解释，而且是对一般建筑学的解释。简而言之，经典建筑需要精读，也会让人怀疑伟大建筑或杰作的概念。因为后者被当作历史的沉淀，而不具有经典所蕴含的机动性和灵活性。

　　例如，书中讨论的一座建筑是盖里的凯斯西储大学韦瑟黑德管理学院的彼得·路易斯大楼。这座建筑既不非常有名，也不如盖里的毕尔巴鄂古根海姆博物馆伟大。毫无疑问，毕尔巴鄂的这座建筑改变了之后十年的建筑面貌，它当然能被称作是伟大建筑或其时代的杰作。那么第一个问题是，为什么选凯斯西储的建筑而非毕尔巴鄂的作品？虽然毕尔巴鄂的建筑是盖里最瞩目、最受欢迎的作品，但它没有太多涉及解读并对现代主义进行批判。尽管坐落在城市中，它只是一种个人情感的反映。毕尔巴鄂的博物馆也许是一座伟大的后现代建筑，它的品质也确立了盖里对城市中物体的个人看法，但它没有以批判性语汇讨论其与历史的联系，而这种批判性探讨却是路易斯大楼的特点。本书认为路易斯大楼是一座经典建筑而非伟大建筑，因为它要求一种不同类型的精读，一种不同于近

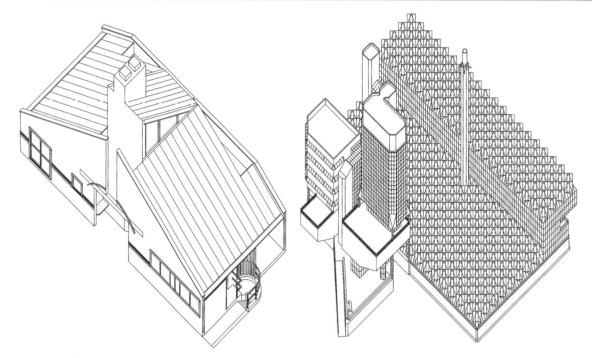

图5 罗伯特·文丘里，凡娜·文丘里住宅。　　　　图6 詹姆斯·斯特林，莱斯特大学工程馆。

年来统治建筑界的形式和概念上的解读。由于路易斯大楼重新提及建筑学科的历史，尤其是作为现代先驱的辛克尔[1]的柏林老博物馆（Schinkel's Altes Museum）的平面，所以与毕尔巴鄂的博物馆相比，路易斯大楼在界定自身与经典现代主义解读的理论断裂上要更为清晰，从而堪称经典。

本书还讨论了路易斯·康的阿德勒和德·沃尔住宅，而非他更为著名、甚至影响深远的作品，如阿默达巴德的印度管理学院（Indian School of Management at Ahmedabad）、英国埃克塞特图书馆（Exeter Library）或耶鲁大学美术馆（Yale University Art Gallery）。阿德勒和德·沃尔住宅是一对没有建成的不著名住宅，但它们却显示了康的某些观念以及康职业生涯的重要转折点。它们代表了康职业生涯中的一个特殊时刻，在它们之前是特伦顿公共浴室（Trenton Bathhouse），之后是理查德医学楼（Richards Medical Building）；它们还代表了一个时刻，清晰描述了康建筑的多个可能发展方向。阿德勒和德·沃尔住宅还包含了康最终职业方向的起源；实际上，他的下一个主要项目，宾夕法尼亚大学的理查德医学楼，演化为一种风格化的康氏修辞，而这明显源自上述两座住宅。书中的每座建筑都能得出这样的结论，只是一些比另一些更加明显罢了。尽管这些建筑中的每一座都是经典，但本书选择它们的目的，绝不是要在这里界定任何所谓的后现代经典。

1　卡尔·弗里德里希·辛克尔（Karl Friedrich Schinkel，1781—1841），普鲁士建筑师、城市规划师、画家、家具及舞台设计师，德国古典主义的代表人物。其代表作为御林广场剧院（Schauspielhaus am Gendarmenmarkt，今为音乐厅）、柏林新博物馆（现名柏林老博物馆，Altes Museum）等。——译者注

　　其他建筑师也会对经典建筑进行后续的解释，评论那个特殊的时刻。例如，柯布西耶的斯特拉斯堡议会大厦，既体现了他对自己早期"新建筑五原则"的批判，也充当了雷姆·库哈斯朱西厄大学图书馆项目的模仿对象。因此，这里讨论的每座建筑都体现了建筑学中的某个时刻。在那些时刻，都有对过去的承认，与过去的断裂，同时也连接了可能的未来。伟大建筑或许是自足的，而经典建筑却非如此。经典建筑的外向参照和前后关联，使其从外部因素上来看具有某种偶然性。

　　这里定义的经典作品与批判性作品之间的区别要更为微妙。所有经典作品本身都具有批评性，但并非所有的批判性作品都是经典。批判性是经典作品的必要成分，而非充分要素。书中"批判的"一词是指探问建筑本质问题的能力。从这个意义上来说，这里的批判性是使主体或客体与分析词汇相分离，同时也使分析成为主体或客体一部分的概念。批判与经典的重要区别是双重的：首先，经典作品是一个连接点也是一种断裂，而批判性作品的主要功能是与其先例发生断裂。就此而论，经典是一种有助于界定历史时刻的断裂；它是发生在当下的、关于断裂组成的、持续的重新评价。当然，断裂只能在事后看见，这需要向后看而非关注当下。第二，经典建筑是有时限的：为了使其被看作为一种连接与断裂的并存，它依赖于特殊的历史时刻。而这种并存既是在建筑师职业生涯之中，也在建筑讨论之中。

　　建筑的功能、结构与类型——它的工具性（instrumentality）——不是理解其建筑规则的重要标准，也不会被看作是建筑的批判性。所有的建筑都伫立在那儿；所有的建筑都有功能；所有的建筑都有围护。这些品质不是本书分析的核心主题。经典建筑之所以被当作经典，不是因为它功能良好；其工具性从来不都是它在建筑学科中具有经典地位的理由。例如，在历史上，波洛米尼（Borromini）[1]教堂功能的好坏从来都不会被人关注，因为教堂的功能不是必要的主题。倒不如说，重要的是人造物功能的再现（representation）。是否能听清楚弥撒或者复活节活动是否拥挤，这些都不是波洛米尼或其赞助人的问题；实际上，这些事从来都不是建筑历史的主题。同样，很少有人关注盖里古根海姆博物馆功能的好坏与否；许多伟大的博物馆——巴黎的卢浮宫（Louvre in Paris）、纽约的弗里克博物馆（Frick Museum in New York），以及其他一些博物馆——都不是这样设计的。对博物馆来说，没有好的平面这种东西，因为博物馆就没有平面。

　　如果说经典通常与批判相关并作为先前作品的参照，那么它还常常与文本相联系。文本是一种内在的、对其作为叙事自身状态的批判或质问。就文本来说，我指的是德里达式的想法。这种想法认为，将观念与事物同先前存在的观念与事物联系起来时，文本表现了观念与事物的清晰范围。在本书中，文本还将连接观念——例如，解释性的或分析性的策略以图解形式揭示隐藏的组织。文本成为了 21 一套记号（marks），它们不只是美国实用主义哲学家查尔斯·桑德斯·皮尔斯（Charles Sanders Peirce）[2]

　　1　弗朗切斯科·波洛米尼（Francesco Borromini，1599—1667），意大利巴洛克艺术风格建筑师。其代表作有圣卡洛大教堂和圣伊沃大教堂等。——译者注

　　2　查尔斯·桑德斯·皮尔斯（Charles Sanders Peirce，1839—1914），美国哲学家、逻辑学家、自然科学家，实用主义的创始人。其代表作有《如何使我们的观念清楚》等。——译者注

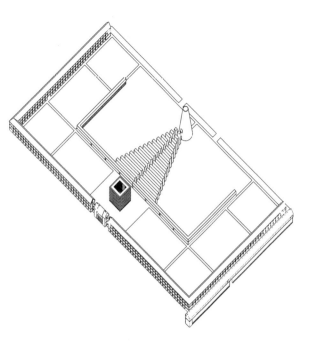

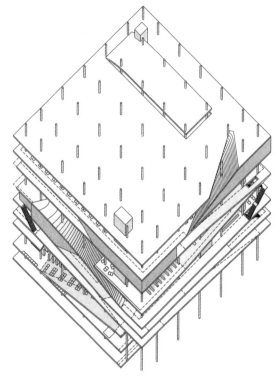

图7　阿尔多·罗西，圣·卡塔尔多公墓。

图8　大都会建筑事务所（OMA）/ 雷姆·库哈斯，朱西厄大学图书馆。

所认同的再现性的三类符号（sign）：形象符合（icon）、象征符号（symbol）和符号（sign）。[1]按照皮尔斯的看法，形象符合与其客体具有视觉上的相似性；象征符号则为其与客体间的关系建立了一种视觉惯例（visual convention）；而不依赖于光学视觉主题的指示符号（index），则成为了一种记录（record）或痕迹（trace）。

　　这10座建筑都将是某种由建筑界定的争论的转折点，而人们能够通过文本、形式及概念策略的精读来掌握这些争论。书中讨论的这些建筑并不总是最著名的，但它们将代表某种时刻。在那些时刻，符号与所指（signified）之间的关系、主体与客体间的关系、形式与意义间的关系，以及工具性与论述之间的关系都成为了关注焦点。

　　1950年至1968年这段时期的特征是对现代主义抽象性的反思。因此，书中的前4座建筑以其各自方式，界定并批判了附属于现代主义的精读的先前符咒。例如，路易吉·莫雷蒂的"向日葵"住宅需要一种形式主义的精读，但它也开始关注历史参考和物质性（materiality）等方面。而这后来被称为后现代主义。尽管密斯·凡·德·罗在范斯沃斯住宅中，延续了他对于关联内部空间、外部表面和转角部

1　根据该段及英文版第53页对皮尔斯观点的介绍，此处列举的第三种符号（sign）应为指示符号（index）。——译者注

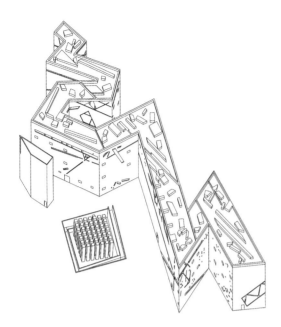 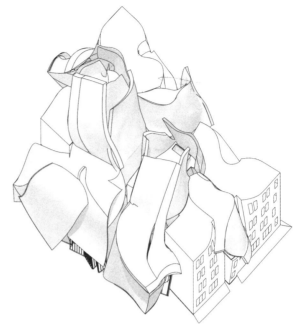

图9　丹尼尔·里伯斯金，犹太人博物馆。　　　　图10　弗兰克·盖里，彼得·路易斯大楼。

分的柱网的研究，但该住宅依然是前4座建筑中最抽象的——如果说不是最明显的现代派，但它也是 22
密斯第一个图解的表现。对柯布西耶斯特拉斯堡议会大厦的解读，则需要超越形式主义。因为从根本
上来看，它是柯布西耶对自己"新建筑五原则"的背弃。更重要的也是因为它同时引入了向心和离心
的能量。离心能量把人们的注意力从中心带到了边缘，因此也离开了古典的、中心化的（centric）、深
空间（deep-space）的构成。前4个项目的最后一个是康的阿德勒和德·沃尔住宅。这两个住宅拒绝了
现代主义的自由平面，同时也否定了传统的从局部到整体（part-to-whole）的关系。相反，它们引入
了最终不可判定的解读游戏。因此，这对住宅是康职业生涯的关键连接点，也是第二次世界大战后美
国建筑发展第一阶段和第二阶段的关键连接点。而这第二阶段便是过渡性的后现代阶段。

　　接下来的3座建筑描绘了1968年至1988年这第二阶段的特征。它们展现了相似的特性——
通过结构、物质性及图解的表达，将其对现代主义的批判发展为新现实主义（new realism）。阿尔
多·罗西的圣·卡塔尔多公墓表现了一种包含超现实主义（surreal or superreal）转变的批判；詹姆
斯·斯特林的莱斯特大学工程馆颠覆了常规的实体/虚体的材料特性，而罗伯特·文丘里的凡娜·文
丘里住宅让人想到了带有欧洲意味的美国木瓦屋顶风格。然而，这些建筑并没有陷入简单的现象学
（phenomenology）泥淖。实际上，这些建筑的特征与康特顿公共浴室的纯粹材料性没有太多共同之
处，而在提出组织、类型和材料的概念暗示方面，它们的共性倒要更多一些。

　　书中1988年至2000年第三阶段的3个项目，不仅需要精读，也标志了精读观念构成的完全转
变。这个时期始于在现代艺术博物馆举办解构建筑展（Deconstructivist Architecture exhibition）。

如果说这次展览没有包括本书所讨论的雷姆·库哈斯、丹尼尔·里伯斯金和弗兰克·盖里的独特项目，它至少体现了这几位建筑师的敏感性。他们都关注图解而非类型，但每位建筑师使用图解的方式却不相同。在库哈斯的朱西厄大学图书馆设计中，图解是一种形象符合策略，建筑与充满活力的图解具有视觉上的相似性。库哈斯的作品开始定义了另一种解读策略，而杰弗里·基普尼斯（Jeffrey Kipnis）[1]认为这种策略是表述行为的（performative），而非概念性的。在表述行为的策略中，作为主体的人以某种方式参与到建筑客体当中。这种方式与1960年代末至1970年代初的极少主义雕塑家对主体、客体及作品场所独特性的参与十分相似。里伯斯金的犹太人博物馆设计也使用了图解，但却导向了指示符号。通过指示符号，建筑标记了一系列自身生成过程的痕迹。这不仅需要精读建筑内在的痕迹，还需要精读它在早先项目中设计起源的痕迹。可以认为，盖里为韦瑟黑德管理学院设计的彼得·路易斯大楼，也依赖于某种图解。而这种图解引发了从形式或概念向现象学的解读转变。与书中的其他建筑相比，这3个项目最好地描述了精读在今日的两难困境。同样困难的是，尽管很可能理解这些建筑对于精读观念的影响，但要在这些建筑师各自的职业生涯中评定他们全部作品中的哪一个才是经典，或许有些太早但也是及时的。

　　在每个案例中，建筑扰乱了解读行为的自我满足。不可判定性的观念表明，解读不再必须是辩证的。最终不是建筑而是其解读，才成为不可判定的。这些建筑不仅挑战了积淀在精读历史中形式和概念的惯例，还挑战了所有建筑的永久特性：从局部到整体、主体／客体、笛卡尔坐标（Cartesian coordinates）、抽象／现代主义。在攻击现代主义陈词滥调的过程中，这些后现代时期的建筑依然挑战了当下的视觉和意识形态。本书认为，一个时代提出的挑战会成为下一个时代的陈词滥调，因此它没有为当代建筑提供任何解答和教诲。相反，它展现了一个及时的切片。这个切片是无尽生成循环的一部分，也是一种无限替代的观念。

23

1　杰弗里·基普尼斯（Jeffrey Kipnis，1951—），美国建筑评论家、理论家、策展人。——译者注

图1 路易吉·莫雷蒂，"向日葵"住宅，意大利罗马，1947—1950年。

1 文本的轮廓 Profiles of Text

路易吉·莫雷蒂，"向日葵"住宅，1947—1950年

1953年，彼得·雷纳·班纳姆（Peter Reyner Banham）[1]写了一篇关于路易吉·莫雷蒂"向日葵"住宅的批评文章。这是关于此建筑的最早的英文评论之一。该文章发表于《建筑评论》（*Architectural Review*）二月这一期，它将"向日葵"住宅看作是确定"罗马折中主义"（Roman eclecticism）的纪念碑。班纳姆认为，这种折中主义是在现代主义遗产范围内起作用的。如果说"折中主义"的标签在今天具有不同的含义，那么在1953年的时候，它只表明了可以把莫雷蒂的作品看作是对古典修辞和建筑策略的随意聚集。这些修辞和策略除了被莫雷蒂集合在一座单一的建筑中，没有任何单一的组织原则。从这种意义上来说，尽管这里认为班纳姆使用"折中主义"一词是有瑕疵的，但他的观点是有预见性的。有趣的是，早在1953年，班纳姆就提出现代建筑已经成为了一种风格（style）。因此，他才认为莫雷蒂背离了现代建筑的形式需要与假想社会使命。之后，莫雷蒂的"向日葵"住宅成为了罗伯特·文丘里1966年著作《建筑的复杂性与矛盾性》（*Complexity and Contradiction in Architecture*）中的重要引用案例。实际上，这种引用还将显现在文丘里自己的凡娜·文丘里住宅设计中（参见本书第5章）。在班纳姆的结论与当下可能的解读之间，有一个重要区别，即在1968年之前，在雅克·德里达《论文字学》对文本观念进行反思之前，是不可能针对班纳姆所认为的纯粹折中主义，提出一种文本解读的。后结构主义（Post-structuralism）[2]提供了分析与组织的方法。通过这种新的镜头，人们得以理解复杂现象。在某些情况下，这些现象全然反抗一种清晰的解读。相反的是，它们代表了一种今天可被称作是"不可判定性"的状况。

在这种情况下，莫雷蒂既不是折中主义者，也不是现代主义者。宁可说，作为最早的后现代建筑师之一（即使这一点很少被承认），人们无法轻易地对其作品进行归类。而正是这种称为"不可判定性"的状况，出现在了他的"向日葵"住宅中，并会发展成为本书明确的主题之一。

27

1　彼得·雷纳·班纳姆（Peter Reyner Banham，1922—1988），英国著名建筑评论家与理论家。其代表作有《第一机械时代的理论与设计》、《洛杉矶：四种生态学的建筑》等。——译者注

2　后结构主义（Post-structuralism）是美国学术界对20世纪60和70年代一批以法国为主的欧洲大陆哲学家、批判理论家学术思想的表述。他们的思想不尽相同，但都以批判结构主义为基础，强调人文科学中的不安定性。这些学者包括雅克·德里达、米歇尔·福柯、吉尔·德勒兹、雅克·拉康、朱迪斯·巴特勒、让·鲍德里亚等，然而其中许多人却拒绝"后结构主义者"这样的标签界定。——译者注

图2 "向日葵"住宅，南立面。   图3 "向日葵"住宅，北立面。

　　莫雷蒂的"向日葵"完成于1950年，它将历史的暗示与现代主义的抽象结合了起来。然而，这种暗示历史的前奏却不是"向日葵"住宅成为本书所讨论的第一座建筑的理由。倒不如说，是因为"向日葵"住宅在战后很早就表现了抽象与真实具象（literal figured）相互混合的状况。这种同时存在却又似乎是对立的状态，从来没有成为一种单一的叙述、含义或形象。或者说，正是在战后的风气中，这两者间的辩证关系受到质疑。而当时的风气正是怀疑这种辩证关系的先天价值。此外，还可以认为，在战后的建筑中，"向日葵"住宅很早就通过尝试平行使用抽象与具象修辞，来体现事实的不可判定本质。正是在这里，可以让人想起，什么可以被看作是建筑中的文本。虽然抽象与具象通常被描述成"形式"，但形式与后面出现的文本之间的区别，将会被认为是十分重要的。"形式"一词描述了建筑中的一些状态。这些状态不必非要以意义或美学的方式来显示，但却需要以其自身内在一致性的方式来解读。这种内在的一致，涉及某些策略。而这些策略与美学基本的光学视觉无关（比例、形状、颜色、质感和物质性），却与控制它们相互关系的内在结构相联系。形式分析考察的，是建筑必要的历史、程序和象征性背景之外的内容。

　　"文本"一词的定义，与德里达的文本理解中的一个后结构主义关键概念相关联。德里达认为，文本不是一种单一的线性叙述（narrative），而是一个网络（web）或一连串的痕迹（traces）。虽然叙述是单一、连续且有方向性的，但文本却是具有多种意义、不连续且无方向性的。在本书的讨论中，文本的观念就像图解的观念一样，有助于发动一场转变——从将作品解读为单一实体到将作品理解为变化力量的不可判定结果的转变。例如，在我关于朱赛普·特拉尼（Giuseppe Terragni）[1]的著作中，有关文本的想法使我对朱利亚尼—弗里赫里奥住宅（Casa Giuliani-Frigerio）的分析得以重新确定方向，从本质上形式主义的解释转变为更加文本化的解读。因此在内部一致性方面，文本与形式并28 不相同。

　　1　朱赛普·特拉尼（Giuseppe Terragni，1904—1943），意大利建筑师，意大利理性主义建筑运动的代表人物。其代表作品有科莫的法西斯办公大楼等。——译者注

　　除激发形式解读，建筑物同样也能够被解读为文本。这就提供了不同的解读模式，并可以挑战既有的建筑语汇。例如，阿尔伯蒂（Alberti）[1]将提图斯凯旋门（Arch of Titus）叠合在圣安德里亚（Sant'Andrea）当地的希腊神庙正面（vernacular Greek temple-front）上的做法，就是文本化的。因为这种将不同历史时期建筑形式进行蒙太奇组合的方式，动摇了单一的意义。文本激发了一种外在于物体的物理存在或控制物体存在的潜在结构的解读。在阿尔伯蒂的圣安德里亚案例中，多种历史修辞的叠合，扰乱了该建筑的存在状态，将其带离了常规建筑形式的类别。如果说形式始于一种关于存在的概念——既是线性叙述又可被称为固定的或可决定的概念，那么文本则中止了这种对于存在的叙述。在文本中，层级体系（hierarchy）是暗含的，并提供了不可判定的关系，而非单一的静止状态。正是通过历史修辞与现代主义修辞的不可判定关系，莫雷蒂引发了对现代主义的最初批判。

　　在意大利，对立体主义（cubism）[2]和未来主义（futurism）[3]的批判，最早出现在新现实主义电影（neorealist cinema）[4]中。它以质朴的眼光看待意大利和五年战争的废墟。新现实主义电影《罗马，不设防的城市》（Open City）和《偷自行车的人》（The Bicycle Thief）是某种形式的经验存在主义（empirical existentialism），因为它们试图将抽象语言转换为一种与人们眼中的"真实"更加紧密相连的语言。莫雷蒂在战后的作品，便是从这种新现实主义的敏感之中发展而来。这些作品也表现了某种教导式的（didactic）建筑理解，并批判了抽象性。然而难得的是，莫雷蒂的战后早期作品几乎都不能被看作是新现实主义的，就像它不能被当作是折中主义的一样。

　　莫雷蒂在其20世纪50年代早期出版的杂志《空间》[Spazio（Space）]之中，清晰地表达了他对于现代主义抽象性的微妙批判。这本杂志如今非常受欢迎。《空间》追随了建筑师的小型杂志的传统。该传统始于1920年勒·柯布西耶的杂志《新精神》（L'Esprit Nouveau）和1923年密斯·凡·德·罗

　　1　利昂·巴蒂斯塔·阿尔伯蒂（Leone Battista Alberti，1404—1472），意大利建筑师、建筑理论家。意大利文艺复兴时期最有影响的建筑理论家。其代表作为《论建筑》（又名《阿尔伯蒂建筑十书》）。——译者注

　　2　立体主义（cubism）是西方现代艺术史上的一个运动和流派，1908年始于法国，代表艺术家为毕加索和布拉克。立体主义追求碎裂、解析、重新组合的形式，形成分离的画面。以许多的角度来描写对象物，将其置于同一个画面之中，以此来表达对象物最为完整的形象。背景与画面的主题交互穿插，让立体主义的画面创造出一个二维空间的绘画特色。——译者注

　　3　未来主义（futurism），20世纪初产生于意大利的艺术与社会运动。当时，该思潮强调赞美有关未来的概念和主题，如速度、技术、青春、暴力、汽车、飞机、工业城市等，艺术实践涉及绘画、雕塑、建筑、工业设计、室内设计、电影、戏剧、时装、音乐等各个领域。其代表人物有马里内蒂（Filippo Tommaso Marinetti）、博乔尼（Umberto Boccioni）、圣伊利亚（Antonio Sant'Elia）等。——译者注

　　4　新现实主义电影（neorealist cinema），是20世纪四五十年代在意大利兴起的电影运动，旨在展现现实社会生活，批判社会不良现象，具体拍摄手法为采用自然光，使用非职业演员，运用简单电影语言，还原最本真的世界。其最重要的理论口号是："把摄像机扛到大街上"、"还我普通人"。代表作品有罗西里尼（Roberto Rossellini）的《罗马，不设防的城市》、维托里奥·德·西卡（Vittorio De Sica）的《偷自行车的人》等。——译者注

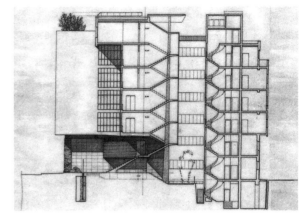

图4 "向日葵"住宅，西立面。   图5 "向日葵"住宅，南北轴剖面。

与凡·杜斯堡（Theo van Doesberg）[1]和李西斯基（El Lissitzky）[2]合办的杂志《G》。虽然柯布西耶的杂志谈论新精神，密斯的杂志《G》主张物体［*Gegenstand*（object）］并有效地发表了关于物体性（objecthood）的观念，莫雷蒂的《空间》却在物体—事物（object-thing）与作为空间或体积的容纳物（object of containment）之间做了重要区分。物体可以当作几何抽象概念来看待和分析，而空间却很难作为物质实体来分析，因为它通常是由其他事物界定的。虽然空间是概念性的实体，它的包容物却是形式的。莫雷蒂是在《空间》杂志中开始探讨，对空间塑造进行重新定义。

29

莫雷蒂在《空间》第6期（1952年）上发表了文章"造型的价值"［"Valori della Modanatura"（The Value of Modeling）］，以质疑现代主义的空间概念。文章认为，表面（surface）具有某种潜力，能够以在体积（volume）和平面（flatness）之间创造对话的方式来塑造。因此，被塑造的表面具有光影的感情表达潜能。文章通过提出轮廓（profile）的论题——通过确凿边缘和图形形状来清晰表达轮廓，质疑了现代建筑方盒子般的抽象性。

轮廓是形象的边缘——换句话说，即建筑的表面如何与空间相遇：在天空映衬下，体积的边缘就是如实的轮廓。这意味着所有建筑，因为是三维的，所以都会有某种轮廓。虽然在建筑中，轮廓是平面或表面的边缘，但它也是包容性表面的边缘，或是与内部包容性表面相关的外部空间的边缘。无论是哪种状况，轮廓都是图形形状的产物，而图形形状又产生了阴影。莫雷蒂讨论的不是如实轮廓本身，而是成为设计主题的概念性轮廓。轮廓成为了莫雷蒂作品的主题。莫雷蒂认为，轮廓不再

1　特奥·凡·杜斯堡（Theo van Doesberg，1883—1931），荷兰画家、诗人、设计师，风格派运动的核心人物，《风格》杂志的创刊人和主持人。其代表作品有《第七号构成（美惠三女神）》《戴帽的自画像》等。——译者注

2　李西斯基（El Lissitzky，1890—1941），俄国艺术家、摄影师、设计师、建筑师。他是20世纪初俄国艺术先锋派运动中的重要人物，协助其导师马列维奇发展了至上主义，其作品深深影响包豪斯和构成主义运动的发展，并主导了20世纪平面设计的风格。其代表作有普隆系列（Proun）。——译者注

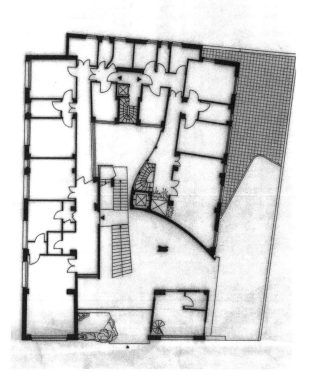
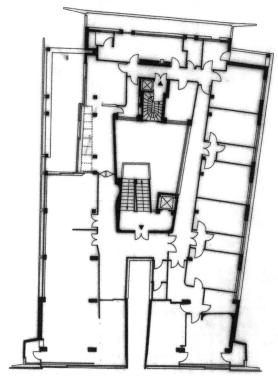

图6 "向日葵"住宅，底层平面。

图7 "向日葵"住宅，二层平面。

仅仅是三维体积的边缘。相反的是，轮廓开始质疑边缘与体积之间的清晰边界。在莫雷蒂看来，轮廓并非是显示形状或图形的叙事手段，而是能够与任何形状和图形相分离。这种分离不仅仅是一条线，例如，还可能是投影的暗色边缘。通过让人关注建筑中的轮廓，莫雷蒂表明，轮廓承担了标识不 30 可判定关系的角色，并使空间成为了可供精读的物体。由于层级和意义的单一性成为了问题，因此修辞成为文本化的而非形式化的。

　　莫雷蒂在《空间》中列举了大量的历史建筑、教堂和别墅的范例，来说明空间作为体积的想法。莫雷蒂打破了建筑范例的通常理解，将建筑的内部空间作为坚实的体积，并完全免除了其外部围合、结构、立面或关于外部表皮的任何其他指示。这些具有体积感的范例似乎要否认与其外部的关系。宁可说，它们体现了空间本身，通过将虚体（void）变为实体（solid）来概念化空间。在建筑史中，分析常常始于几何学，始于能够被物质触摸和界定的元素——如结构和墙体的线性元素。而之后才会提到被包容在物质边界里的空间。建筑历史主要被这种由物体或几何学到空间的发展所界定。莫雷蒂的范例颠覆了这种惯例，他将空间而非其围合表面作为分析的起点。莫雷蒂一方面处理表面的边缘——其轮廓，另一方面，他又在这些范例研究中探讨没有表面的体积。莫雷蒂关于轮廓和空间的观念，就像其范例研究所表达的那样，提出了形式和概念的问题。而这些问题拒绝单一叙述或意

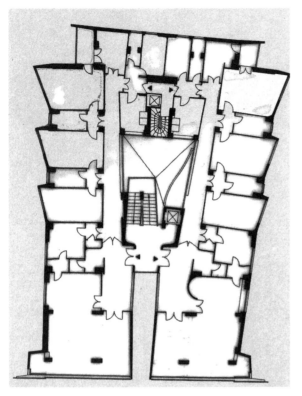

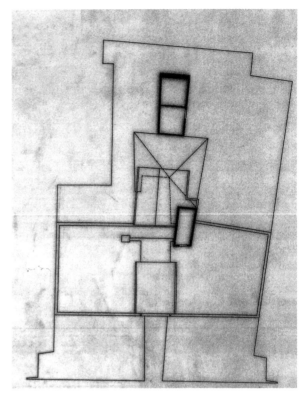

图8 "向日葵"住宅，三层平面。   图9 "向日葵"住宅，屋顶平面。

义的决议。这些范例研究预示了一种全新的空间图解，而莫雷蒂在"向日葵"住宅中进一步发展了这种图解。

31   "向日葵"住宅给人的第一印象，是其体积与边缘之间的动态紧张关系。前立面中间的切口是在战后最早出现的壁龛主题（aedicular motif）。该主题是将两个实体用空间分开，但实体却越过虚体依然相互联系。莫雷蒂对壁龛的使用，来自于从帕拉第奥的窗户到卡罗·拉伊纳尔迪（Carlo Rainaldi）[1]在坎皮泰利（Campitelli）的圣玛利亚教堂（Santa Maria）的历史传统。莫雷蒂设计的立面不能被看作是历史模仿品，因为他是以新的方式来运用历史主题。壁龛将"向日葵"住宅平面化的立面分成了两个具有体块感的部分。这两个部分虽然是一对，但不完全一样，它们的边缘越过虚体也不互相对齐。立面的形体特征也同样模棱两可。因为从正面看时，正立面是个有裂口的体积，但斜着看时，正立面在边缘处变薄，就如同屏板一般。

      正立面既能被看作是一个屏板，又可被看成是一个体积。这两种状态之间的紧张关系，在立面的转角处得到进一步发展。如果说转角（the corner）是新古典主义的支配性主题，而正面画面（fron-

---

      1 卡罗·拉伊纳尔迪（Carlo Rainaldi，1611—1691），意大利巴洛克时期的重要建筑师。其代表作有坎皮泰利的圣玛利亚教堂等。——译者注

图 10　"向日葵"住宅，西北角。

tal picture plane）是现代主义的支配性主题，那么莫雷蒂在"向日葵"住宅中既打破了这两种传统的，同时又使用了两种传统中的元素。"向日葵"住宅的转角体现了断裂感：正立面和背立面都如同薄屏板一般，悬垂于建筑的主要体量之上，并与之相分离。作为混凝土实体与虚体的汇聚之处，转角也显现了不可判定的特性。这种处理来自莫雷蒂在《空间》中提出的有关轮廓的观念，但正立面分层的特性却创造了对于轮廓的不同理解。"向日葵"住宅不再是具有连续性轮廓的建筑。而在古典建筑中，轮廓是连续的，建筑的轮廓（profile）与形状（shape）是一回事。"向日葵"住宅中的一个重要理论主题就是，建筑轮廓不等同于建筑形状。

32

　　在转角的处理中，还能看到另外一个理论问题："向日葵"住宅既没有呈现一种观看物体的清晰主观视角——就像希腊空间的透视视角，也没有提供像在现代罗马空间中一样的正面视角。这是其他的东西，并引起关于它的他性（otherness）的辩论。这就与阿道夫·路斯（Adolf Loos）[1]使外部封皮（exterior envelope）与内部体积（inner volumes）相分离的方式一样。对莫雷蒂来说，实体、虚体和边缘之间的相互作用是同时的。因此，"向日葵"住宅是最早关于轮廓观念的教导性（didactic）

　　1　阿道夫·路斯（Adolf Loos，1870—1933），奥地利建筑师与建筑理论家，为欧洲现代建筑运动的先驱。其代表论著和作品是《装饰与罪恶》、斯坦纳住宅等。——译者注

图11 "向日葵"住宅，正立面的轮廓。

案例之一，它打破了现代主义方盒子的规则外形：现代主义的封皮遭遇了它的对立面，即其容纳的体积。

在现代建筑的自由平面中，柱子作为功能性的、放在地面上的元素，通常具有相同的尺寸和形状。在"向日葵"住宅中，柱子变得形象化。随着所在建筑部位的不同，柱子的形状与尺寸也随之改变，以标识差别。成对的柱子和成对的柱组，表现了一种不同于抽象或中性柱网的形式秩序。成对的柱子打破了两个不同方向轴线的均衡，同时也瓦解了抽象的九宫格和服务与被服务空间的网格。以此，莫雷蒂的平面批判了自由平面中的空间一致性。这两种记号（notation）的重要之处，便在于打断了历史的连续性。在莫雷蒂看来，历史的连续性是文艺复兴别墅、巴洛克宫殿和19世纪的市政厅（hôtel-de-ville）。这是对认为整体与局部具有一致关系的观念的发展，而支配性的整体，将不再描述任何指向某种状态的类型想法。

"向日葵"住宅的物质性（materiality）是对现代主义抽象性的另一种批判。材料在这里被修辞性地使用。但这既不是以形式修辞的传统，如材料本身，也不是为了材料的纯粹现象价值，就像彼得·祖姆托（Peter Zumthor）对石材或木材的使用。倒不如说，材料在这里是作为记号，它以某种方式清晰地表明区别。而这种方式让人想起了20世纪初路斯设计的维也纳室内空间。路斯将大理石、花岗岩、木材、金属以及灰泥并置在一起，以表明这些材料作为独立个体的图像价值。路斯室内表现的并非是材料的丰富性，而是材料的并置。

"向日葵"住宅门厅使用的材料相当热闹——金属、石材、玻璃和木材，它们并不遵守任何结构或构成逻辑。人们无法辨别出任何支配性的材料体系，也看不出任何控制性的色调。对材料的使用既是标示性的也是教导的，以唤起人们关注材料作为文本的可能。材料元素来回地互相参照，但它们除了33 表现其自身存在这个事实，并不再表现任何其他事情。然而可以将此看作是建筑领域中的某种新现实主义，因为材料拒绝参照任何有关意义的外在系统，材料就像文本一般地发挥作用。

建筑底部的石材处理具有标示性的特质。这体现在它对粗琢石墙面、各种样式和雕刻主题的虚假运用。在"向日葵"住宅中，"粗琢石的"底部成为某种粗琢石墙面的表演。在佛罗伦萨的宫殿中，粗琢石墙面遵循体块的逻辑：最沉重的石头在底部，随着楼层往上，每层使用的石头就越来越细

图12 "向日葵"住宅,西立面底部。

图13 "向日葵"住宅,入口。

薄。而在"向日葵"住宅中,对粗琢石墙面的处理则与此惯例相反,它回溯到16世纪朱利奥·罗曼诺(Giulio Romano)[1]在意大利曼杜瓦的得特宫(Palazzo del Te in Mantua)的做法。在该宫殿中,纸一样薄的粗琢石墙面看上去并不像石头,而拱心石似乎要从其保持的位置脱落,以质疑石头拱结构上的支撑方式。在支撑与倒塌之间、沉重与纸一样薄的粗琢石墙面之间,存在着一种悬置状态,引发了对石材物质性的质疑。

莫雷蒂将沉重的石头放在细薄的石头上面,在窗户开口中塞入石块,在粗琢石墙面上雕刻否定结构逻辑的 V 字形图案。这颠倒了粗琢石墙面的常规做法。莫雷蒂还将一条用剩余石料雕刻的人腿结合进一个窗框之中。仿佛一个早期古典雕塑的遗物已找到了自己的方式,融入"向日葵"住宅的组织结构。这种被赋予历史意义的主题引发人们思考过去,但其目的并不是要带来乡愁或谄媚的记忆。宁可说,这些雕塑性元素是古老而混乱的,就好像新现实主义电影中描绘的、每天生活中的任意性(arbitrariness),体现了班纳姆所可能认为的、对于材料任意、古怪且非系统的使用。雕塑般的人腿没有任何意义,可被看作是纯粹的任意而为,但这是一种脱离于意志表现、历史主义及表现主义的任意秩序。莫雷蒂精准处理的任意让人们关注任意的自身状况,即存在于内部参照之中的任意。而内部参照是文本化的,而不仅仅是有意义的。

<hr />

1　朱利奥·罗曼诺(Giulio Romano,约1499—1546),意大利画家与建筑师,拉斐尔的学生。其艺术风格开始偏离文艺复兴全盛时期的古典主义而转向手法主义。代表作品有《圣母与圣婴》、曼杜瓦的得特宫等。——译者注

图14 "向日葵"住宅，西立面粗琢石墙面的底部。

34　　　莫雷蒂在"向日葵"住宅中运用历史主题，是对建筑形式一致性的批判。历史参照的处理——如立面壁龛主题和底部墙面粗琢石质感，意味着后现代的实践，但在"向日葵"住宅中，这些却属于完全不同的秩序。这些状况使得"向日葵"住宅既是形式的又是文本的；某些形式一致性得到强调，又同时被取代。在莫雷蒂的"向日葵"住宅中，比例处理并没有成为主题，材料使用也不结合叙述。建筑体块如果不是随机的标记，那就只是一系列并置的体积和屏板。而这些体积和屏板取代了平面的形式惯例。某些可能性的解读被另一些削弱了，因此不能提供任何综合性的分析。如果说文本观念假定了导向结束或综合的判定性的解体，那么建筑中的文本则表明了单一叙述的有意义组织观念的解体。

　　　作为一个文本作品，"向日葵"住宅具有许多不确定解读的可能；它不支持单一的、支配性的建筑看法。而这或许可以解释，为何莫雷蒂的作品在那段岁月中几乎不受关注。莫雷蒂的"向日葵"住宅重写了建筑自身的状况，还重写了本书所主张的、将经典建筑付诸精读的状况。当莫雷蒂的建筑从现代主义的抽象转变到一种更接近于新现实主义的敏感时，它提出了不同类型的精读方法，提出了不再受现代主义形式词典束缚的方法，提出了与文本不可判定性更有联系的方法。"向日葵"住
35 宅是第一个、或许也是最早的有关这种讨论的建筑范例。

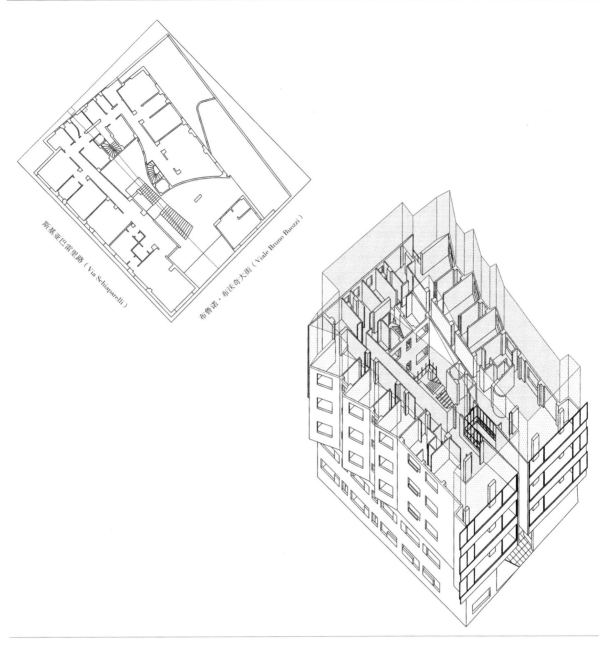

斯基亚巴雷里路（Via Schiaparelli）

布鲁诺·布沃奇大街（Viale Bruno Buozzi）

图15 "向日葵"住宅位于罗马城中一个近乎矩形的街区。该街区紧邻两条主要的街道，南侧是布鲁诺·布沃奇大街，西侧是斯基亚巴雷里路。住宅前立面与布鲁诺·布沃奇大街成正交关系；其背立面与后侧的街道平行，因此背立面轻微偏转，与前立面有一个小角度。建筑中其他打破对称的地方还包括中间的南北轴。该轴线并不连续，在楼梯处发生了弯转。

图16 建筑体块的大部分在中间处被切开，分成两半，本质上来说创造了一个 U 型的建筑形体。中间的虚体形成了贯穿建筑的对称轴，但这一暗含的对称与两侧不相互平行体块的实际形态并不相符。倒不如说，两侧体块从建筑中轴处张开成八字形。除了形成这种不稳定的对称之外，虚体还表现为正立面上的竖直切口。

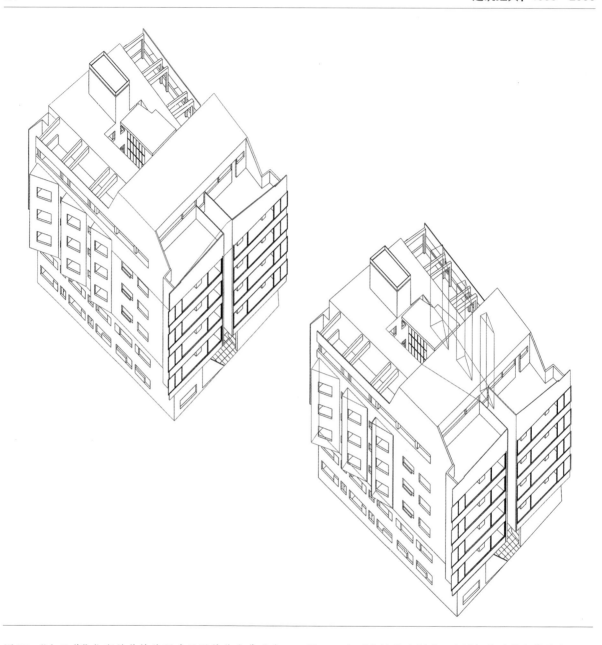

图17 "向日葵"住宅的体块处理暗示了某些古典观念：其三段式组织包括似乎是粗琢石墙面的底部，立面上突出强调的装有玻璃的中间部分，以及类似建筑顶端山墙的上部区域。住宅的山墙部分从中间被切口分开，让人想起古典的壁龛主题。断开的山墙部分并不对称，其右侧轻微向上升起，略高于对应的左侧。

图18 立面上的竖向划分，连同超出建筑主体的立面延伸，一起形成了某种轮廓。由于竖向切口的存在，建筑中部露出了转角和内侧边缘，这让人觉得立面是有体积感的。但在立面的外部边缘，被设想成是体块的建筑形体，又成为了一个薄的屏板。在上部的三层居住部分，建筑的两个长的侧立面都被三个次要的小切口所打断。因此，在实际和概念两方面，该建筑表现了一系列打破现代主义方盒子的处理。

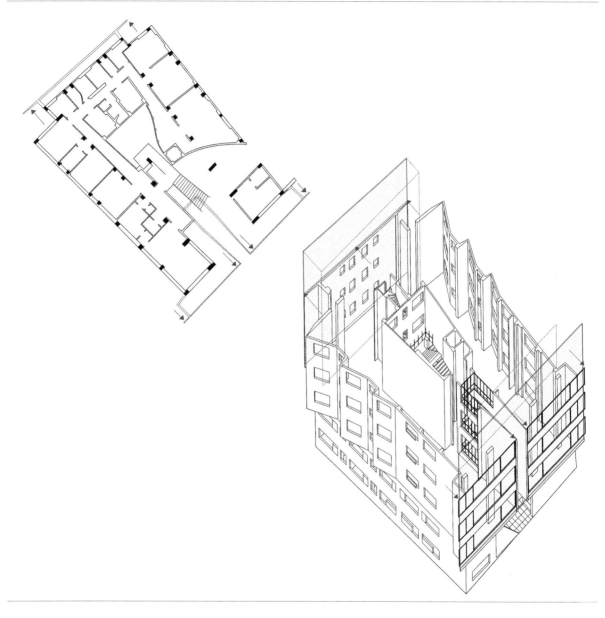

图19 对底层平面的分析表明，前立面与背立面都凸出于建筑底部。两个立面都像屏板一样，但前立面类似于一个被劈成两半的屏板，而背立面则挂在中间方盒子体块的外侧。底层平面上有两道弧墙十分显眼。它们打断了对称轴，并似乎要取代楼梯。

图20 在"向日葵"住宅中，轮廓不再界定连续性。这与古典建筑形成了对比。在古典建筑中，轮廓与外形在概念上是同一事物。而在此处，轮廓与外形相互分离，即轮廓不是建筑的外形。

图21 "向日葵"住宅的立面打破了现代主义正面平面（frontal plane）的整体性，形成了一系列压缩的层。在转角处，能够明显看到这些层的复杂连接。这些转角不能再被辨认为是单一的实体。人们斜看过去，会发现立面不仅仅是薄的平面，而是由三个层构成的：最外层的屏板、屏板间的空隙开口和玻璃层。屏板与建筑体块间的空隙使立面边缘成为清晰的元素，并创造了所谓的衬垫空间（gasket space）。从侧面这一点看尤为明显。空隙这一层与前立面的深切口一起，进一步削弱了这些层的物质存在感，因为它们在两个体积和一系列层化平面之间变动。

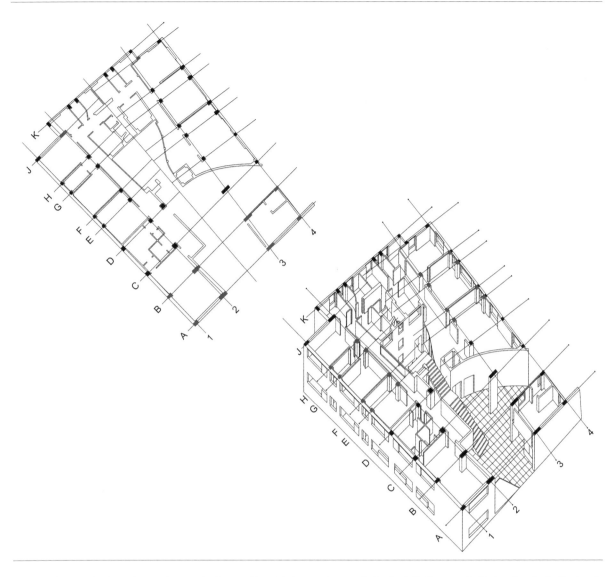

图22 出于分析的目的，很有必要考察一下柱子的组织。柱子从左到右编号为1到4，从前到后编号为A到K。最初看上去，柱轴线1与4相对应，柱轴线2与3相对应。这就建立了最初的对称。然而，柱轴线3与4相互关联，因为它们相对正交系统都偏转了同一个的角度；而柱轴线1与2相互关联，因为它们仍处于正交系统。在柱轴线2和3上，A柱为板柱（slab column）。柱2B和3B也是板柱，从三个方向看过去，仍能看出它们是柱子。柱2C和3C则不同：2C是个方柱，3C是个独立的板柱。

图23 其他成对的柱子还有轴线1和4上的柱子：柱1A/1B与柱4A/4B是细的长方形柱。柱1C/1D和4C/4D是方柱，而柱4C/4D要稍微小一些。上述柱子都是附属的，它们仿佛要渗入外墙填充之中。柱轴线1E/1F（4E/4F）和1G/1H（4G/4H）包括成对的长方形，这些成对的长方形或伸进墙体填充，或随着八字形的外部平面弯曲。除了柱2D旁边额外的一个柱子，柱2D和3D、2E-F和3E-F、2G-H和3G-H都是小的成对的方柱。在2J和3J的位置上，仍保留有柱子的些许痕迹，它们由不同的看似真实的实体墙中的细微连接所产生。

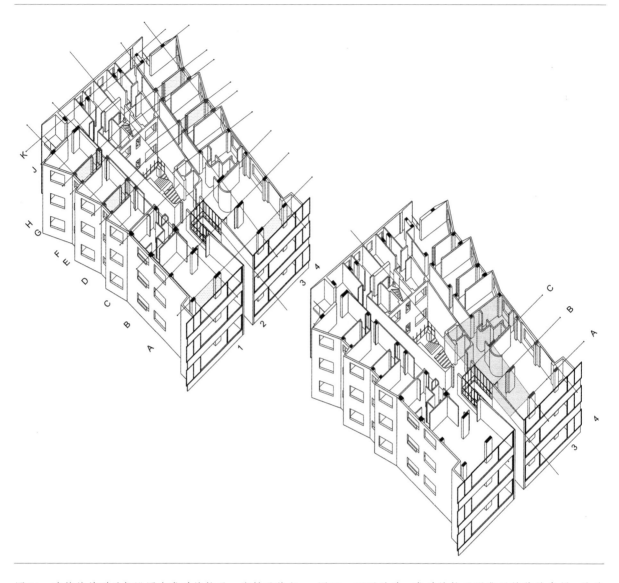

图24　建筑从前到后都设置有成对的柱子。这始于独立的柱子1A和4A。柱子3A与3B开始作为一对，2A与它们属于正交体系，而2B独立于体系之外。2A和3A之间不再正交对齐。尽管3A与两个外部表面都保持相同的距离，但它还是滑向了右侧。进一步的成对处理，还出现在方柱中。在现代建筑的自由平面中，柱子通常都是相同的尺寸和形状；它们都是连接地面的元素。而在此处，柱子变得具有了象征意义。随着柱子在建筑中位置的不同，它们的形状和尺寸也跟着发生变化，以标识其本质的不同。

图25　可以认为，成对的柱子强化了韵律的发展，从建筑前部A和B轴线上的宽柱子组群到建筑后部更为紧密的成对柱子组群。虽然可以从平面中解读出这种发展，但它与功能空间的组织并没有什么关系。正如在底层平面中所看到的，许多破坏、八字张开和扭曲变形都聚集在柱轴线3上。该柱轴线与其说是作为解读的基准，倒不如说是作为接受的基准；与其说是作为引发矢量（vectors）的静态场所，倒不如说是作为记录矢量的动态场所。

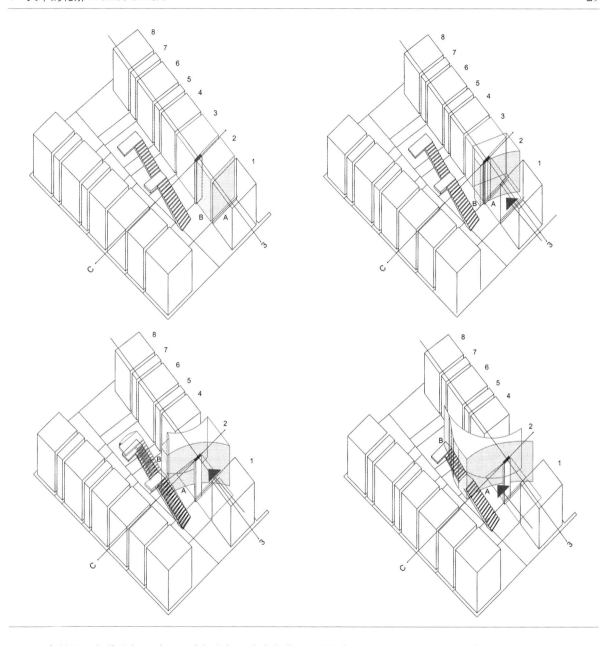

图26　底层平面矢量分析。对于跟随部分柱子的内部体积进行分析，可以让人们追踪一些矢量。一个擦除弧形或力量（A）似乎推压了柱轴线3和4界定的体块，直到仅剩下柱子3C且该体块处于压扁和扭曲的状态。擦除弧形（A）与第二个曲面的S形局部（B）相连接。曲面（B）也脱离了其原先的线性位置。这种力量的交汇，产生了一个似乎是被压缩向后部且向中间膨胀的形状。而该形状的膨胀部分似乎要影响主楼梯对准中轴线。

这些力量表明了两种不同的形式概念：一种是作为来自内部且产生凸面形式的矢量的产物；另一种则是作为发生于空间外部的矢量的产物，该矢量切开实体以创造凸面形式。空间同时是积极和消极的。作为这些力量的结果，两个曲面相互竞争。这是莫雷蒂对于被实体切开或压缩的空间的积极本质的表达，是他意味深长的典型表达。可以认为，被切开空间与伸出空间的竞赛，体现了同一形式中的两个对立概念。

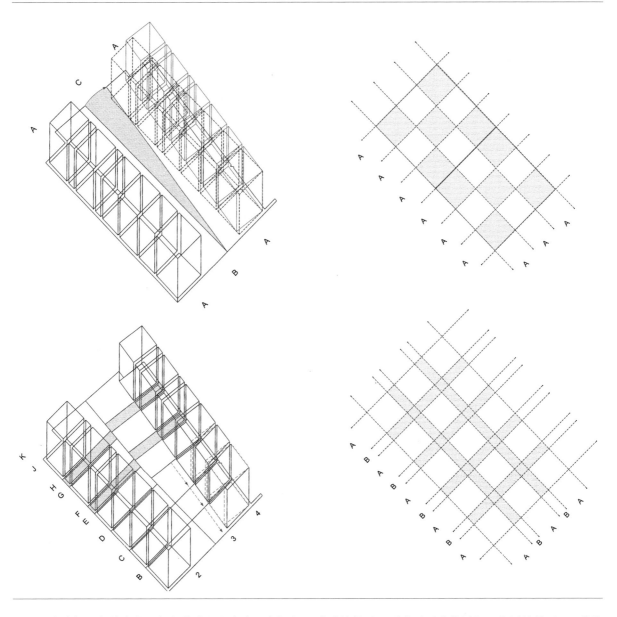

图27   成对柱子与单个柱子相交替的组织方式，形成了
ABABA 的韵律，表明建筑后部被压缩，而其前部具有延伸
感。柱子之间的关系是不完全有秩序的，但却是对称的。

成对的柱子还形成了两类格网相互作用的局面：一类是
抽象的九宫格，另一类是服务与被服务空间的格网。莫
雷蒂的概念明确批判了具有统一空间的自由平面。

图28a-d　布鲁诺·布沃奇大街上的南立面或前立面有些复杂，可以引发更为传统的解读。可以认为，该立面（a）具有古典的竖直三段式：粗琢石墙面的底部、开窗的主体和实体的檐部。然而，一旦接受了这种普遍的类型，人们却又能发现该建筑对此类型的背离。例如，在立面中（b），中间的区域实际上是落在钢柱而非底部上面的。在底部和主体之间有一个连接的缝隙。莫雷蒂暴露了粗琢石墙面和楼层底面之间的真实结构元素（c）。

在佛罗伦萨宫殿中，传统的粗琢石墙面遵循结构的逻辑：重的在底部，楼层越往上，粗琢石墙面越精细。莫雷蒂则打破了这种惯例用法，他将沉重的石头放在细薄的石头上面，并采用竖直的 V 字形图案暗示粗琢石墙面（d）。V 字形图案表明粗琢石墙面不是结构的，而是图像象征的（iconic）。石材底部的处理是修辞性的：它既不是希腊式的暗示基准的底座，也不是现代主义底层架空的惯用手法。

图29a-b　斯基亚巴雷里路上的侧立面，让基于正立面建立起来的解读变得复杂了。首先，沉重的粗琢石墙面继续围绕转角部分，再次把结构性柱子的线条放在后面。同样，纸一般薄的 V 字形的石材图案也再次出现，以呼应右前侧底部元素上的图案。其次，柱子再次出现，但这次是出现在横穿立面顶部的水平缝隙中。再者，窗户与立面屏板表面背后柱子的暗示线部分对齐。

图30a-b　"向日葵"住宅中各种类型的粗琢石面，无论光滑的还是粗糙的，都否定了结构作用而表达标识性。一些粗糙石块具有斜线的几何外形，这呼应了粗琢石表面 V 字形图案的斜线（a）。背立面上的窗户暗示了正立面上的切口，并似乎向中间挤压空间（b）。

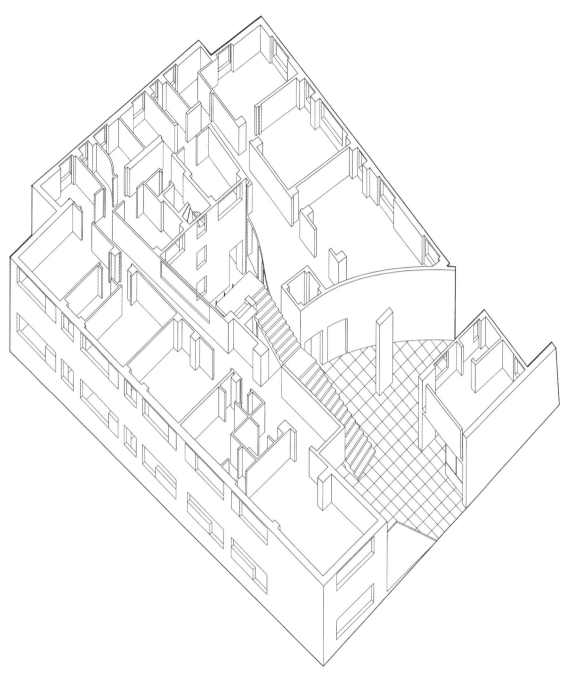

图 31 "向日葵"住宅，二层轴测图。

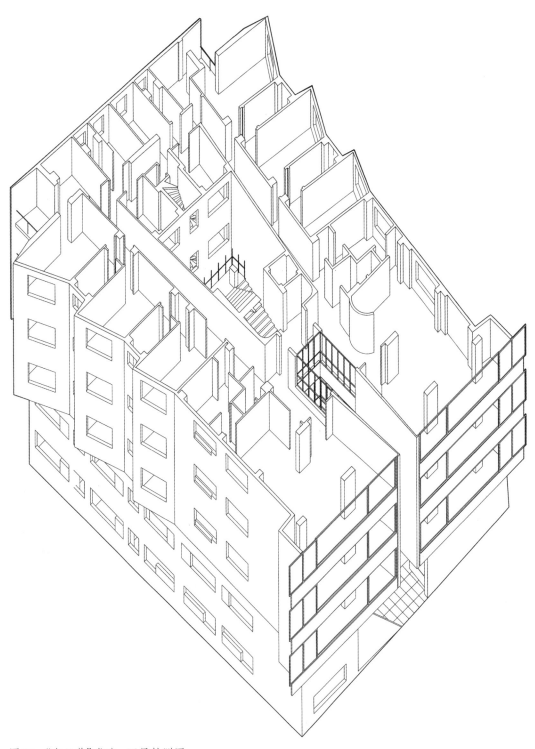

图32 "向日葵"住宅，四层轴测图。

图33 "向日葵"住宅,轴测图。

图1 路德维希·密斯·凡·德·罗，范斯沃斯住宅，美国伊利诺伊州，普莱诺，1951年。

2　伞形图解 The Umbrella Diagram
路德维希·密斯·凡·德·罗，范斯沃斯住宅，1946—1951年

在菲利普·约翰逊（Philip Johnson）[1]看来，路德维希·密斯·凡·德·罗以"少就是多（Less is more）"为人生格言。若干年后，罗伯特·文丘里在回应密斯时说："少就是无聊（Less is a bore）。"尽管文丘里当时是以满腹鄙夷的语气说这句话，但当我们读到罗兰·巴特（Roland Barthes）[2]引用"无聊"（the boring）作为某种反抗的时候，内心却会激起一种全然不同的共鸣。罗兰·巴特认为，"无聊"反抗了战后消费主义文化大环境下对艺术的狷獗消费。"少就是多"是密斯的重要建筑宣言，而范斯沃斯住宅则是第一栋表达出该理念的建筑。在范斯沃斯住宅中，少就是多并没有演绎现代主义建筑的抽象性；相反，它激发出了另一种精读的方法。在本书的所有案例中，范斯沃斯住宅是最为抽象的，它似乎保留了大量的现代主义建筑语汇和空间观念。不过人们在仔细研究之后，会发现它在很多地方都严重偏离了现代主义开敞平面和结构表达的传统。这些偏离共同导向了所谓的密斯的第一个设计图解。

按照传统观念，所有的房子都可以被看作是一个整体。而范斯沃斯住宅则是打破该观念的一个杰作（tour de force）。从其脱离主体的超大"门廊"（portico），到那些随处可见但也被不断打破的对称性，范斯沃斯住宅可说是开启先河的作品之一，它瓦解了建筑中古典的、从局部到整体的统一性。对早期的现代主义者来说，住宅常常是他们进行激进革新研究的场所。从勒·柯布西耶的两个经典图解——多米诺住宅（Maison Dom-ino）和雪铁龙住宅（Maison Citrohan），到格里特·里特维尔德（Gerrit Rietveld）[3]的风格派的施罗德住宅（De Stijl Schroeder House），这些都是单一的可界定的实体。而密斯早期的住宅设计也不例外。

从他早期的砖与混凝土的乡间住宅（Brick and Concrete Country Houses），到后来的朗格住宅（Lange House），密斯以住宅尺度完成了他日后的许多大尺度项目。但范斯沃斯住宅却打破了这个 51

1　菲利普·约翰逊（Philip Johnson，1906—2005），美国建筑师和评论家。其代表作有《国际式：1922年以来的建筑》（与H. R. 希区柯克合著）、玻璃住宅等。——译者注

2　罗兰·巴特（Roland Barthes，1915—1980），法国著名文学理论家和评论家，20世纪后半叶法国思想界的先锋人物，许多著作对于后现代主义思想发展有很大影响。其代表作有《写作的零度》、《恋人絮语》等。——译者注

3　格里特·里特维尔德（Gerrit Rietveld，1888—1964），荷兰著名建筑师与家具设计师，也是荷兰风格派的重要代表人物之一。其代表作有红蓝椅、施罗德住宅等。——译者注

图2　范斯沃斯住宅，北立面，1946年。

循环；它不再是单一的、可界定的实体，而其鲜被提及的、脱离建筑主体的入口平台，则是理解这种观念的最深刻线索。与沃尔特·格罗皮乌斯（Walter Gropius）和马塞尔·布劳耶（Marcel Breuer）[1] 相比，密斯对于从局部到整体统一性的拒绝要微妙而含蓄得多。格罗皮乌斯和布劳耶的双核住宅表现得很明显，从概念上来讲是2/3宫殿的类型。而范斯沃斯住宅则不再充当片段，它给人们提供了一种全新的解读方式。

　　密斯对于建造的理解——尤其是他对于建造住宅的理解，可以同海德格尔[2] 的"栖居"（dwelling）概念作一个比较。在海德格尔看来，栖居是特定场所中的物体。他还认为栖居涉及如何扎根于场所之中，即体现在地段的独特性、主体落在大地上的方式，以及最终对存在的呈现。在密斯看来，栖居是一系列的抽象状况。而在范斯沃斯住宅中，"栖居"本身就提供了批判解读现代性的机会。可以把范斯沃斯住宅看作是密斯早期和后期作品之间的过渡，它是密斯建筑中现代主义和之后出现的后现代主义之间的关键连接点。范斯沃斯的转型还区分了两种不同的建筑策略：一种是布景式的（scenographic），或者说是后现代主义的，它利用各种建筑元素创造出视觉上的幻象；而另一种则是使用柱子和墙体，激发人们批判地解读现代性。密斯早期的抽象建筑是否认栖居概念的容器，而发展到后期的作品已不再仅仅是抽象的容器。在这一转变、对立的过程中，密斯创造出了一种不同以往的图解，在范斯沃斯住宅中首次隐喻地表现出来。

　　从柱子、墙体和水平面之间的相互作用，就能看出密斯设计思想的发展演变。他早期的住宅强调竖直墙面的形式和组织作用。例如，在乡间砖住宅（Brick Country House）中，围绕着住宅中心，

　　1　马塞尔·布劳耶（Marcel Breuer, 1902—1981），匈牙利设计师和教师。他是包豪斯的第一期学生，毕业后任包豪斯家具部门的教师，主持家具车间。其代表作为钢管椅系列。——译者注

　　2　马丁·海德格尔（Martin Heidegger, 1889—1976），德国哲学家，20世纪存在主义哲学的创始人和主要代表之一。其代表作有《存在与时间》、《筑居思》等。——译者注

风车状地伸出了许多竖直墙体（以风格派的方式）。然而到了20世纪30年代，在布尔诺（Brno）的吐根哈特住宅（Tugendhat House）和原型化的合院住宅中，竖直墙面不再突出于建筑的主要体量之外。相反，它们的作用是限定和围合空间。密斯最早设计的两栋住宅，乡间砖住宅和乡间混凝土宅（Concrete Country House），都不用柱子承重。从本质上讲，这些住宅就是一些墙体。这些墙体并不围合出方盒子般的体量；空间则被那些伸入到场地景观之中的墙体所打破。在这两栋住宅之后，密斯在巴塞罗那德国馆（Barcelona Pavilion）的设计中提出了一系列新问题，涉及到柱子、墙体和屋顶 52之间的相互关系。墙体本身不再承重，而柱子倒成了承重构件。围合的元素与建构的元素被区分开来。巴塞罗那馆可被称为开放的平面（open plan），这与"体积规划"（Raumplan）[1]或自由平面（free plan）形成对比。这样说是因为巴塞罗那馆的柱子设置，完全不同于柯布西耶的柱子处理，而后者使得围护墙能够自由地移动。

　　范斯沃斯住宅是密斯建筑思想发展过程中的一个转折点。自此之后，密斯的设计理念开始朝着几个新方向发展。首先，与柯布西耶不同的是，密斯在设计范斯沃斯住宅之前，一直都没有一个图解。可以说，这是两位建筑师重要区别之一。不过，范斯沃斯住宅为密斯形成自己的图解打好了基础。从这个角度来说，它起到了一个起初图解的作用。其次，在范斯沃斯住宅中，密斯不再讨论空间中的转角和柱子。相反，他引入了外侧柱（outboard columns）的做法，通过提出柱子符号的概念来反思结构。密斯运用柱子方式的变化，表明了他从抽象向真实的转变：表现柱子的符号就是真实的柱子，暴露在实际楼板的外侧。所以说，范斯沃斯住宅抛出了两个问题：其一，结构再现相对于结构本身的问题；其二，去除柱子的空间整体价值。从范斯沃斯住宅开始，密斯此后的一系列作品，都质疑了结构的真实，质疑了什么可以看作是结构。

　　这种使用柱子的方法与阿尔伯蒂对维特鲁威（Vitruvius）[2]的批判有关。在《建筑十书》[*De Re Aedificatoria*（*Ten Books on Architecture*）]中，阿尔伯蒂质疑了维特鲁威的建筑三原则：实用（commodity）、坚固（firmness）和愉悦（delight）。实用就是有用，坚固是指结构有效用，愉悦则是美观。阿尔伯蒂认为，所有建筑都是"坚固的"（firmitas），因为所有的建筑都要能站立起来。他接着解释到，维特鲁威所强调的坚固并不是指让建筑站立起来，而是指表现出站立起来的样子——换句话说，是作为结构的符号。所以，柱子或墙体就有了双重功能：它要站立起来，同时它还要表现站立起来的感觉。

　　1　体积规划（Raumplan）是奥地利建筑师阿道夫·路斯开创性运用的一种设计策略。路斯根据每个房间功能的不同为其设计相应的层高，通过吊顶、地面抬高来界定不同的内部空间体量。再将这些空间单元按需要，合适地塞进一个单一的形体之中。建筑就像一个有着不同高度空间单元的三维七巧板拼图。而空间单元之间又有着丰富的联系，仿佛所有的形体都是透明的，人们能同时发现空间的各个细部和整体效果。因为为空间形式带来了某种戏剧性。——译者注

　　2　维特鲁威（Marcus Vitruvius Pollio），公元前1世纪时的古罗马工程师、建筑师和理论家。他先后为两代统治者恺撒和奥古斯都服务过，在总结了当时的建筑经验后写成关于建筑和工程的论著《建筑十书》。——译者注

图3　巴塞罗那馆，1929年。　　　　　　　　　　图4　吐根哈特住宅，布尔诺，1928—1930年。

可以用皮尔斯对符号的三种分类方法来讨论密斯对柱子的使用：形象符合（icon），与对象物体在视觉上或形式上有相似之处；象征符号（symbol），与对象物体有文化上约定俗成的意义关联；指示符号（index），它描述了对象物体先前的活动。皮尔斯也是最早使用图解（diagram）这一词语的先驱之一。对他来说，图解就是在视觉上与对象物体相似的形象符合。作为站立起来的符号，柱子体现了双重状况：它既是看着像柱子的形象符合，同时也是作为柱子的符号或指示符号。按照皮尔斯形象符合、象征符号和指示符号的三分法，一根柱子既是一个形象符合，又是一个指示符号。这种双重属性——柱子既批判了结构又表现了结构——打破了单一的解读，而同时激发了形式的（作为结构的再现）和概念的（作为结构的批判）解读。

柱子具有双重解读，可以说是密斯初期图解的主要特征。密斯的图解在多个层面上回应了现代建筑中已有的两个图解：柯布西耶的多米诺和雪铁龙图解。多米诺住宅阐明了柯布西耶的"新建筑五原则"，并确立了连续水平空间的可能性。多米诺住宅的图解就像一块水平空间组成的三明治，其中的楼板和屋顶在概念上是相同的完整物体。从某个角度来讲，密斯的建筑发展，是对多米诺图解中水平连续空间的持续批判。可以认为，在范斯沃斯住宅中，密斯提出了他的第一个图解：伞形图解。这是一种有别于柯布西耶的批判性图解，因为它从概念上区分了水平楼板和水平屋顶，并否认了水平连续性。

在密斯的建筑中，柱子截面形状的演化也不同于柯布西耶对于柱子的使用。在柯布西耶的作品中，柱子是教导性的记号，不时打断自由平面中的空间。这些柱子通常都呈圆形的，让空间围绕它们自由流动。多米诺图解没有过多地表达结构，它所关注的是空间的连续性。在这方面，柱子的具体位置起了一定的作用。在多米诺图解中，柱子端部平齐，等距离地退后楼板边缘，意味着柱子的两头都被切断了。在大多数情况下，柯布西耶会根据柱子的不同位置，来决定是使用圆柱还是用方柱。如果想要强调边缘，他就会使用方柱，让柱子和外立面齐平；如果让柱子退到立面玻璃的后面，

53

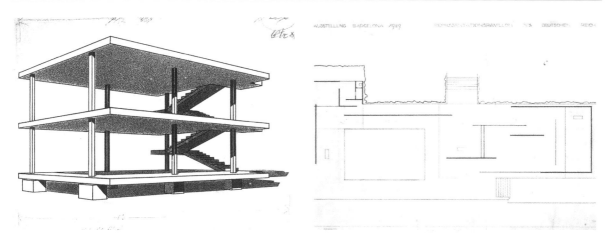

图 5 勒·柯布西耶，多米诺住宅，1914年。　图 6 巴塞罗那馆，平面，1929年。

那么他通常就会使用圆柱。在巴塞罗那馆中，密斯的柱子也是退到墙面之后，但柱子截面却是十字形的。十字形截面的柱子，表明密斯介于阿道夫·路斯"体积规划"和柯布西耶自由平面之间的姿态：54 十字形截面的不锈钢柱子，清晰表达了每个空间单元的角部，界定了一系列立方体。柱子的镀铬表面起到了镜面的作用，反转了常规的方柱：通常的实体——由真实柱子所界定空间的真实角部——变成了镜面，或者说反射了空间，因此也变成了虚体。从某种意义上来说，真实的柱子变成了虚幻的柱子，尽管它依然界定了空间单元。对密斯来说，柱子界定并限制空间单元；而对柯布西耶来说，空间围绕着柱子流转，所以柱子更像是支点而非转角。对密斯来说，柱子和转角成为了某种教导性的模型，从巴塞罗那馆到伊利诺斯工学院（IIT），都是如此。柱子在空间中的位置与转角处柱子的截面特性，构成了密斯的概念话语。

　　然而在范斯沃斯住宅中，转角似乎不再是主题性的元素了：柱子不再位于转角处，它既不网格化内部空间，也不支撑外侧的转角。从密斯绘制的范斯沃斯住宅的最初草图可以看出，他想在柱子的使用上另辟蹊径，即把柱子放到楼板外侧。人们很可能会推断说，这些楼板外侧的柱子更主要是表达结构，柱子是作为结构元素。然而事实并非如此。这是密斯第一次把柱子放到楼板外侧。他似乎将屋顶悬挂在柱子之间，这表明他构想了另一种建筑策略——该策略在密斯之后的许多作品中都会出现。在范斯沃斯住宅中，水平向的楼板和屋顶都被框定在柱子之间，所以柱子不再支撑屋顶，或者说屋顶和楼板就像吊床一样挂在柱子之间。在密斯的战前作品中，柱子不是承受荷载就是标识出四分之一的空间。而密斯战后的作品则表现出了一种转变。在这些作品中，柱子只是悬挂结构中的支撑，水平构件悬挂在外侧结构柱和上部屋顶横梁之中。这将导致之后的发展，即梁位于上方，屋顶挂在这些梁上。这就形成了密斯的伞形图解。在这种隐喻性的伞形图解中，屋顶及其附加的柱子似乎盘旋在建筑底座上方。而范斯沃斯住宅是第一个实现了伞形图解的作品。

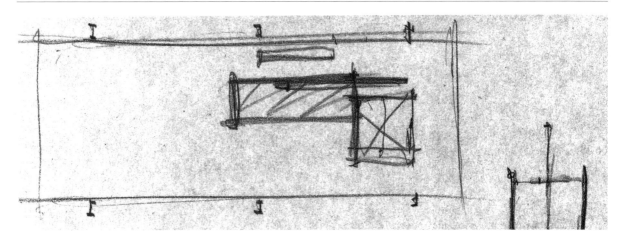

图7　范斯沃斯住宅，草图平面。

范斯沃斯住宅或许也最具教导性地批判了将柱子和墙体仅仅作为结构元素的观念。人们常常会误解范斯沃斯住宅，认为它表达了柯布西耶的建筑法则，似乎发展了多米诺图解，或是作为菲利普·约翰逊玻璃住宅（Glass House）的先驱。但这些看法是肤浅或有问题的。范斯沃斯住宅并不是柱顶横梁的体系。它是将柱子放到楼板外侧并将楼板和屋顶板悬挂在柱子之间，而看上去像柱顶横梁体系。

范斯沃斯住宅中结构符号化的做法也是西格拉姆大厦（Seagram Building）和伊利诺斯工学院设计中柱外柱（column-over-column）细部处理的先驱。在后两个案例中，密斯在转角处和外立面上添加了工字型和 H 字型断面，以掩饰真实的结构。密斯战后作品中的这个主题，就是让结构成为结构的符号。人们看到的并不是真实的柱子，而是结构的伪装。范斯沃斯住宅引发了这样一种讨论：当把柱子放到楼板外侧时，虽然它还是充当柱子，但和直接承受竖向荷载的柱子相比，它就没那么直截了当了。由于水平楼板是悬挂在柱子上，这就使整栋住宅的方盒子形框架跨立并悬挂于柱子结构之间。在20世纪40年代末和50年代初，这种想法十分激进。就密斯本人来说，这也是相当激进的观念。这打破了他用柱子清晰表达建构的做法。在此，柱子不仅是结构，同时也是其自身图解的符号。

密斯对于建筑基座、水平屋顶的处理，也与柯布西耶空间中的做法在概念上十分不同。在柯布西耶的作品中，建筑底板脱落地面，像屋顶一样飘浮在空中；但在密斯的作品中，建筑底板与地面紧密地联系在一起，而屋顶则自由地飘浮。如果说范斯沃斯住宅中地面与屋顶间的空间变异有先例的话，那人们可以参考密斯于1937—1938年间设计的里索住宅（Resor House）。该住宅的模型首次表达了密斯作品中的新态度。尽管这栋住宅实际上横跨了一座山谷，两头都锚固在山上，但它看上去就像飘浮在空中一般。实际上，里索住宅本身就是一个基座，再次出现在范斯沃斯住宅中，悬浮于地面上几英尺处。这种抬升住宅的做法和柯布西耶多米诺图解中的处理相比，有着不同的价值。对

图8　克朗楼，芝加哥伊利诺斯工学院，1950—1956年。　　　图9　校友纪念馆，芝加哥伊利诺斯工学院，1947年。

柯布西耶而言，脱离地面是为了表达空间的无限水平延伸；而对密斯来说，这是从根本上区别地面 56
与屋顶，最终导向伞形图解。

　　范斯沃斯住宅对密斯紧接着在1951年设计的50×50住宅（50 by 50 House）也具有重大影响。
首先，在50×50住宅中，只有四根位于外侧的柱子。它们处在方形四条边的中点上，构成了斜向的
转角，给整栋住宅带来了清晰的旋转感。其次，密斯不再清楚地表达底层平面；整个玻璃盒子坐落
在一个仿佛天然的底座上，明显不同于屋顶的清新白色线条。屋顶线条和单纯的柱子，共同形成了
伞形结构的形象。之后还有曼海姆剧院（Mannheim Theater）、伊利诺斯工学院的克朗楼（Crown
Hall）和校友纪念馆（Alumni Memorial Hall）。从表面上看，它们与范斯沃斯住宅并不太像，但在概
念上却有共同之处。在这些项目中，柱子都处在楼板的外侧。这种做法不是为了表明它们在支撑着
屋顶，而是为了表现密斯伞形图解中的另一种空间态度。50×50住宅与伊利诺斯工学院克朗楼和曼
海姆剧院一样，都表现了某种转变，即裸露屋顶上方的钢桁架。这些桁架悬挂着屋顶，就像巨大的
降落伞。建于柏林的国家美术馆（National Gallery），明显是发展自范斯沃斯住宅的伞形体系中的
最后一件作品，或许也是表达最含蓄的一件。美术馆采用石材基座，出挑的屋顶与室外的柱子相互
齐平，伞形效果最终表现为一种概念而非形象。

　　在国家美术馆和伊利诺斯工学院中，栖居——或者说使用，显然都不是至关重要的，因为密斯
把主要的功能用房都放到地下去了。它们的外壳充当了作为建筑学校或博物馆的房子的形象符合。
例如，当人们进入伊利诺斯工学院克朗楼时，会发现在形象符合化的平面中，很少有东西能让人感
到它是一栋建筑系馆：所有的办公室和工作室，无论它们是否需要自然采光，全都被放到了底座下
面。同样，在国家美术馆的首层中，也见不到什么体现其美术馆功能的东西。

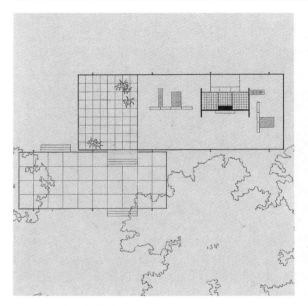

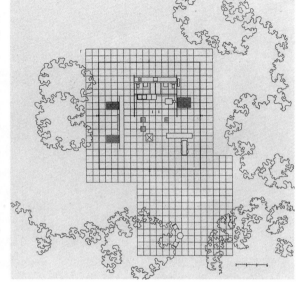

图10　范斯沃斯住宅，平面，1946—1951年。　　　　图11　50×50住宅，平面，1950—1951年。

在范斯沃斯住宅中，各种形式都经过了密斯仔细、缜密的推敲和布置。人们明显发觉，密斯想
57　要的并不是一种观看者与建筑之间的布景化效果。正是柱子、楼板、底座和屋顶之间的相互关系，
而非现代主义的抽象性，赋予了该建筑以批判性。为了进一步发展这种理念，密斯为范斯沃斯住宅
的三个不同实体设计了变化的对称轴。这三个不同的实体是：入口的平台、住宅主体的平台，以及
玻璃盒子。虽然走上入口平台的台阶和走进住宅主体的台阶完全对齐，但中间的平台本身却脱离
了这条隐含的轴线。相似的是，玻璃盒子也没有对称地放在楼板上，但它却以柱网中心线为对称
轴。发生在玻璃、竖框、柱子、楼板和底座之间，产生的滑动与振荡的感觉，使这些元素具有了复
杂而激烈的关系。它们看上去虽然是布景化的，但却批判了任何单一的解读。一系列对称的局部
形成了不同的轴线，这表明总体不再由局部创造。看似古典而对称的整体，被打破成不对称的动态
局部。

在玻璃表面的处理上，密斯也打破了传统的对称性。在范斯沃斯住宅中，玻璃是非物质化的
（dematerialized），玻璃墙面也没有水平划分。范斯沃斯住宅的楼板外侧柱子没有超过屋顶的结束
线，而是刚好达到那个高度，这清晰表达了结构与结束面之间的区别。可以就此与约翰逊的玻璃住
58　宅来做个对比。无论约翰逊是想脱离密斯式的空间还是柯布西耶式的空间，在玻璃住宅中，他基本
上还是通过竖直玻璃面上的墙裙护栏（chair rail）记号，界定了古典的竖直墙面。而在范斯沃斯住宅
中，竖直玻璃面上没有墙裙护栏。约翰逊之所以如此处理，既是为了他的家具，也是为了区分他的
想法。他感兴趣的是作为平面或表面薄膜的玻璃；而与之相反的是，密斯将玻璃看作虚无。约翰逊
的目的是要把外表面处理成垂直的平面；而在范斯沃斯住宅中，密斯是想让外表面消失。

图12 新国家美术馆（Neue Nationalgalerie），柏林，1966年。

范斯沃斯住宅中的转变体现了两种理念的不同：一种是与后现代主义相联系的布景化再现；另一种则是通过使用柱子，来批判性地解读空间连续的现代观念。范斯沃斯住宅还呈现了一种冲突。冲突的一方是密斯早期作品中用来否定栖居形象的元素，而另一方则是范斯沃斯住宅中不再抽象的元素。柱子、墙体和楼板的组织变得真实起来，但设计中的批判性却没有减少。而这就提出了反对结构符号的暗含真实结构。不应该把那些柱子解读为真实建构或视觉构成，而应该把它们看作是概 59念图解的符号。

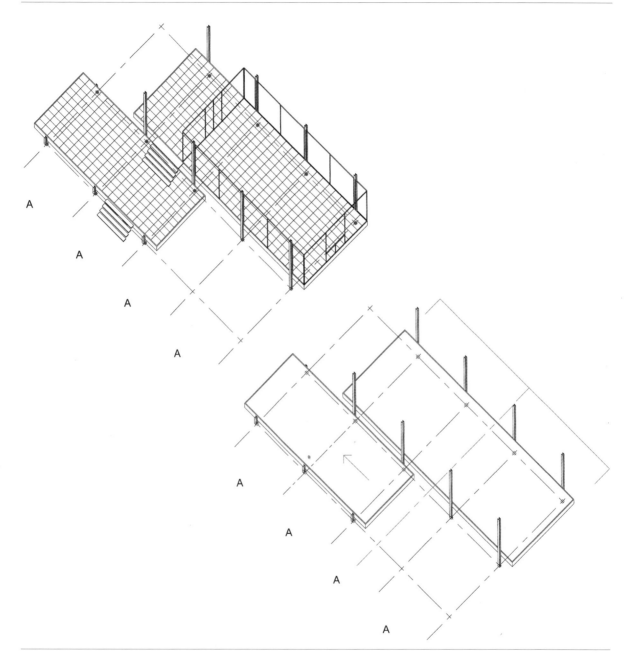

图13 范斯沃斯住宅及其入口平台的柱网，形成了一种 AAAA 的四开间序列。每个开间宽度相等。封闭玻璃墙对称地布置在右侧的两个开间内，两边都凸出柱轴线半个模块的距离。

图14 每块楼板也对称地布置在柱网中，不过主楼板的中心线却没有与柱网对齐。支撑入口平台的矮柱与住宅主体的柱网对齐，但平台本身却偏离了主楼板确立的轴线。

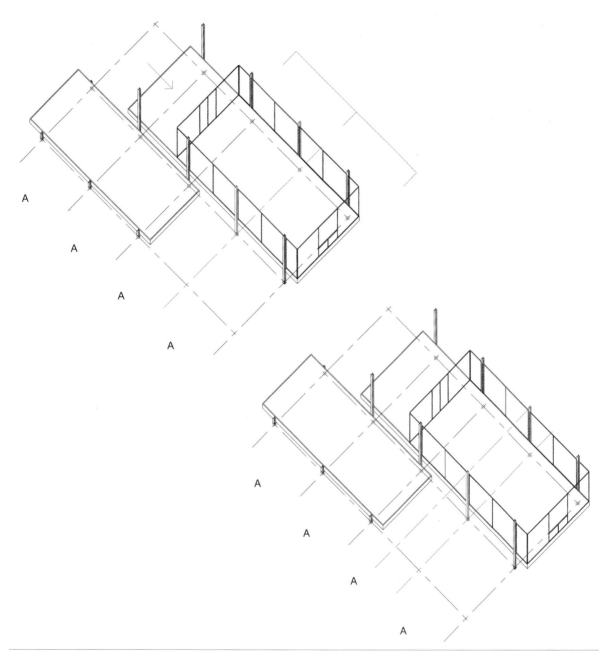

图15 玻璃围合体对称地放置在由柱子形成的框架内，其中心线与柱轴线相重合。因此，玻璃围合体产生了沿着中间柱轴线的第二条中心线，而第一条则是沿着玻璃竖框轴线的主楼板中心线。这在玻璃围合体中心线与主楼板中心线之间形成了一种张力。

图16 两条中心线之间的相互作用，只不过是范斯沃斯住宅给人动态感受的一个方面。玻璃围合体的一边与主楼板边缘对齐，而另一边则没有。虽然表面上这很不对称，但却界定了关于中间柱子的对称。这两种对称体系也界定了围合体，并锚固了住宅主体的潜在延伸性。

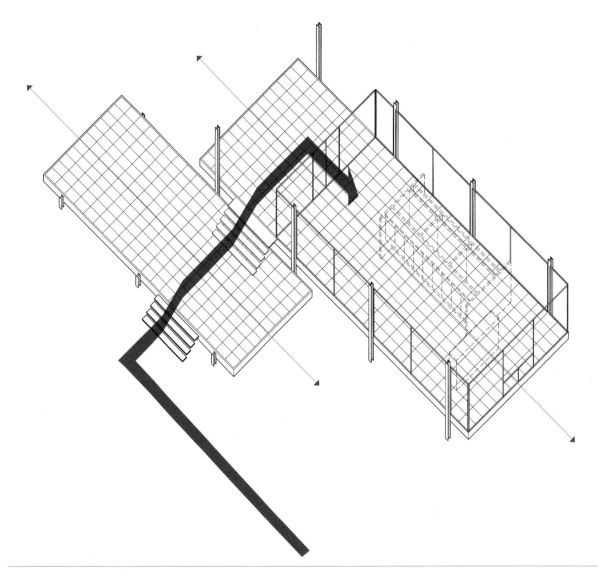

图17　范斯沃斯住宅表达的，不是柯布西耶多米诺图解中的水平空间三明治。较低处的楼板由小矮柱支撑脱离地面。但这没有呼应多米诺图解的规则，因为主楼板通过入口平台与地面相连。从地面沿台阶走上入口平台，再走上主楼板的住宅入口，这一行进动线垂直于住宅建筑的总体走向。

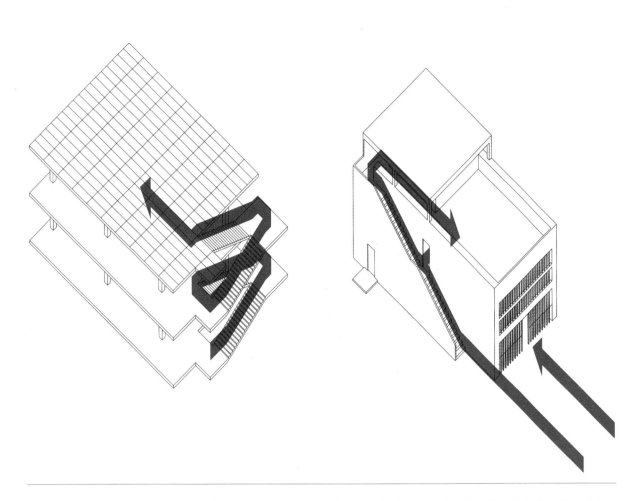

图18（a-b）　范斯沃斯住宅中的行进路线十分重要，它突出了密斯在竖直面和水平面处理上的转变，以回应柯布西耶的图解。

在范斯沃斯住宅中，垂直的行进路线与进入多米诺住宅（a）的过程相似，而与雪铁龙住宅的进入方式相反。雪铁龙住宅的形体方向与行进路线相互平行。

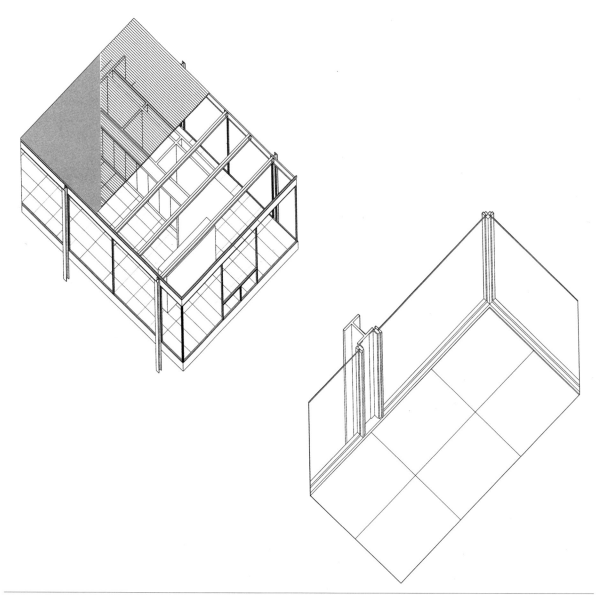

图19 外侧的柱子混淆了传统的梁柱关系。它没有明显的固定体系，取而代之的是一套细致而谨慎的连接，在适当位置固定水平楼板。

图20 竖框在转角处进行连接，形成了一种明确的内侧转角，因此颠覆了转角的常规形式。

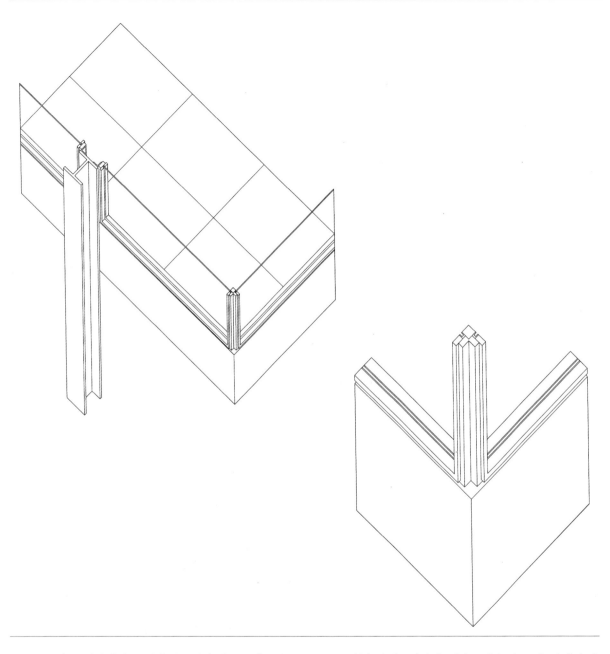

图21 密斯设计的转角可看成是两个实体融合在一起，其交接痕迹依然清晰可辨：竖框被挤压在一起，以清晰表达转角。

图22 转角处的两套竖框形成了外侧的 L 形，在转角外侧创造出了虚体。

a.

b.

c.

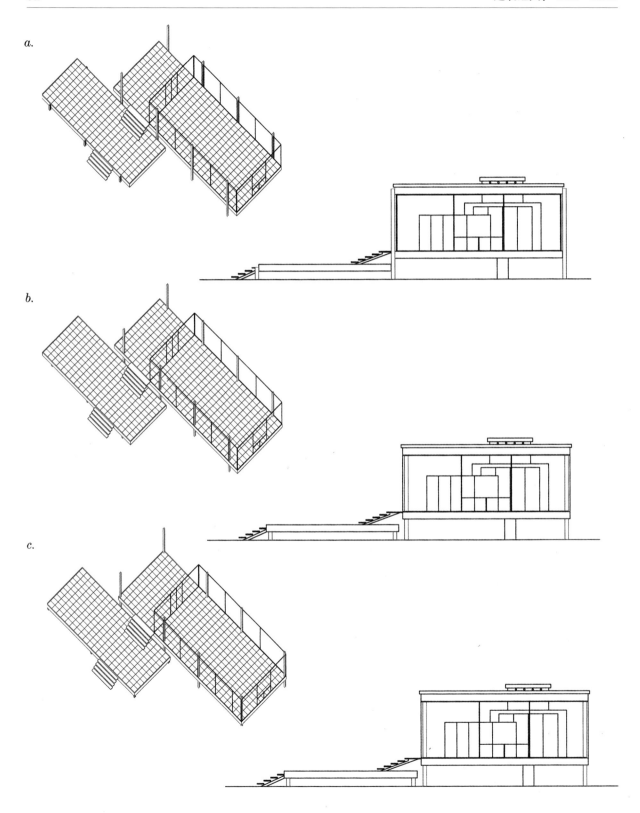

d.

e.

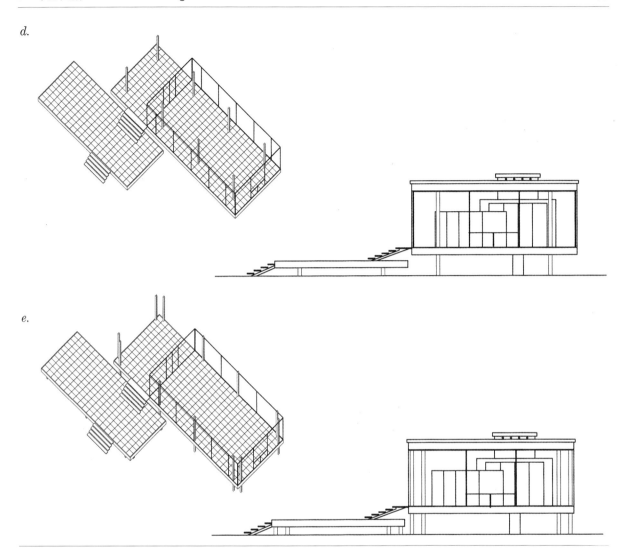

图23（a-e）　范斯沃斯住宅现有的柱子设置（a）。几种可供选择的柱子设置，包括柱子与封檐板内侧边缘对齐（b和c）；类似多米诺图解中的柱子设置（d）；楼板转角处的双柱设计（e）。

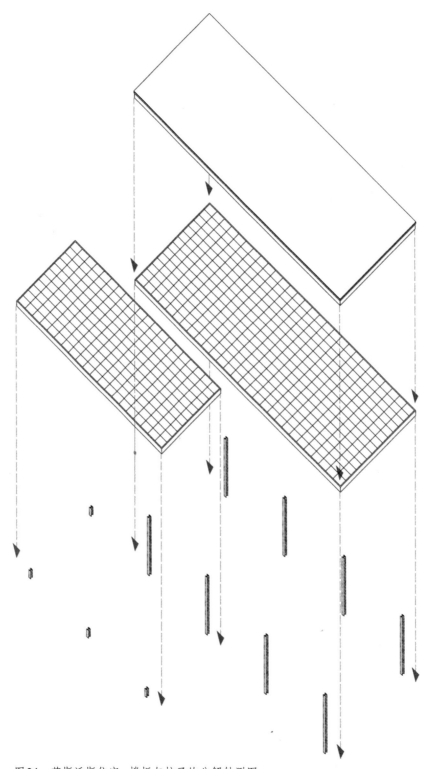

图24　范斯沃斯住宅，楼板与柱子的分解轴测图。

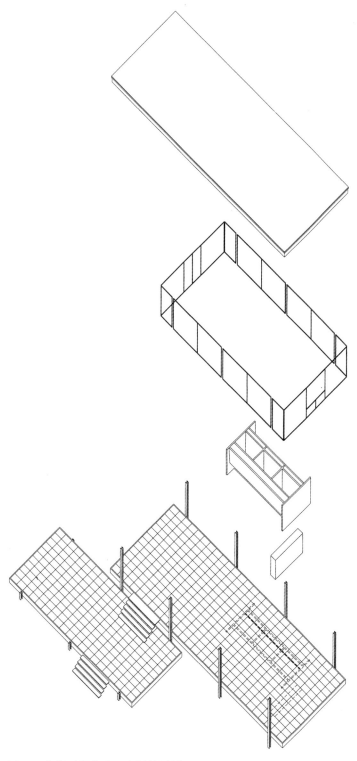

图 25 范斯沃斯住宅，分解轴测图。

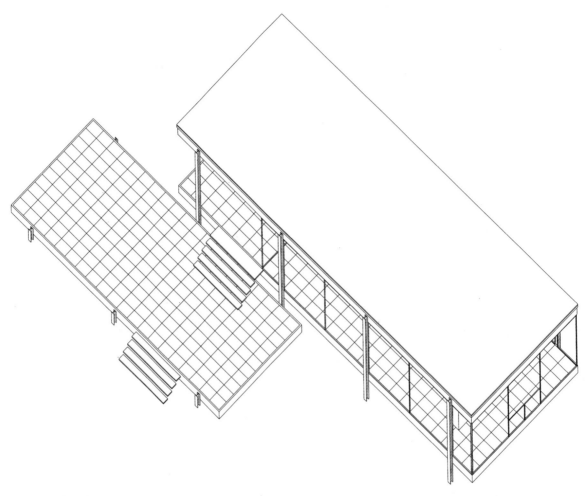

图26 范斯沃斯住宅，轴测图。

图1　勒·柯布西耶，斯特拉斯堡议会大厦模型，法国，1962—1964年。

3 文本的异端 Textual Heresies

勒·柯布西耶，斯特拉斯堡议会大厦，1962—1964年

勒·柯布西耶早期的一幅关于帕提农神庙（Parthenon）[1]的绘画，是理解他在跨越两次世界大战时期建筑演变的关键，并指向了斯特拉斯堡议会大厦项目这一重要转折点。这幅画可能完成于他的《东方之旅》（*Voyage d'Orient*）[2]时期。画中左侧前景是帕提农神庙，它的柱子和基座为画面提供了笛卡尔坐标体系的构架。但在右边，是雅典港湾、海岸线和周围的群山。考虑到帕提农神庙与海的距离，这似乎是不可能看得到的景象。这幅画较早地显现了柯布西耶不断演化的痴迷追求：即形象（figure）与笛卡尔坐标之间辩证而紧张的相互作用。这种二元关系出现在他最早的纯粹主义绘画中，延续在他后来的职业生涯中。形象也从二维发展到了三维。

在柯布西耶的作品中，格网化的笛卡尔空间的概念很容易理解。而不同于任何自由形的形象的概念，却出现在后结构主义的语境中。该理念是基于吉尔·德勒兹对弗朗西斯·培根（Francis Bacon）[3]绘画的讨论。在德勒兹1981年的著作《弗朗西斯·培根：感觉的逻辑》（*Francis Bacon: Logique de la Sensation*）中，他区分了象形（figuration）与形象（the figural）这两个概念。象形是注定要表现的物体的形式。而形象没有界定形式，它是各种力量的记录。在这里，"力量"（forces）是操作性术语。在培根的肖像画中，图形在内部压力的作用下发生了变形，而画布上被擦洗和涂抹的颜料，以十分绘画物质性的方式展现了这些力量。形象不再表达某个图像形式或形状，而是记录了物质（颜料、画布、画家和被画人）与力量在物质层面和精神层面的相遇。作为这些力量的记录，人物形象不再把自己表现为分离、清晰的形式，而是存在于与画布的不可判定的关系之中；整体形象的轮廓被模糊了，变成了局部形象的组合。这些局部形象既没有内在联系，也不努力创造出清晰、明白、可以理解的形式。这种从整体到所谓局部形象——局部形象本身是作用于整体形象的力量的

73

1　帕提农神庙，建于公元前447—前438年，是希腊雅典卫城上最重要的主体建筑，是多立克式建筑艺术的登峰造极之作。——译者注

2　1911年，柯布西耶用5个月的时间游历了东欧、巴尔干、土耳其、希腊和意大利。《东方之旅》便是这次旅行的记录。——译者注

3　弗朗西斯·培根（Francis Bacon，1909—1992），生于爱尔兰的英国画家。其作品风格粗犷、犀利，具有强烈暴力与噩梦般的图像，扭曲、变形和模糊的人物画使其成为"二战"后最有争议的画家之一。其代表作有《三张十字架底下人物的素描》、《弗洛伊德肖像画习作》等。——译者注

图2　帕提农神庙速写，雅典，1911年。

物质残余——的转变，与柯布西耶的建筑转变相呼应。"二战"前，柯布西耶对形象和格网之间的辩证互动关系感兴趣；而到了事业晚期，其建筑作品则表现出一种脱离先前辩证关系的、内在生成的批判。作为替代，柯布西耶创造出了一系列具有局部形象特质的形象。在战后作品中，柯布西耶也对他的"新建筑五原则"的规则发起了挑战。自由平面（free plan）、底层架空柱（pilotis）、水平长窗（fenêtre en longueur）、自由立面（free facade）和屋顶花园（rooftop terrace）这五点曾是他战前作品的标志。

可以认为，柯布西耶的早期建筑表达了一种超越绘画局限的尝试。在与阿梅德·奥赞方（Amédée Ozenfant）[1]合著的《立体主义之后》（After Cubism）中，他将其理论化了。如果说立体主义绘画的显著特点是前景画面与空间深度之间的张力，那么柯布西耶在建筑中追求的就是，在三维模式中尽量去结合且克服前景化的、平面化的立体主义空间的原则。这种具有三维的、形象化特质的整合，开始于他早期的事业，如他的纯粹主义绘画和1914年的多米诺图解。在多米诺图解中，柯布西耶引入笛卡尔正交网格作为结构体系，以创造出空间的无限水平延伸。该图解将垂直交通概念化为清晰的形象或所谓的形象化元素，从一堆水平楼板中拉出来。多米诺图解清晰地表达了柯布西耶对于将三维形象元素整合进建筑必需的网格中的关注。

多米诺图解预示了柯布西耶在1923年出版的《走向新建筑》（Vers une Architecture）中明确提出来的"新建筑五原则"。在多米诺图解中，柱子向后退离立面，创造出自由平面和自由立面；平屋顶成了私密空间，楼板抬离地面形成了水平延续的空间。替代底层架空柱的原始基础块，批判了建筑与地面的关系：建筑形象总是与地面紧密相连，以至于可以被定义为图/底（figure/ground）关系。底层架空柱的观念独创性地转移了建筑，从实际上和概念上来讲，将房屋抬离地面，开创了更加复杂动态的图底关系。

74　　柯布西耶的早期经典建筑——普瓦西的萨伏伊别墅（Villa Savoye in Poissy）和加歇的斯坦因别

1　阿梅德·奥赞方（Amédée Ozenfant，1886—1966），法国立体主义画家、作家。他与查尔斯·爱德华·让奈亥（未来的勒·柯布西耶）一起创立了纯粹主义。其代表作品和论著有《立体主义之后》（与让奈亥合著）、《生命》等。——译者注

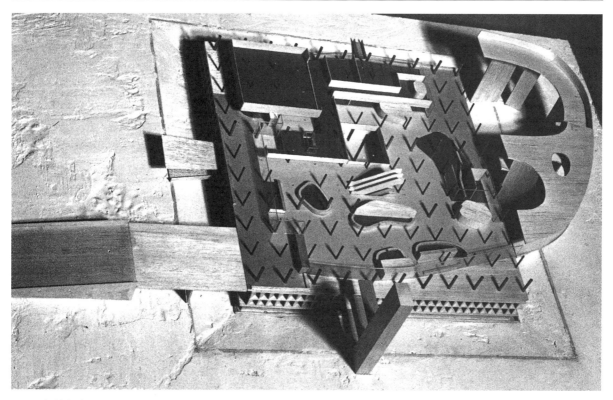

图 3　斯特拉斯堡议会大厦，模型，1962 年。

墅（Villa Stein at Garches）——发展了"新建筑五原则"的图解，并强烈形象化了交通流线。萨伏伊别墅的早期草图，从剖面上表明了由坡道产生的运动。从汽车驶入建筑底层开始，人沿着坡道螺旋上升，穿过建筑直达屋顶花园。作为形象化的元素，坡道创造并显示了一种离心能量的漩涡。这种笛卡尔式建筑空间中的离心运动，产生了从中心到边缘的能量。同样是对"新建筑五原则"的例证，斯坦因别墅同时强调了形象化的元素和建筑结构的格网化外皮。这种外皮保留了立体派的或层状的平板特征，看起来就像一叠竖直的纸牌。通过加歇别墅的立面可以看到，平面上的空间消解成立面的竖直面，这成为了真实空间消解成时空中单一运动的指示符号。透视的瓦解也是对单眼透视景象的批判。在加歇的斯坦因别墅中，弯曲自由形的墙体和作为插入背立面楼梯的"建筑漫步"（promenade architecturale），是更为强烈的形象化元素。形象化的形式还包括两部楼梯和阳台与餐饮区的剪缺处，然而这些形象更加线性而非体量化。在这些早期作品中，形象化的元素与建筑平面、立面、剖面的抽象网格，含有辩证的关系。

　　柯布西耶战前的建筑，是格网占主导的体系。而在他战后的作品中，格网与形象的关系发生了戏剧性的改变。形象化的元素变得越来越具有体积感，表现出他对于抽象和具象态度的转变。在朗香教堂（Ronchamp）、飞利浦展览馆（Philips）和昌迪加尔议会大厦（Chandigarh）的项目中，完全 75 的三维形象比格网更加引人注目，但格网依然清晰可辨。例如，在朗香教堂的雕塑化形式中，形象

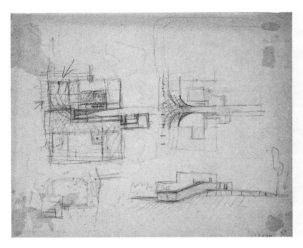

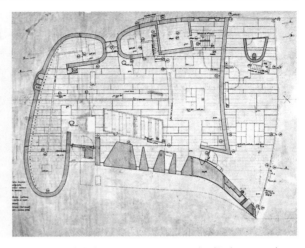

图4　萨伏伊别墅，普瓦西，1928年。　　　　　图5　圣母教堂（Notre Dame du Haut），朗香，1950年。

似乎占据了支配地位，而格网以地面图案的方式表现出来，成为柯布西耶比例模度系统的一部分。在建筑的南立面上，虚拟的或暗含的格网清晰可辨。立面上的方形窗洞，显示出了潜在竖直网格与斜墙面之间的张力，而这些洞口好像是保持外墙曲面形态的系索一样。曲面的张力来自如下暗示：假如切断了这些联系，墙体就会猛然恢复成竖直的平面。厚实形象化墙面上的这些开口表明，曲墙不是没有理由的曲面。相反，它反映了形象化表面和虚拟格网平面之间的内在张力。

如果说柯布西耶的战前作品表明了线性形象变得越来越三维化，那么可以认为，其战后作品则始于充分表达的形象。这些形象逐渐变形为一系列局部的形象。在昌迪加尔议会大厦项目中，一个巨大的圆柱体突破屋面，成为完全三维的形象和屋顶景观的显著特征。然而这一形象隐藏在形成议会大厦每个立面的矩形体块后面。昌迪加尔项目也表明柯布西耶严重背离了"新建筑五原则"中平面化的自由立面：在昌迪加尔议会大厦中，具有蜂窝状体块的深度"遮阳板"（brise-soleil）取代了水平长窗；而这一主题会在哈佛大学卡朋特艺术中心（Harvard's Carpenter Center）、拉图雷特修道院和斯特拉斯堡议会大厦中重复出现。

拉图雷特修道院的底层部分，因风车式的组织方式产生了一种旋转的活力，这与斯特拉斯堡议会大厦也有相似之处。弱化的、三边式的风车形产生了一个几何的形象。根据科林·罗的分析，另一种旋转激活了拉图雷特修道院的立面，而这种旋转保持了正面产生的张力。在卡朋特艺术中心，旋转的活力变得越来越清晰：工作室和展览空间这一对耳垂状的形体，仿佛围绕着一个中央的核心旋转，而这一核心也固定了巨大的S形主坡道。尽管在卡朋特艺术中心存在着矛盾的内部运动——其耳垂状形体逆时针旋转，而内部坡道顺时针旋转上升至三层——人们仍可以认为，每一个部件都清晰地表达为独立形象：S形主坡道、耳垂形的工作室、展览空间和中央的方形体块被压缩在一起，但仍然可以辨认出它们是完整独立的部分。同样，柯布西耶"新建筑五原则"中的一些原则依然有所体现，如拉长的底层架空柱、自由平面、屋顶花园，以及替代了早先水平长窗的遮阳板。

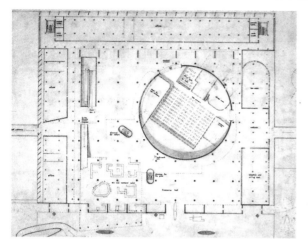 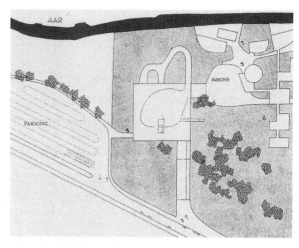

图6　议会大厦，昌迪加尔，1953—1965年。　　　　图7　斯特拉斯堡议会大厦，总平面，1962年。

　　在柯布西耶的战前作品中，"新建筑五原则"处于核心地位。这些原则是每个建筑的基本图解，但各自又有所变化。这表明"新建筑五原则"可以作为柯布西耶早期建筑的文本，就此而言，图解是文本的建筑形式。如果说文本观念是建立在柯布西耶"新建筑五原则"的基础上，那么否定"新建筑五原则"以及由清晰形象转变为局部形象表明了，斯特拉斯堡议会大厦可看作是柯布西耶之前建筑文本的异端。在柯布西耶的战后作品中，存在着大量对于"新建筑五原则"的教导式背离；遮阳板取代自由立面仅仅是一个例子。然而柯布西耶的斯特拉斯堡议会大厦成为了文本语言演化的集大成者。一方面，它说教式地逐一反驳了"新建筑五原则"；另一方面，它远离了形象与格网的辩证关系。如果说柯布西耶的战前作品是用形象／格网关系的文本编写的，那么他的战后作品则发展了形象的观念，从表达整体和无关联的元素到质疑整体性的存在。形象变形为一系列局部的形象。作为一个异端文本，斯特拉斯堡议会大厦既包括了一个反驳"新建筑五原则"的辩证体系，也含有一个非辩证体系。后者从无关联的三维实体演化为一系列散布的形象元素，而这些元素的轮廓变得越来越不可判定了。

　　斯特拉斯堡议会大厦项目始于1962年，仅比卡朋特艺术中心晚一年。但它颠覆了许多在拉图雷特修道院和卡朋特艺术中心项目中建立起来的关系。首先，在斯特拉斯堡议会大厦设计中，建筑与地面的关系极度不同。底层架空柱不再让建筑底部地面上的空间水平流动。相反，地平面成为了蜂窝式的底座。而切割地面以暗示建筑底部处于浮动状态的做法，进一步质疑了底座的实体性。斯特拉斯堡议会大厦底部周围的倾斜地面，创造了对底座和底层架空柱的双重解读。自由平面和自由立面的规则同样也被颠倒了。正如遮阳板以纵深感、阴影、厚度来反对平面化的立面，在斯特拉斯堡议会大厦的首层平面，自由平面也被纳入到了类似于拉图雷特修道院风车式组织的几何形象中。最后，屋顶花园的水平表面变成了形象化的平面，呈现出弯曲扭转的状态，并在上面加了一个小尖端。 77

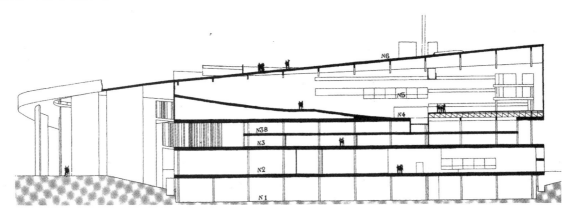

图8　斯特拉斯堡议会大厦，南北剖面，1962年。

如果说交通流线作为离心力和明显的形象元素，曾出现在柯布西耶的早期作品中，那么斯特拉斯堡议会大厦中的坡道，则呈现了向心力和离心力并存的状态，且批判了清晰的整体形象。坡道的形象是斯特拉斯堡议会大厦方案发展的最重要标志。研究1962年斯特拉斯堡议会大厦的最早方案可以发现，坡道最初被设想为一个明显的形象，成为穿过建筑的完整的环。在1962年的第一版方案中，平面清晰地表现为方形，一条巨大的直坡道从东南角穿进方形，而一对耳垂形的坡道从方形的南北两侧突出，让人联想起卡朋特艺术中心。巨大的坡道进入二层，分成北面的一对坡道，围绕着进入三层，并上至屋顶。坡道围绕建筑形成了一个完整的实体。而在二层平面中，坡道被强调为一个独立形象，就像下层的风车形象一样。在后来的平面中，巨大的坡道旋转了九十度，与北侧巨大的耳垂形坡道沿轴向对齐，并取代了最初平面中南侧的小耳垂形坡道。在第二版方案中——收录于《勒·柯布西耶全集》(*Oeuvres Complete*)，柯布西耶修改了源自卡朋特艺术中心的双耳垂形处理。这标志着他背离了整体形象和运动，而转向局部的形象。这清晰地体现在斯特拉斯堡议会大厦的最终方案中，坡道形象似乎将它的重量转移到了西侧，与伸出南面大坡道的主轴相对位。更重要的是，坡道的形象不再是完整的；它似乎分裂成了许多部分，不再环绕穿过建筑，而是围绕着结构盘旋上升。可以把坡道构想成一系列局部的形象，它们不再像早期方案中的独立坡道那样具有连贯性。因此，在复杂局部形象的作用下，斯特拉斯堡议会大厦的最终方案变得活跃了起来。

在斯特拉斯堡议会大厦项目中，形象扮演了不同的角色，因为形象不再由与网格的关系所决定。作为柯布西耶全部作品中的一个重要案例，斯特拉斯堡议会大厦背离了网格／形象的辩证关系。这78　种背离体现为两种状况：局部的形象和不可判定的坡道——坡道是向心的还是离心的？虽然形象常常被看作是运动的系统——这在斯特拉斯堡议会大厦中依然正确——但该项目同时引发了离心力和向心力。首先，这种混合力向外穿透了笛卡尔式的建筑外皮，然后转回，向内盘旋上升。这一主题不仅包含了形象化的坡道，还涉及了对容器的破坏。这种容器是柯布西耶在"四种构成"(Four Compositions)中阐述的笛卡尔式空间的"纯粹立方体"(prism pûr)。按照科林·罗的分析，拉图雷

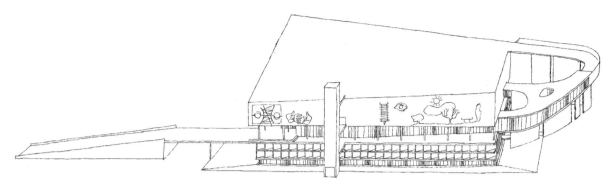

图9 斯特拉斯堡议会大厦，东立面景象，1962年。

特修道院入口立面的旋转感保留了正面平面的张力。而斯特拉斯堡议会大厦则不同，其中的旋转感不再与任何正面平面有辩证关系，而是在平面和剖面上同时展现向心性和离心性。

就此说来，在柯布西耶战后职业生涯将要结束的时候，斯特拉斯堡议会大厦项目标志了一个重要变化。在本书中，斯特拉斯堡议会大厦也是一个不同寻常的案例。因为它不是建筑师独特职业生涯中一个承前启后的作品，而是将柯布西耶与继承其遗产的建筑师联系起来的关键案例。在探索斯特拉斯堡议会大厦中形象的时候，柯布西耶将坡道分散为上部楼层中的局部形象，模糊了坡道的巨大形象。类似的是，由于柯布西耶在斯特拉斯堡议会大厦项目中探索这些局部形象的潜能，"新建筑五原则"的教导性质与对抗笛卡尔式网格的形象的教导式发展，都变得越来越模糊了。

从现代主义盛期（high modernist）"新建筑五原则"的形式策略到雷姆·库哈斯在法国国家图书馆（Très Grande Bibliothèque）和朱西厄大学图书馆中展现的形式策略，其间缺失的联系可以由柯布西耶的这座建筑来填补。斯特拉斯堡议会大厦是库哈斯这两个作品的先驱，因为物体不再仅仅包含在体积化的围合当中，一系列的力量促使物体突破其自身的外部围合，而主体的运动继续限定体积。斯特拉斯堡议会大厦中相继水平面的不连续性，最终出现在库哈斯的《癫狂的纽约》（Delirious New York）及其法国图书馆项目之中。最后，斯特拉斯堡议会大厦转变了理解的观念，从看（seeing）变成了体验运动（the experience of movement）。

斯特拉斯堡议会大厦内在地批判了柯布西耶"新建筑五原则"所体现的战前"文本"。最后，在精读的不断展开变化中，形式和概念的遗产得以保留。在斯特拉斯堡议会大厦项目中可以看到，柯布西耶思想的关键成就，是一种关于主体体验客体的新形象。例如，这会带来以不同方式精读库哈 79斯朱西厄大学图书馆的必要性。与拉图雷特修道院和昌迪加尔项目不同，斯特拉斯堡议会大厦提出了全然不同的一套问题，而柯布西耶在其之前任何一段职业生涯中，都没有提出过这些问题。与柯布西耶之前的建筑相比，斯特拉斯堡议会大厦反转了许多柯布西耶式的修辞，这就开启了内在批判，标志了该作品的与众不同。

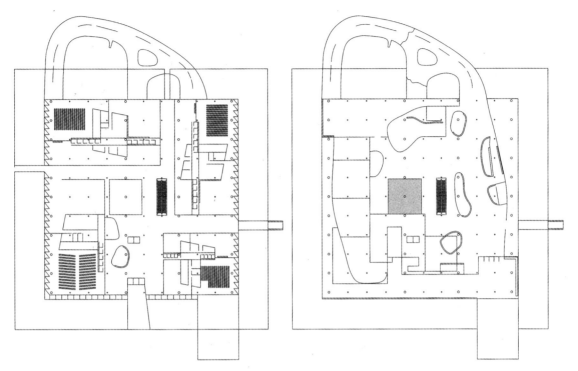

图 10 斯特拉斯堡议会大厦，2 层平面。   图 11 斯特拉斯堡议会大厦，3 层平面。

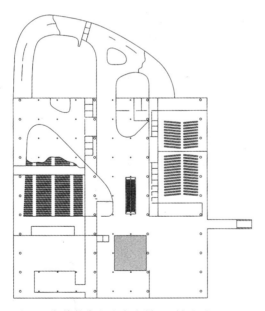
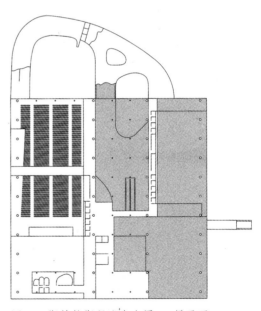

图 12 斯特拉斯堡议会大厦，4 层平面。   图 13 斯特拉斯堡议会大厦，5 层平面。

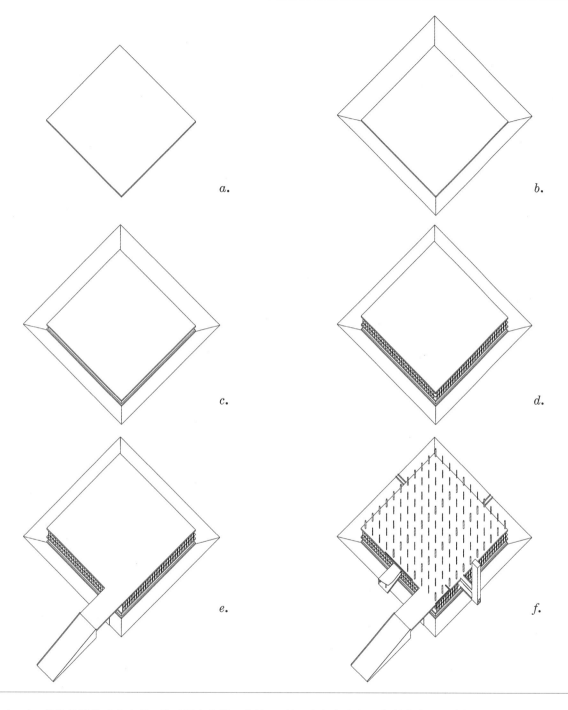

图14（a-f）　斯特拉斯堡议会大厦，地面层和首层。首层（a）下嵌入地面（b），复制一份（c），上面再加一个掏空层（d）；沿坡道上升至新的地面层（e），该层成为竖立架空柱的基础（f）。柯布西耶对"新建筑五原则"的反转便始于底层架空柱。斯特拉斯堡议会大厦可看作是个双层的三明治，它包含了两个堆叠的架空柱层。地面变得难以识别，因为下层的架空柱位置下压，使得第二层架空柱位于地面层。

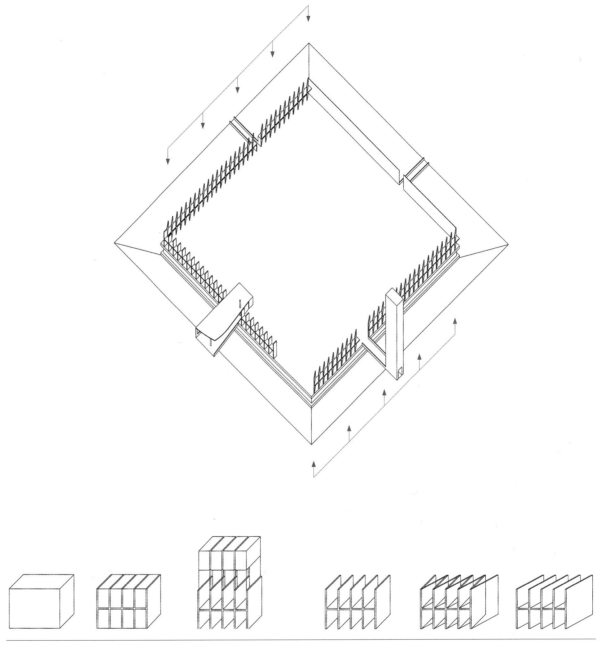

图15　斯特拉斯堡议会大厦，首层。柯布西耶"新建筑五原则"中的水平长窗变成了蜂窝状的遮阳板——一个包裹着斯特拉斯堡议会大厦三面的规则开口体系。

图16　遮阳板看上去就像是从实体中切削出的虚体。

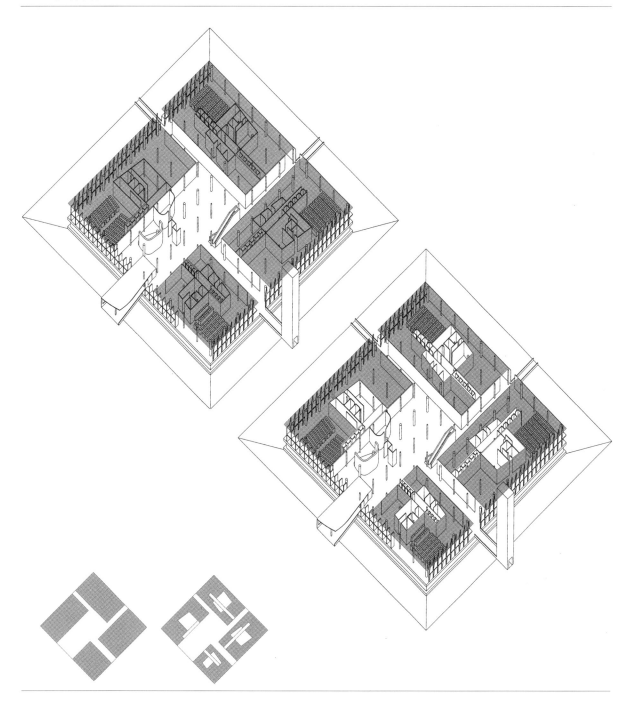

图17 斯特拉斯堡议会大厦，二层。二层平面可分为四个区域。由于有向上通往主厅层的坡道和进入这一较低层的坡道，四个区域呈风车形排布。

图18 在二层，风车形的动感在另一较小的尺度上重复：一组房间在各自区域内旋转，创造出次一级的内部旋转。

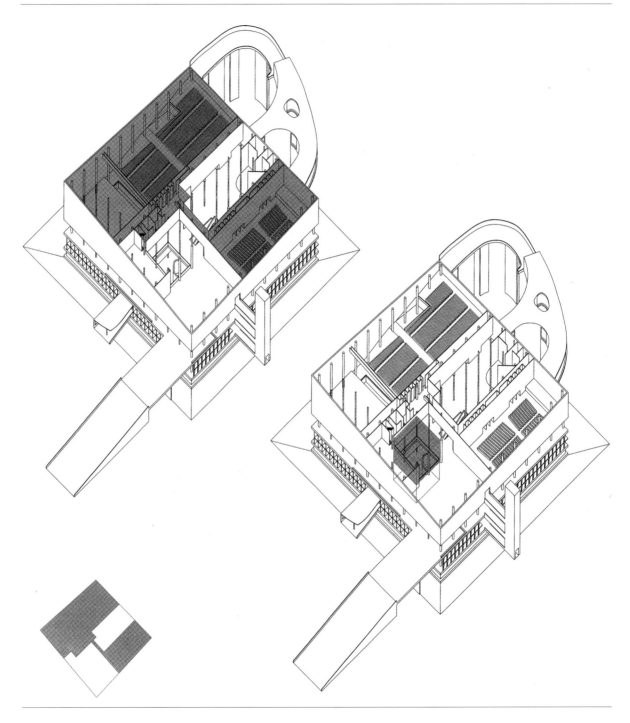

图 19　斯特拉斯堡议会大厦，四层。四层体块组织松散，
风车形的两翼围绕着中心虚体旋转。

图 20　在四层和五层，两层通高的虚体成为风车形的旋
转轴。风车形的两翼体块是主观众厅。

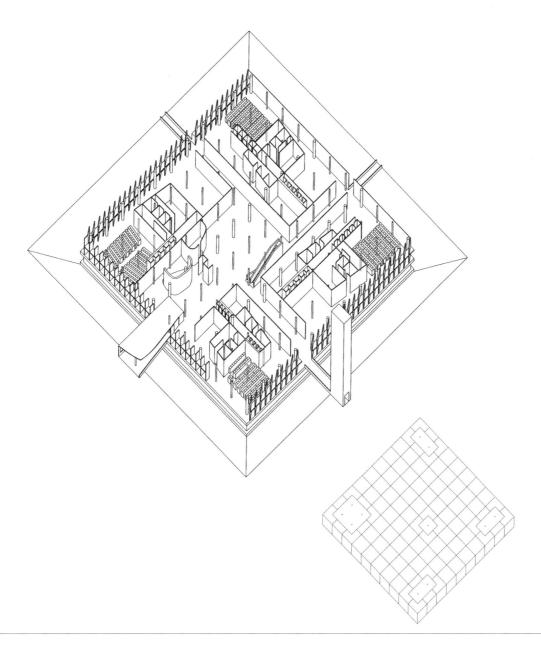

图21 斯特拉斯堡议会大厦，二层。分析二层柱网可以看到，柯布西耶式的自由平面受制于柱子的策略性遗漏，如红色柱子所示。

图22 这些空缺描述了打断整体格网的空间。例如，二层柱网的空缺虚体正是它的旋转轴。

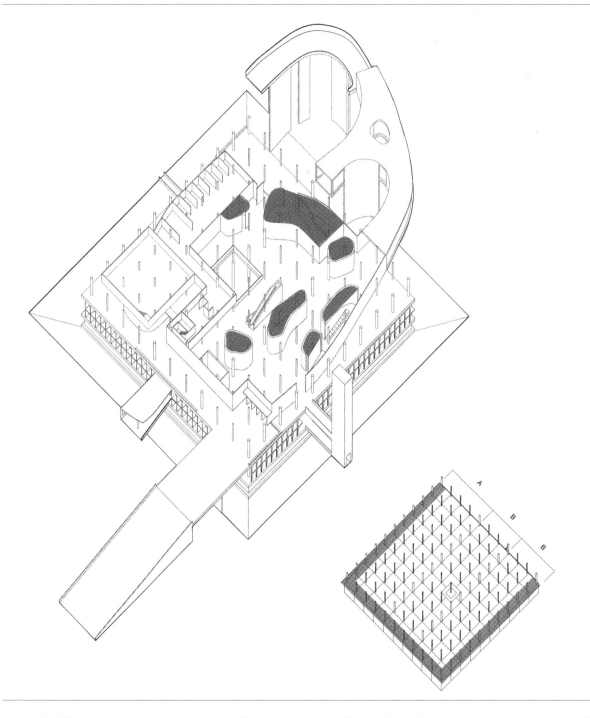

图23　斯特拉斯堡议会大厦，三层。三层只去掉了一根柱子，而代之以楼梯核。缺失的柱子形成了抑制旋转的结构。三层中对形象的布置表现了整体形象与局部形象的互动。

图24　在三层中，建筑的三边由一系列连续的柱子构成。而在建筑内部，柱子大小不一。较大的柱子将方形平面划分为 ABB 式的三排区域。

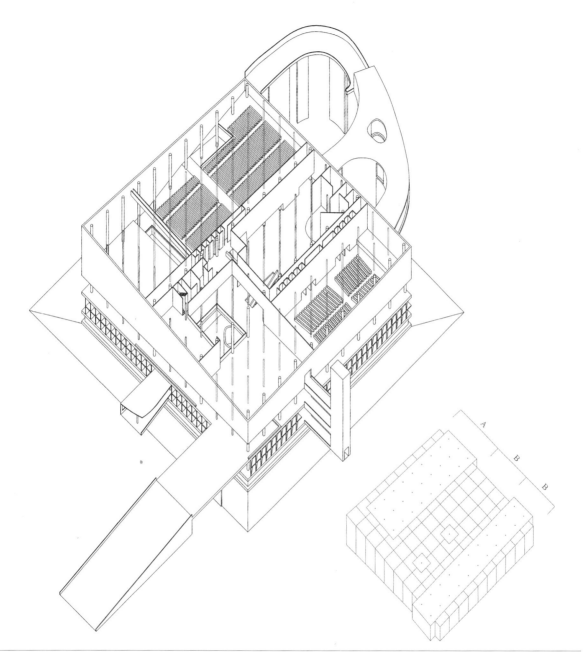

图25 斯特拉斯堡议会大厦，四层。柱子被分为主要的几列，这就产生了第二种更微妙的记号。周边的柱子向后退，但在建筑后部，柱子与外墙平齐。成排的柱子被去掉了（红色所示）。

图26 在四层，取消成排的柱子将平面划分为一系列线性元素。柱列被打断和拆散，让各种格网变成了形象元素。这保持了外表面柱子的连续性，而内部成排的柱子则被划分为 ABB 三段。

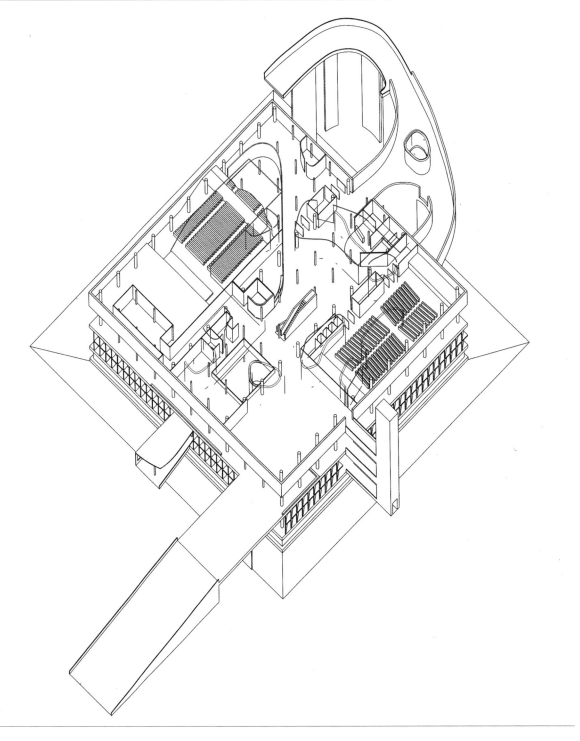

图27　斯特拉斯堡议会大厦，五层。坡道的中间分支连接五层。尽管坡道的形象化形式在三层和屋顶层清晰可辨，但坡道在五层的形状却不明晰。再一次，五层出现了一系列局部的形象，类似于三层和四层的形象化形式。

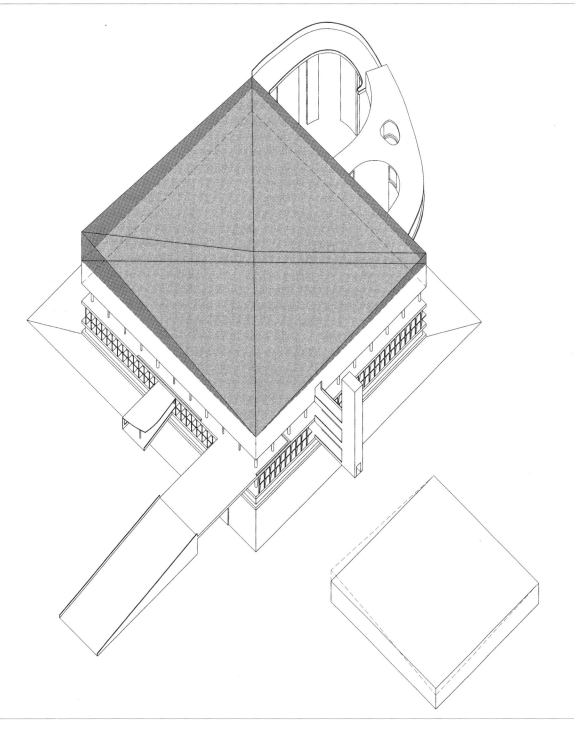

图28 斯特拉斯堡议会大厦，屋顶。盘旋的力量体现在
每一层，呼应了坡道的运动。屋顶的扭曲表面反映了这
一盘旋运动。

图29 屋顶体量扭曲成长菱形，使水平面发生了变形。

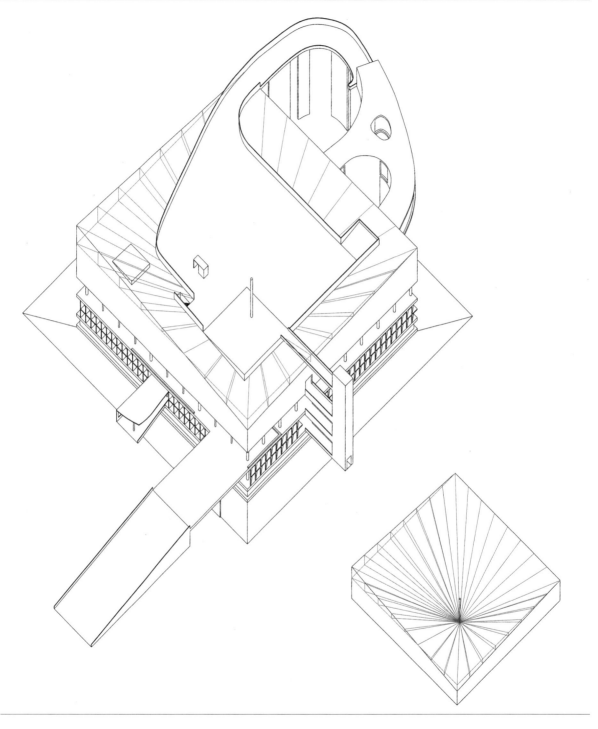

图 30　斯特拉斯堡议会大厦，屋顶。因为坡道连接到了屋顶，所以屋顶层保留了屋顶花园的本质特征。坡道连接了地面，否定了"新建筑五原则"中的水平屋顶花园。

图 31　屋顶的长菱形看上去像被一个点钉住了。这呼应了二、三、四层缺失的单独柱子，及其形成的盘旋运动的支点。

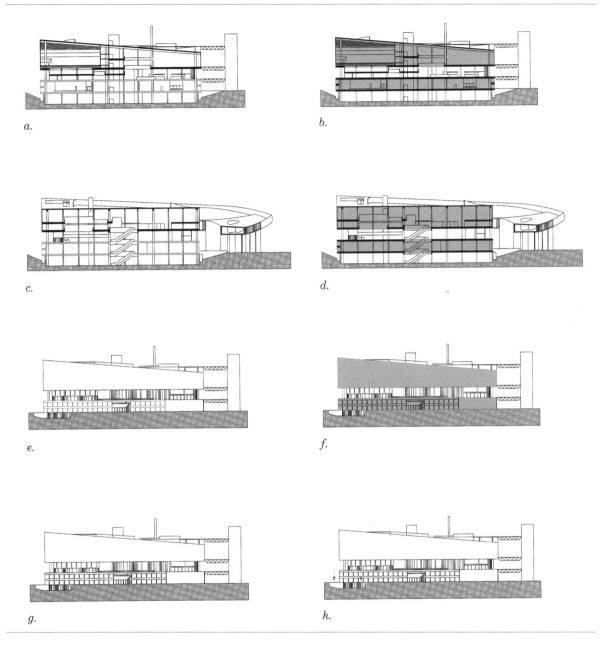

a.

b.

c.

d.

e.

f.

g.

h.

图32(a-p) 斯特拉斯堡议会大厦，剖面和立面。建筑的剖面和立面进一步表明了斯特拉斯堡议会大厦双重的或 "三明治式"的组织构成（a-f）。建筑的虚体底座和地面的凹陷也很明显（e-h）。

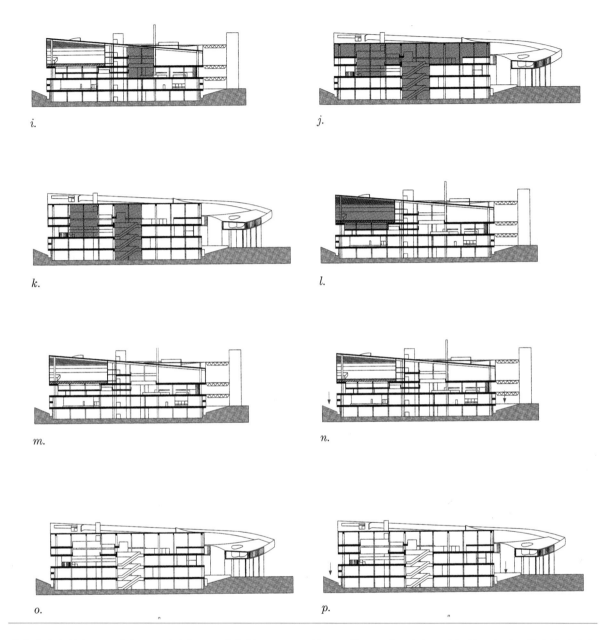

i.

j.

k.

l.

m.

n.

o.

p.

建筑从内部被切开，形成了不同的断面。建筑剖面显示了多种垂直虚体（i-l）。

地面不是平坦的：地表面被切掉一部分，并随坡道向上伸入建筑内部（m-p）。

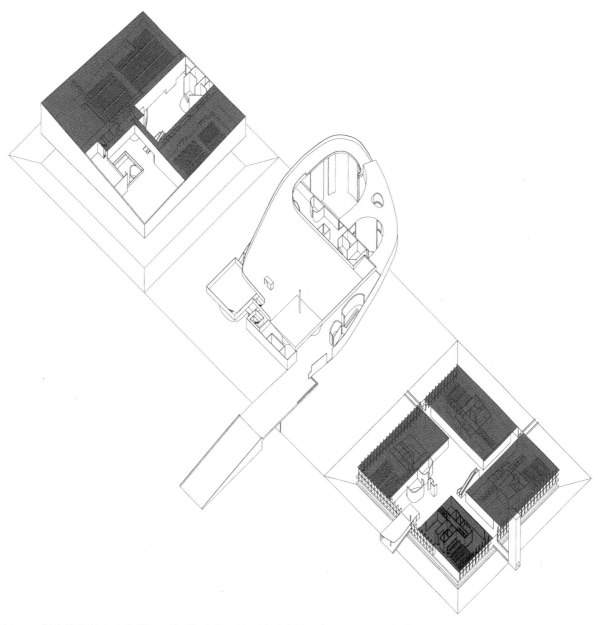

图 33　斯特拉斯堡议会大厦，四层、坡道和二层。坡道连接了每层不同的风车式组织。

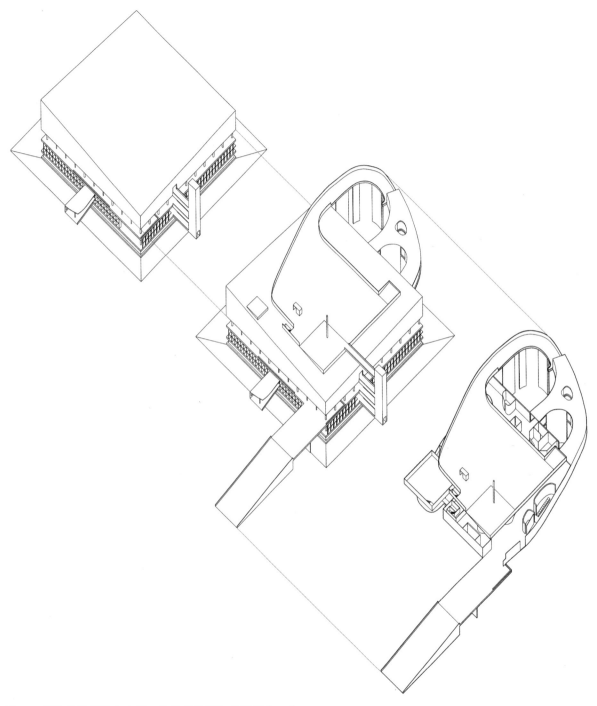

图34　斯特拉斯堡议会大厦。坡道将地面和屋顶连为一体。

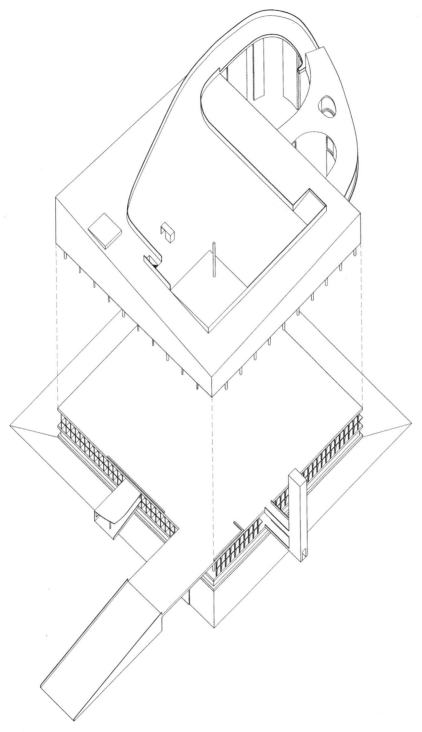

图 35 斯特拉斯堡议会大厦，屋顶和三层。成网格的架空柱激活了虚体化的地面层。

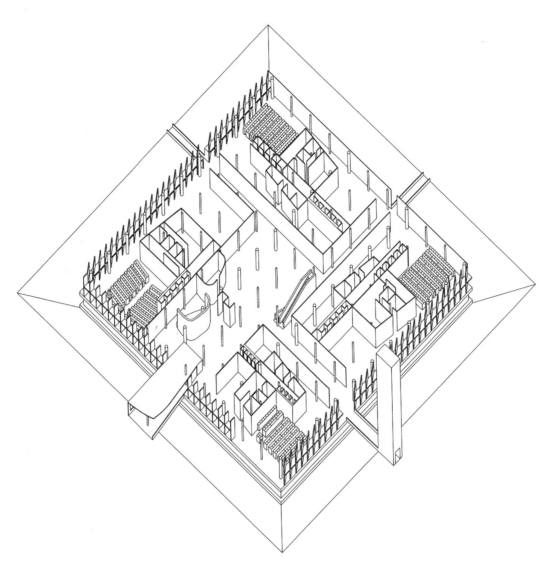

图 36   斯特拉斯堡议会大厦，二层，轴测图。

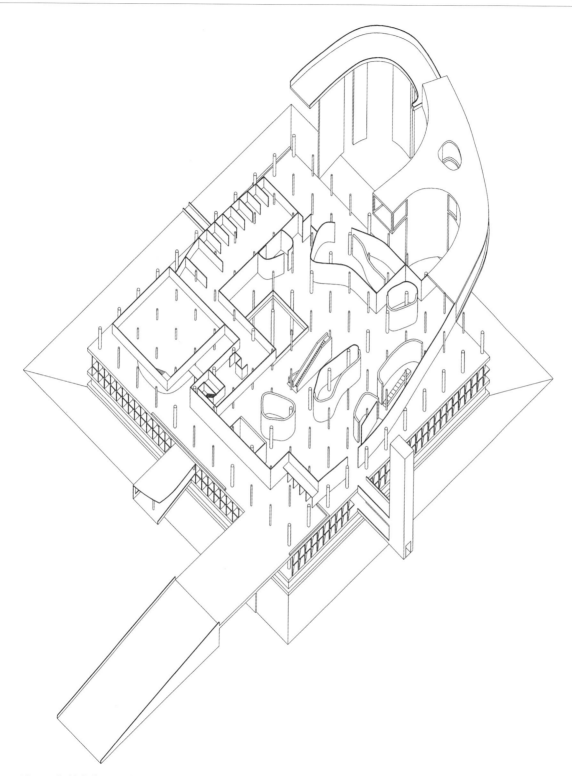

图37 斯特拉斯堡议会大厦，三层，轴测图。

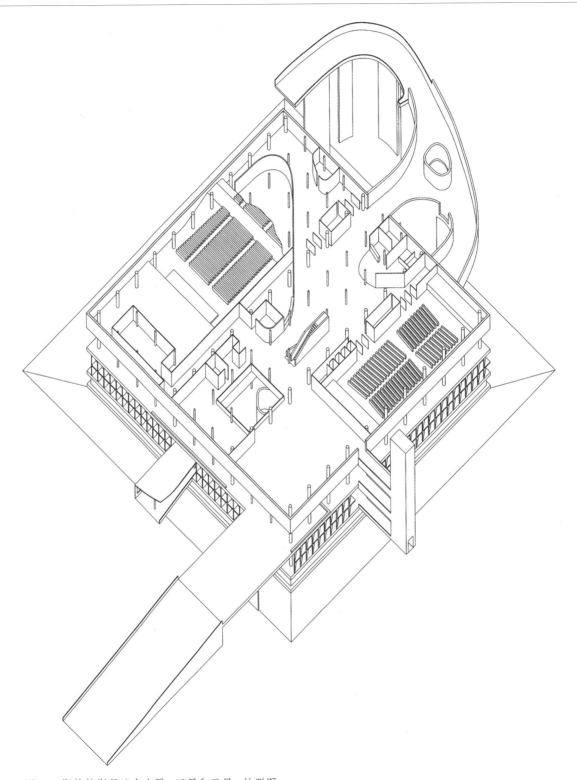

图38 斯特拉斯堡议会大厦，四层和五层，轴测图。

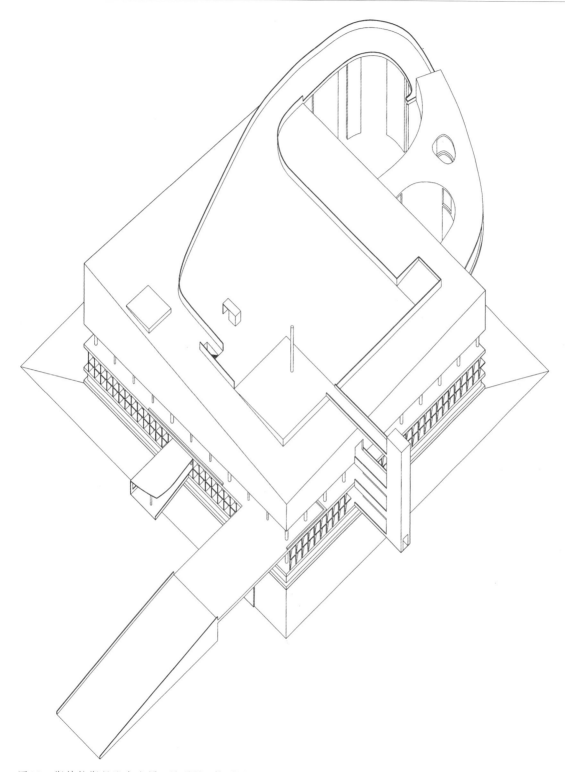

图 39 斯特拉斯堡议会大厦，屋顶层，轴测图。

图1　路易斯·康，阿德勒住宅，美国宾夕法尼亚州，费城，1954—1955年。

4 从格网到历时性空间

From Plaid Grid to Diachronic Space

路易斯·康，阿德勒住宅与德·沃尔住宅，1954—1955年

莫里斯·布朗肖（Maurice Blanchot）[1]在一篇评论马赛尔·普鲁斯特（Marcel Proust）[2]《追忆似水年华》（*Remembrance of Things Past*）的文章中，提出了叙事时间及其瓦解的问题。尽管在叙事过程中有先后的时间顺序，然而普鲁斯特在其中交织了另一种时间形式。布朗肖将其形容为另一种时间可能。这种时间可能不是作为回忆而是作为实际事件（an actual event）被带回来。布朗肖引用普鲁斯特道："那些蹒跚在盖尔芒特家那边（Guermantes Way）不规则卵石上的脚步，突然也是蹒跚在圣马克广场（Piazza of San Marco）高低不平石板路上的脚步了。"这些脚步不只是一种加倍，或对过去经过（a past traverse）的呼应。它们唤起了另一种感觉。这种感觉不以共时的线性记忆（a synchronic linear memory）为形式，而成为历时的、非线性的且同时的体验（a diachronic, nonlinear, and simultaneous experience）。在布朗肖看来，在威尼斯和在盖尔芒特这两个时刻不能分开，把一个看成过去，另一个看成现在。事实上，应该把它们看作单一的、包含不在场感的存在。这两个时刻互不相容，创造出了一种同时性的感觉。布朗肖认为，这种同时感甚至让叙事时间本身暂停并无效了。按照布朗肖的看法，这种同时性包含了过去的"那时（then）"和现在的"此时（here）"。这两个时刻就像两个"现在（now）"，在两个同时当前（presents）的结合中重叠，从叙述感上改变了时间。这种历时性时间打破了线性阅读时间和线性故事时间的传统共时性。

在文学中，阅读行为的时间并不是叙事的时间。然而与文学不同的是，人们会把建筑假设为一个单一的时间：把体验建筑和概念化建筑理解为同一件事。当人走进空间环绕空间以理解一栋建筑的时候，该建筑会以线性的方式向人们展现自己的面目。对文学读者和建筑读者来说，"阅读"的时间是非常不同的。在文学作品的空间中，时间只是想象出来的；而在建筑空间中，时间是真实体验的。因为建筑体验的时间是线性的，所以建筑与共时性时间相关联。布朗肖认为，叙述者的同时时刻所引发的瓦解，代表了一种真实空间中的历时性时刻。关于引发瓦解时刻或历时性时间的建筑问题是：

---

1 莫里斯·布朗肖（Maurice Blanchot，1907—2003），法国作家、哲学家和文学理论家。其作品深深影响了德里达等后结构主义者哲学家，代表作品有《死亡的停止》、《黑暗的托马斯》等。——译者注

2 马赛尔·普鲁斯特（Marcel Proust，1871—1922），20世纪法国最伟大的小说家，意识流文学的先驱与大师。其代表作品有《欢乐与时日》、《追忆似水年华》等。——译者注

换句话说，如果用建筑语汇来考虑布朗肖对普鲁斯特的解读，那么建筑能不能像文学那样，创造出一些情感的时刻？在这些时刻，观众能够突然摆脱通向死亡的时间终极运动，能够体验其他不同的时间，进入一种存在于观看主体和客体本身之间的、更纯粹的状态。

　　建筑中的叙事时间总是在真实空间中构想出来，而真实空间则被体验为叙事空间——也就是说，要走进并环绕建筑才行。在建筑中，想要暂停叙事时间的一种方法就是再叠加上另一种时间。对一座需要精读的建筑来说，这似乎是一个合适的概念。然而在路易·康的作品中，却很少能看到这种想法。路易·康在1954—1955年间设计的阿德勒住宅和德·沃尔住宅，与他的许多其他作品不同。在这两座住宅设计中，他创造出了人们所认为的历时性空间的建筑文本。康的手段是把古典空间和现代空间叠加在一起；这两种"时间"都不占主导地位，因此造成了一种时刻的错乱，换种说法就是，产生了分裂的空间体验。在阿德勒住宅和德·沃尔住宅中，康将建筑表现为一个复杂的客体；同时又赋予了建筑一种可能性，让主体将客体同时体验为真实空间和想象空间。两种状况都得到表达，可以被解读出来，并依次互相取代。正是阿德勒住宅和德·沃尔住宅中这种不决断时刻（unresolved moment），使它们不同于康的许多其他作品。而从真实时间上来说，这两个作品本身也算是特伦顿公共浴室（Trenton Bathhouse）和理查德医学中心（Richards Medical Center）之间的某种暂停。两座住宅与康其他作品的最大区别，就是抛弃了轴对称性和从局部到整体的关系，而这两点在康的许多晚期作品中十分明显。

图2　阿德勒住宅和德·沃尔住宅，立面，1954年。

因此，人们可以认为阿德勒住宅和德·沃尔住宅表达了一种交替的内在逻辑：首先，是有意识 105
地、教导性地反对现代建筑的自由平面；其次，是批判了现代建筑。意味深长的是，阿德勒住宅和
德·沃尔住宅的设计图纸于1955年发表在耶鲁建筑杂志《展望》（*Perspecta*）第三期上。康在题为
《两栋住宅》的短文中，强调了两个项目中隐含的几何秩序。按照康的说法，每栋住宅都由一组正方
形构成，都强调了柱子，仿佛这两栋住宅本质上是关于方形围合及其中方柱的某种抽象模式。康认
为两栋住宅都"产生自相同的规则"，但它们在设计上却不相同。康的说法暗示了一个统一且相同的
原型，而该原型掩饰了两个项目都具有的分离状态。事实上，康在这两个项目中都设计了两套图解：
一套是古典三段式的九宫格图解；另一套则是现代主义的不对称图解。双重图解反驳了单一原型的
观念，就像这些叠加的组合否定了特殊历史时刻的起始点。否定单一可辨认的原型，也是否定了单
一统一的整体，批判了古典的、从局部到整体的关系。原型中的一系列可能性表明，局部之间关系
具有不可判定性，因此无法再把局部归入清晰可辨的整体。

在这两栋住宅的平面设计中，人们可以看出大量的历史瞬间。康很明显受到了20世纪40年代
末50年代初来自欧洲的影响。例如，柯布西耶的雅乌尔住宅（Maison Jaoul）可能就是一个来源。该
住宅为砖砌筑的墙承重结构，其圆筒形拱顶已经摆脱了现代主义的平屋顶设计。特伦顿公共浴室的
四坡顶及其强调的材料性，明显是阿德勒住宅和德·沃尔住宅的先例，因为在这两栋住宅的最初设
计图纸上，能看到类似的四坡顶。特伦顿公共浴室是美国首座采用砖和混凝土结构，并以古典九宫

图3　特伦顿公共浴室，新泽西州，1954—1959年。

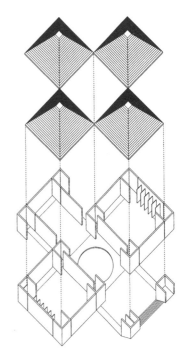

图4　特伦顿公共浴室，轴测图。

格平面取代现代主义自由平面和动态不对称性的建筑。尽管特伦顿公共浴室只建成了一小部分，但它的总平面基本上采用了一套巴黎美术学院风格（Beaux-Arts）[1]的格网。该格网区分出服务和被服务空间，在总体构成上形成了ABABAB的韵律，以不同于现代主义格网中的匀质空间。对于石材围合中的那些柱子，康运用了独特的对齐方式，以区分构成格网的多样化间隔。在这个设计中，结构显得有些多余。因为尽管石砌的单元看上去非常大，但它们并不承重。真正用来承重的是一套钢结构体系，人们只能从屋面和石砌单元之间的间隙看到些许。这是关于屋顶剖面和平面剖面分离的、自我参照的标志；换句话说，是一套发展自平面挤压的剖面表达体系。这里不存在剖面上的错动。如果说在柯布西耶的设计中，剖面往往是主体发生移位的场所，那么在特伦顿公共浴室的剖面中则没有这种扰动。可以说，这符合了美国建筑中的实用主义传统（pragmatic tradition）和空间的功利性组织（utilitarian organization）。

特伦顿公共浴室强调了材料表达，这就回避了使用虚饰外表面的问题。建筑转角处的柱墩和墙体都是混凝土砌体结构。转角柱墩结构墙面所使用的材料与转角处的相同，这样无论从转角方向看还是从正面看，这些亭子都让人感觉是一样的，因而否定了正面的概念。公共浴室的亭子既非希腊式的（从透视角度构想），也非罗马式的（从正面视角构想）；在此，人从什么角度看过去都无关紧要了。对于特伦顿公共浴室的九宫格平面设计，瓦解了特定的视角，突出了某种不稳定性。而这在阿德勒住宅和德·沃尔住宅平面设计中也有明显体现。

106

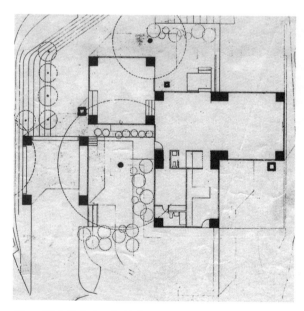

图5 阿德勒住宅，初始的平面。

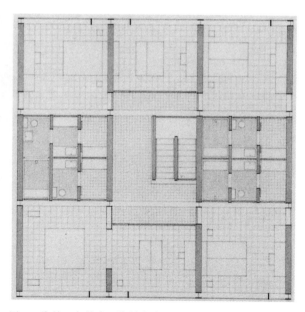

图6 约翰·海杜克，德州住宅4号，1954—1963年。

---

1 巴黎美术学院风格是指巴黎美术学院（École des Beaux-Arts in Paris）教授的学院派新古典主义建筑风格。该风格对19世纪末20世纪初的美国建筑有巨大影响。——译者注

　　阿德勒住宅代表了康对沃尔特·格罗皮乌斯（Walt Gropius）和马塞尔·布劳耶的双核住宅（bi-nuclear houses）的批判。在这些双核住宅设计中，人们从两个亭子单体之间的空间进入到建筑内部；一边是公共空间，另一边是私密空间。本质上来讲，这些现代主义的双核住宅是对古典建筑的误读。在古典设计中，人们从来就无法进入两个亭子单元之间的虚体。康理解这一点，在阿德勒住宅中保留了一些双核的痕迹。这便是将特伦顿公共浴室中一系列亭子单元沿线性布置的模式，与在格罗皮乌斯或布劳耶作品中看不到的断裂的设计手法，结合在了一起。最初草图中的九宫格和轴对称性显然是呼应了特伦顿公共浴室。在之后一些草图中，就能看出康打破了原先的平面组织，创造了一种之前九宫格的碎片。然而，想让亭子单元回归到完整九宫格体系中去的尝试只是徒劳，这也逃避了任何稳定而原始的从局部到整体的关系。阿德勒住宅同时包含了这样两种理念：整体是各个部分的总和；整体是不可能的。在阿德勒住宅中，一个现代主义平面和一个古典九宫格设计叠加在一起，带来了不同的剪切和错动，这就消除了整体的可能性。两种平面布局均不占据支配地位，这让人不禁联想起布朗肖对普鲁斯特的解读，想起其中历时性时间观念所产生的分裂。

107

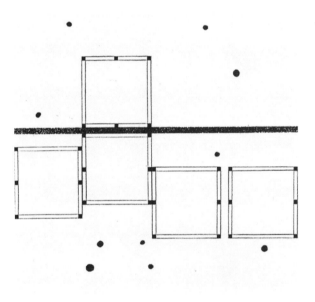

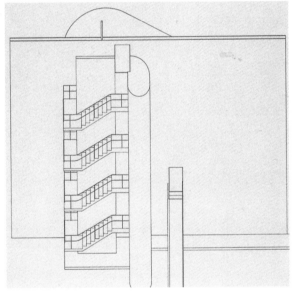

图 7　德·沃尔住宅，平面。　　　　　　　　　　图 8　约翰·海杜克，墙宅，1968—1974 年。

　　阿德勒住宅的平面是现代主义和巴黎美术学院风格两种模式的叠加，这意味着它不是从单一的原型转变而来，而是结合了多个可能的原型。在最终平面中，人们可以解读出这种转变的痕迹。在阿德勒住宅中，正方形单元体具有一种剪切的动感，并引入了两个概念：空间肌理和过程时间。虽然平面中的正方形单元体自身没有任何方向性，但它们却始终沿着一条水平轴，离开可能的起始点发生各种错动。正方形柱子及其形成的长方形组合柱，暗示了亭子单元隐含运动的肌理和方向。在阿德勒住宅中，水平方向的运动依然是不连续的，仿佛随时间推移发生了好几次脱离表面上原型的错位。然而原型本身并不确定。阿德勒住宅正方形单元的总体布局，就像是间歇性滑离九宫格网的亭子单元组合，而它们的不对称设置确定了现代的空间布局。建筑内部的格网回归了巴黎美术学院风格，因此也偏离了九宫格这一中心主题。这是阿德勒住宅的诸多内含对抗之一。乍一看来，该住宅似乎是亭子单元的随意安排或任意组织，但实际情况并非如此。康通过意味深长的操作，在阿德勒住宅中创造出了一种表现历时性空间文本的错动。

德·沃尔住宅同样类似于一种记录，标明了一种凝固在某个时刻的过程。它影射了一种可能的原型，但又无法直接解读出任何原型。把德·沃尔住宅与约翰·海杜克（John Hejduk）[1]的墙宅（Wall Houses）和德州住宅（Texas Houses）相比较，是理解这一点的最好方式。它们与阿德勒住宅和德·沃尔住宅是同一时期的作品，而这里并不讨论哪个设计是最早的。它们的相似性反映了一套共用的理念。在凡娜·文丘里住宅（第5章）的几张早期草图中，人们也能发现这种理念。与阿德勒住宅一样，海杜克的德州住宅设计也以古典的九宫格主题作为基础。不同的是，海杜克的墙宅和康的德·沃尔住宅强调了亭子单元与墙体之间的关系，而墙体本身则成为了引导元素的主题，为让亭子单元呼应它。在德·沃尔住宅中，每个亭子单元的布置似乎都在响应墙体，而柱子的截面形状进一步暗示了

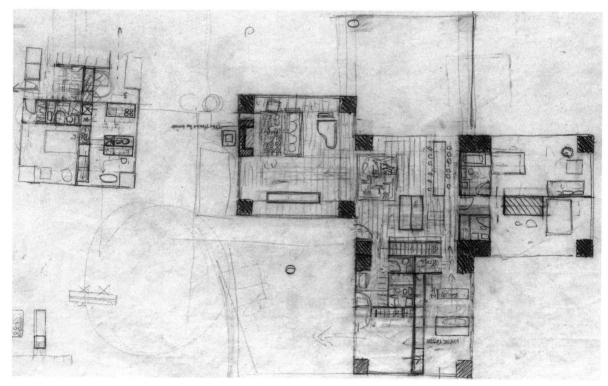

图9　阿德勒住宅，平面。

1　约翰·海杜克（John Hejduk，1929—2000），生于捷克的美国建筑师、艺术家和教育家。其作品因引人注目但却难以获得的物体与形态而广受赞誉，代表作品有音乐家住宅、墙宅等。——译者注

与墙体的相对方向。无论是在海杜克的墙宅中，还是在康的德·沃尔住宅中，墙都起了分隔体的作用，它分隔了公共空间与私密空间，也分隔了田园景观和人造建筑物。同时，这堵墙也成为了一种界限，标记出它被穿越的时刻。这堵墙既进行了区分又使其可以理解，它既是分隔也是联系。虽然这堵墙具有明显的物质性，但它也体现了许多看似矛盾的抽象原则，为穿行其中的主体建立起了某种叙述的顺序：虽然主体会意识到界限墙体被连续打破，但这种意识在时空上强调了穿越的时刻。因此，墙体这一基准面划分了不同的时间和空间，表现为形而上学的存在，成为了感知理解该设计的核心元素。

　　为了把人们的注意力吸引到这一时刻，海杜克和康都在自己的建筑中制造了一种张力，质疑人们认为内外之间是辩证不同的通常理解。康在德·沃尔住宅中也融合了两种不同的几何秩序，并结合了古典与现代这两个不同的历史时刻。试想一下，还有什么做法能比在一栋住宅的心脏部位横插一堵墙体更让人感到现代呢？而被墙体切开的住宅并不是现代住宅，而是一栋以九宫格网呼应古典的住宅。如果说，墙体通常被看作是室内外的分隔体，那么当一个人穿过德·沃尔住宅中的墙体后，便出现了问题：他是走出建筑了，还是走进去了？如何在间隔的时间中体验空间，是如何将客体的时间经常展现给主体的问题的一部分。由于主体不断地在墙周围活动，他一直都以墙为参照物，所以唯一的"内部"（inside）就只是墙体本身的内部。其他所有地方都是墙的外部，是其"内部"的外

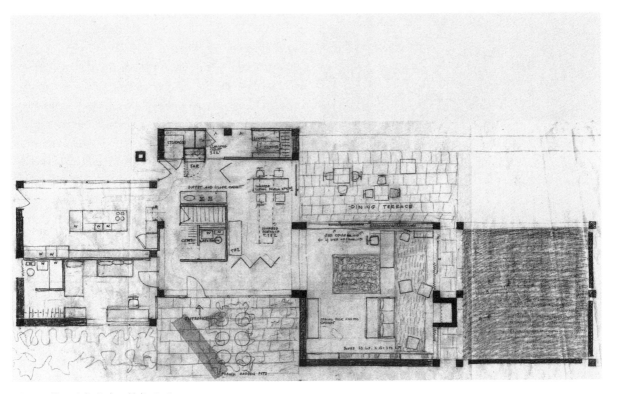

图 10　德·沃尔住宅，局部平面。

部，但又不断地意识到属于内部的时刻。因此，"内部的时间"（time of inside）是通过相关的"外部的时间"（time of outside）建立起来的。而相对于部分的连续性，实际的"围合的时间"（time of enclosure）就变得极其小了。所以说，这两个作品主要的特色之一，就是在墙体本身的范围内，不同时间叙述的碰撞。

可以把阿德勒住宅和德·沃尔住宅看成是康设计生涯的转折点。因为它们独立于康作品的传统解释之外，成为他日后作品的出发点。从这两个住宅到1957—1965年间的理查德医学中心，是一个尺度上的小跳跃。理查德医学中心由一系列的亭子单元组成，这些单元体的突出方式和放置方式，仿佛是围绕着一个紧凑的螺旋形展开。理查德医学中心的单元体同样也分为服务元素与被服务元素，只不过突出到三维上。如果说阿德勒住宅和德·沃尔住宅的亭子单元，表明康的设计策略变为物质界限的墙体和隐含或概念化界限的九宫格，那么理查德医学中心的亭子单元只是形成了某种画面效果，而不具有引导功能。从康的理查德医学中心的草图可以看出，亭子单元变形、拉伸，形成了浪漫的天际线。三个主塔都是薄柱子形成的体量，而服务空间则被拉离开，成为较小的独立塔。H 型的柱子重申了每个体量的九宫格布局，并形成格网。与阿德勒住宅和德·沃尔住宅不同的是，理查德医学中心的结构被设置在主体量每边的中间，而让角部成为虚体。这种虚空角部的手法让人想到康设计的英国埃克塞特学院图书馆（Exeter Library）及其他一些作品。理查德医学中心的设计中，有两种相互矛盾的状况：亭子单元彼此对齐，从平面布局上给人一种正立面意识，然而真正的入口却放在了角部。这种组织既是正交的，也是沿对角线的，而这种希腊空间和罗马空间的结合，成为康独特的修辞手法。在阿德勒住宅和德·沃尔住宅中，亭子单元的不对齐手法是体系化的；而在理查德医学中心，这种不对齐的处理变得更加图面化，最终成为了表现主义。此外，在理查德医学中心的设计中，服务空间和被服务空间的清晰划分也标志了康的另一个转变，即脱离了存在于两栋住宅亭子单元中的不可判定性。

1968年之前，康都在尝试反思现代主义的前提条件，这使得他的作品出现了第一次范式转变。他此时的作品表现了两种状态的分裂：其一为密斯和莫雷蒂作品中显现的、无意识的理论主

图11　理查德医学中心，1957—1965年。

题，而另一种则是在柯布西耶作品中表现的、有意识的理论逆转。在这两栋住宅中，康强调了真实 110
材料的表达，重新整合了古典图式，以表达他对抽象性的批判。这种批判表现为他对不完整和片段
化形式的兴趣。以今天的事后眼光来看，阿德勒住宅和德·沃尔住宅中的各种转移、错位和重叠，最
终都可算作是对从局部到整体的古典关系的批判。

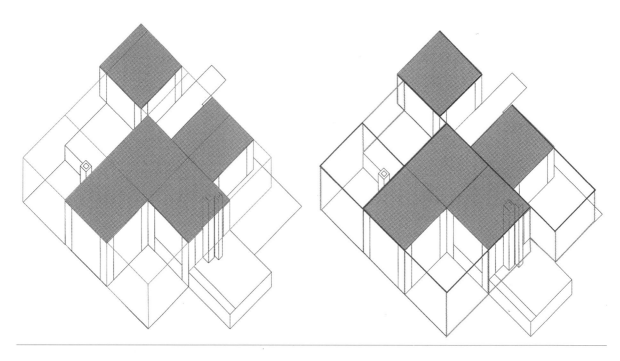

图12 从阿德勒住宅的平面组织来看，该住宅在概念上起源于九宫格，有5个亭子单元和5个方形的室外空间。

图13 亭子单元的组合似乎产生自九宫格体系。最下面一排（开敞空间、亭子单元、开敞空间）可以从概念上还原到九宫格体系中去，而中间的一排（开敞空间、亭子单元、亭子单元、开敞空间）和最上面的一排（亭子单元、半个开敞空间、亭子单元、开敞空间）却无法还原回去。

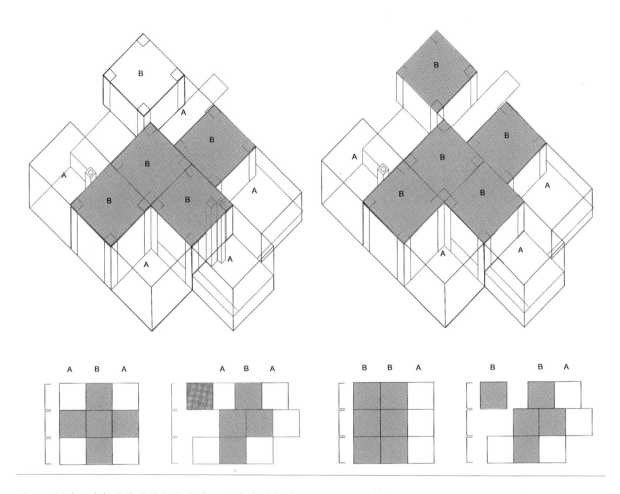

图14　因此，对亭子单元的组织方式可以有多种解读。阿德勒住宅的内部逻辑取决于两套同时存在却又完全不同的体系，开敞空间（A）和亭子单元（B）。对完美的ABA九宫格进行一些调整，即去掉一个亭子并对它们进行转移，便可以适应阿德勒住宅的平面。虽然ABA网格的平面直接源于巴黎美术学院的传统，但这种解读强调了住宅的现代主义不对称性。

图15　同样地，现代主义的BBA平面布局强调一种不对称性。对其进行一些调整，即去掉并转移一些亭子，也能适应阿德勒住宅的平面。阿德勒住宅中亭子单元的总体布局表现了巴黎美术学院风格和现代主义平面的叠加。这种结合可以让人们对阿德勒住宅有双重解读，即ABA的布局和BBA的布局。换句话说，既是巴黎美术学院风格的，也是现代主义的。

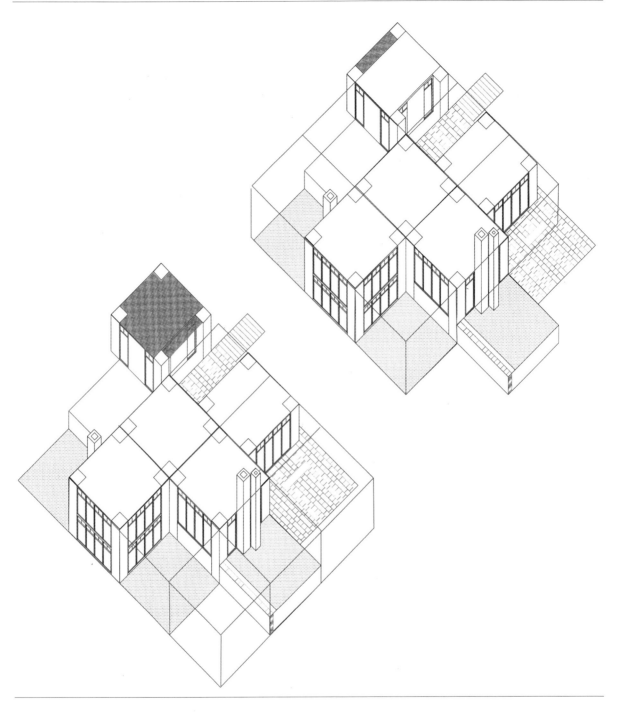

图16—17　可以有两种方法把阿德勒住宅对位到古典的
九宫格体系中去；但无论哪一种，都会有一些不匹配，会
有一整个或部分的亭子单元超出这一完美的模式之外。
当选定了一种解读，方案的一部分就会超出九宫格之外。
当超出的部分成为基本图解的基础，又会有另外的部分
超出。所以对阿德勒住宅来讲，不存在任何稳定单一的
图解。

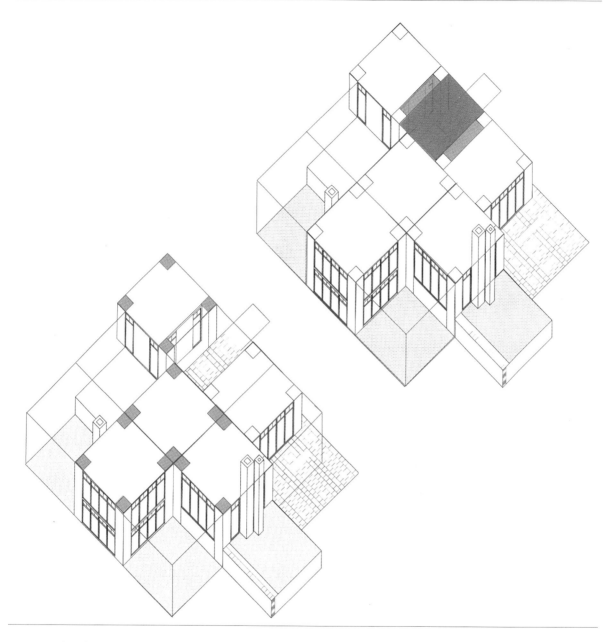

图18 总地说来,阿德勒住宅的支柱为九宫格图解提供了定位点。这些定位点呼应了一个、两个、三个支柱组合的不同情况。

图19 然而,最上面那排中的单一支柱,界定了不规则的状况(用红色强调)。虽然这部分空间依然是方案中的一个虚体,但这里有一种概念上的重叠,即由支柱界定的暗含单元和开敞空间的重叠。

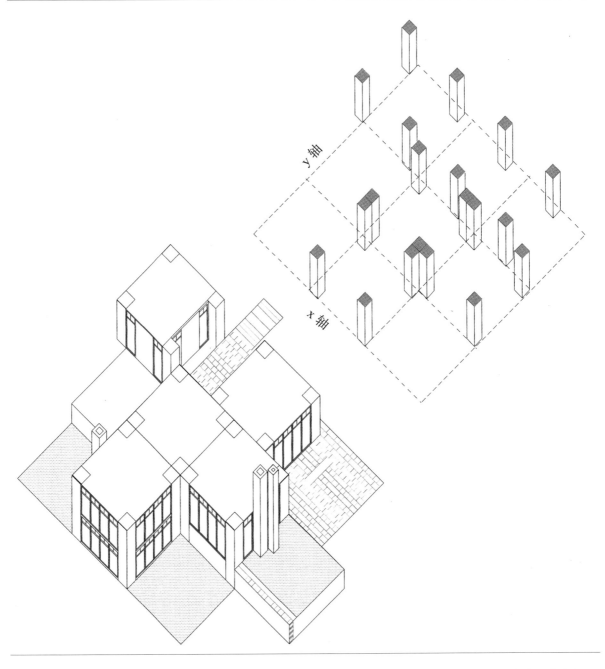

图20 将阿德勒住宅的柱网排布在九宫格内，会有一定的问题。共有4种不同的支柱组合，它们都会使阿德勒住宅具有空间纹理：单根的支柱、沿 x 轴上双倍支柱、y 轴上双倍支柱，以及两根轴线交点上的 L 型转角支柱。

图21　竖窗框和每个亭子单元的支柱，构成了再次划分每个亭子的记号体系。这个次一级的格网由36个正方形组成。

图22　由36个正方形组成的次级网格能同时适应九宫格组合与四宫格组合。因此，人们可以对内部空间和亭子单元的总体布局进行双重解读。例如，这可以让双倍的支柱融入到整个次级网格当中。

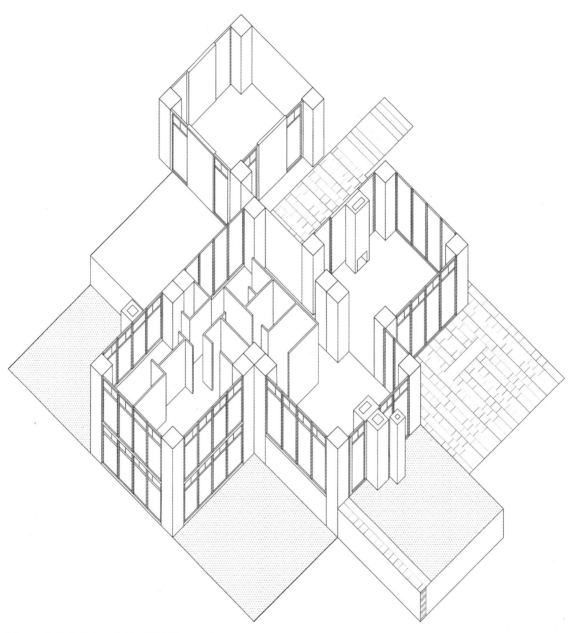

图 23　阿德勒住宅，首层，轴测图。

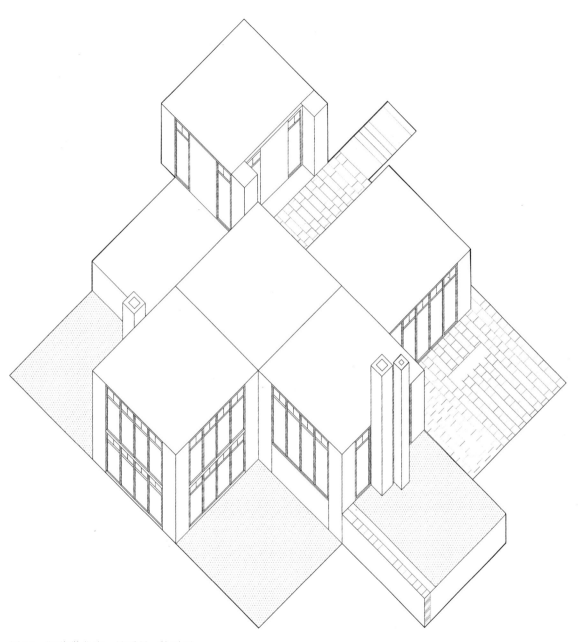

图 24　阿德勒住宅，屋顶层，轴测图。

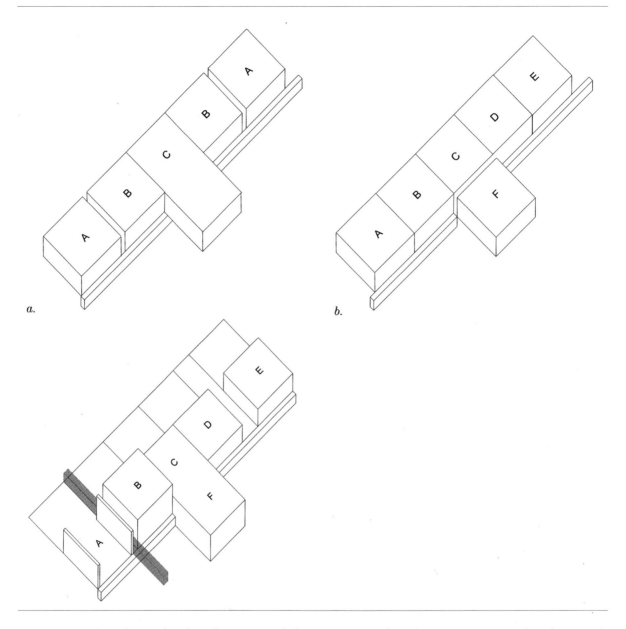

a.

b.

图25（a-b） 德·沃尔住宅中的亭子单元，围绕一堵墙展开组织。它的原型既可以看成是古典的 ABCBA（a）组合，也能看成是现代主义的不对称主题（b）。

图26 四个实体单元（B-E）和一个隐含的单元（A）位于墙的一侧，而另一侧是一个独立的、相似的亭子单元（F）。最左边的两个单元（A和B）相互对齐，但中间以一道间隙相隔，作用为一堵暗含的墙。

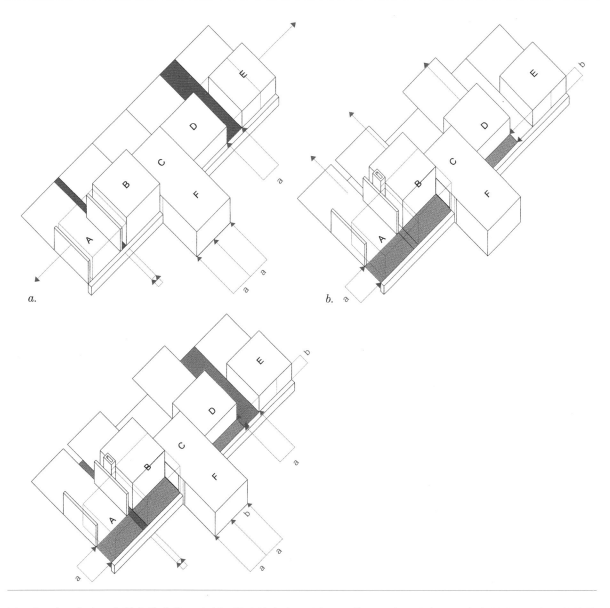

图27（a-b） 单元 E 与紧邻的单体 D 之间，隔了尺寸为单元宽度一半的空间。单元 E 是唯一实际紧贴墙体的单元。单元 B、C、D 沿墙体相互平行排列，而墙体被 C 和 F 的组合体所突破。最外侧的两个单元 A 和 E 和墙体两端对齐。单元 B 和 D 像是从单元 C 形成的大体量中切断下来，形成了一种垂直于墙体的肌理。

图28 单元 A 和 B 之间用一条窄缝分隔，它们和墙体之间也有一定的距离，而这个距离（a）是单体 D 与墙体间距离（b）的2倍。同时，这个距离（a）又是一个单元长度的1/2。各种空隙的大小都存在一种逻辑关系，它们靠这种逻辑关系把亭子单元相互连接并框定在一个格网中。

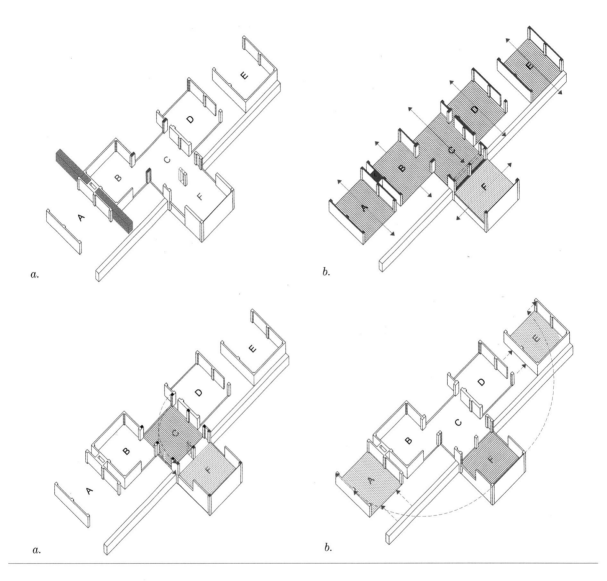

a.

b.

a.

b.

图29（a-b） 单元 A 和 B 被一条缝隙隔开，但这是一个保持物质分隔的挖空区域（壁炉）（a）。矩形截面的柱子界定了单元 B、C、D 之间的关系，并建立了平行于墙体的肌理（b）。

图30（a-b） 在单元 C 和 F 中间有一根独立的正方形截面柱子，它指示了那道墙体的存在。中间有一根柱子没有对齐，但从另一种解读方式来看，它和一根凸出在外侧的柱子相对齐，在单元 C 中形成了一组双柱（a）。单元 F 被"转动"了，因此它有开口两边表明，运动制造了第三种剪切状态。

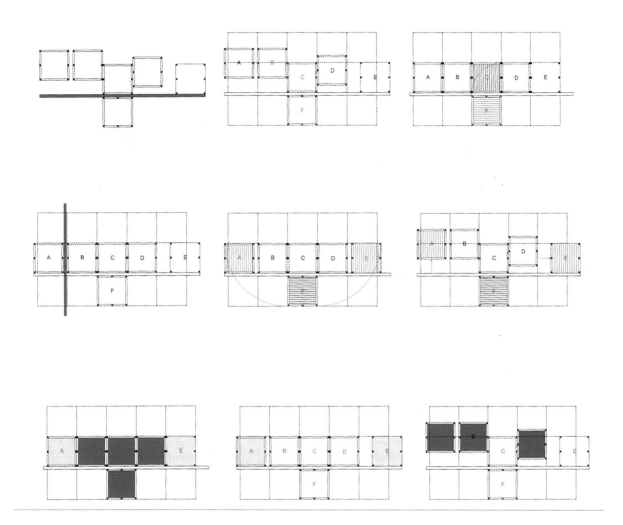

图31 在处理单元、空间和墙体的过程中，出现了镜像和旋转的设计策略。单元 C 和单元 F 镜像对称。对称轴为中间那堵虚拟存在的墙，仰仗中间那根方柱与现有墙体的一边对齐而产生。然而，矩形截面柱子的方向性特质产生了某种肌理，也表现了一种旋转关系。

单元 A 和 E 似乎也沿一条轴线镜像对称，该对称轴由单元 C 和 F 之间那一根方柱确立，并与现有的墙体垂直。可以把德·沃尔住宅中的单元解读为一系列的剪切和旋转运动。多种体系叠加的效果，既加强了单元体与墙体与概念网格的关系，同时也置换了这种关系。

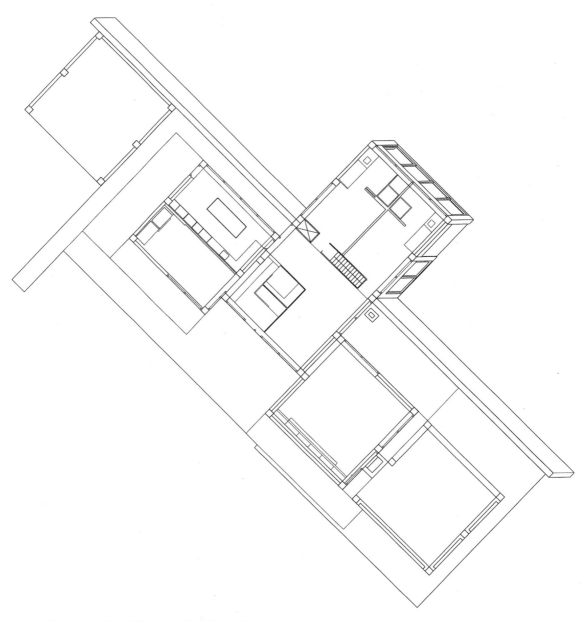

图32　德·沃尔住宅，首层平面与地下层，轴测图。

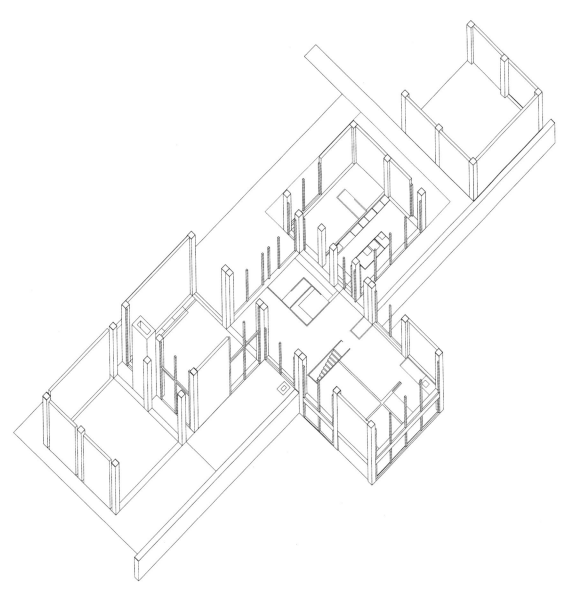

图33 德·沃尔住宅，首层平面，轴测图。

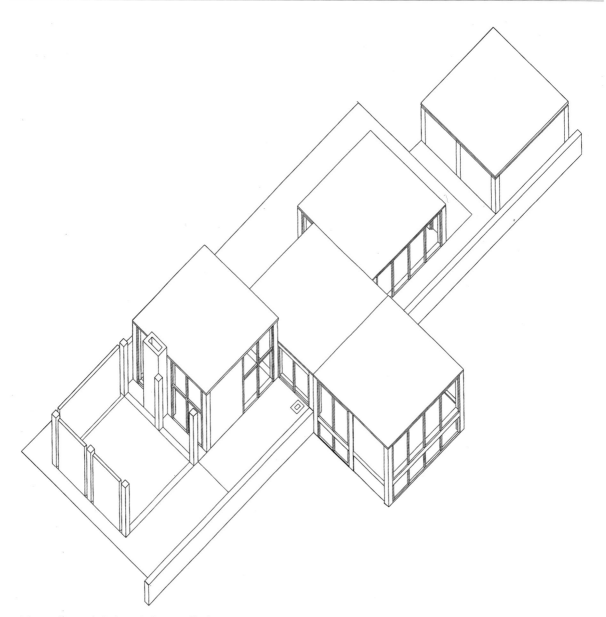

图34　德·沃尔住宅，屋顶平面，轴测图。

图 1　文丘里与劳赫（Rauch），凡娜·文丘里住宅 VI 号。美国宾夕法尼亚州，费城，栗子山（Chestnut Hill），1964 年。

5 九宫格图解及其矛盾性

The Nine–Square Diagram and Its Contradictions

罗伯特·文丘里，凡娜·文丘里住宅，1959—1964年

文丘里1966年出版的《建筑的复杂性与矛盾性》(*Complexity and Contradiction in Architecture*)，是少数几本由美国建筑师撰写的、反映1968年前后欧洲文化转变的著作之一。标识这一文化转变的建筑著作还包括阿尔多·罗西的《城市建筑学》(*The Architecture of the City*)和曼弗雷多·塔夫里(Manfredo Tafuri)[1]的《建筑学的理论和历史》(*Teorie e Storia dell'architettura*)。如果说这一时期有创见的理论著作——如雅克·德里达的《论文字学》、吉尔·德勒兹的《差异与重复》(*Difference and Repetition*)、居伊·德波(Guy Debord)[2]的《景观社会》(*The Society of the Spectacle*)——暗示了更远的未来，那么非常清晰的是，1968年左右的这段时期即使没有代表一种范式的转变，也代表了一个世代的转变。这一时期的著作，无论是在建筑领域还是非建筑领域，总体上对文化产生了深远的影响，尤其是在美国的建筑领域。这些著作开始质疑建筑学科的内部条件。这在美国尤为突出，因为在1968年以前，美国建筑走的是相对非理论的职业化道路，其主要关注实用主义的建筑实践。文丘里、罗西和塔夫里的著作质疑了建筑对于社会改革的能力，而这一点是主流现代建筑的重要命题。柯布西耶曾宣称，平面是一栋建筑、一座城市和(从某些层面上来说)现代社会的发生器(generator)。而上述著作，则对柯布西耶平面看法中暗示的从局部到整体的关系，发起了深刻的批评。1966—1968年间的这批著作不再追随柯布西耶《走向新建筑》的论战式风格和西格弗里德·吉迪恩(Sigfried Giedion)[3]《空间、时间和建筑》(*Space Time and Architecture*)的争辩性历史视角。20世纪40—50年代的一代已经放弃了这些态度，他们的著作说教性地重新评价了现代主义的原则。

1　曼弗雷多·塔夫里(Manfredo Tafuri，1935—1994)，意大利著名的马克思主义建筑史学家和理论家。其代表著作有《建筑学的理论和历史》、《设计与乌托邦》等。——译者注

2　居伊·德波(Guy Debord)，法国思想家、导演，情境主义代表人物。其代表作是控诉了战后资本主义社会中消费主义的《景观社会》(1967年)。——译者注

3　西格弗里德·吉迪恩(Sigfried Giedion)，20世纪著名的瑞士建筑理论家、历史学家，现代主义建筑运动的先驱。其代表作品有《空间、时间和建筑》和《机械化说了算》。——译者注

这些著作不再具有国际现代建筑协会（CIAM）[1]（认为现代建筑是实现更好社会的手段）的气质，也

129 没有了后来重生的传播更广的第十次小组（Team Ten）[2]的精神。

与欧洲形成对比的是，那些发生在美国的重大社会变化，诸如战后种族和宗教壁垒的打破，并没有影响到建筑讨论。许多美国企业雇用了由年轻建筑师组成的新设计公司，为公共住宅这类项目设计所谓的现代建筑。联邦住房管理局（Federal Housing Authority）允许退伍士兵以低价格购买公寓，并资助按照柯布西耶光辉城市（Ville Radieuse）计划进行设计的建筑。但这些设计已被剥离了其背后的意识形态成分。美国城市非但没有形成柯布西耶原则式的社会改革，相反它们被公园中塔楼（towers-in-the-park-schemes）的模式给毁了。加上人们大量地逃离到郊区，这就侵蚀了原先紧密的城市肌理。

这种城市肌理的变化自然也体现在建筑业的发展上。1945—1950年间，为了适应美国战后的繁荣建设，出现了大量新的从业者和事务所。这些新的实践没有接受现代主义旨在创造所谓"美好社会"的意识形态，而是用现代主义风格来表现"美好生活"，这几乎背离了现代主义的社会乌托邦目标。然而，现代主义相对"新颖"的外观吸引了众多公司，使他们的产品代表了一个公然可以获得的、相对富裕的社会。在这一建筑资本膨胀的时期，秉持左派意识形态显然不是紧迫问题。

随着建筑业的快速发展，许多建筑师事务所相继崛起，包括爱德华·巴尼斯（Edward Barnes）、戈登·邦沙夫特（Gordon Bunshaft）、哈里·柯布（Harry Cobb）、乌尔里希·弗兰岑（Ulrich Franzen）、约翰·乔纳森（John Johansen）、菲利普·约翰逊，以及贝聿铭（I.M. Pei）。而之后的一代建筑师，如迈克尔·格雷夫斯（Michael Graves）、约翰·海杜克、唐·林登（Don Lyndon）、查尔斯·摩尔（Charles Moore）、杰奎琳·罗伯逊（Jaquelin Robertson）、罗伯特·文丘里，以及蒂姆·弗里兰（Tim Vreeland）等，由于缺少这种实践机会，转而走上了教学和写作的道路——有些是自己主动选择的，而其他的则纯粹出于缺少实践的原因。

很显然，文丘里是年轻一代建筑师中表达最为清晰的代言人，或许还是第一位给美国建筑带来理论方法和意识形态方法的建筑师。由现代艺术博物馆（Museum of Modern Art）出版的《建筑的复杂性与矛盾性》一书，通过将历史重新引入当代建筑，攻击了现代主义的抽象性。文丘里在普林斯顿大学师从让·拉巴图特（Jean Labatut），随后去了罗马的美国学院（American Academy in Rome）继续从事研究。在罗马期间，文丘里以当代美国建筑师所面临问题的视角来研究意大利建筑。例如，路易吉·莫雷蒂在罗马"向日葵"住宅的设计中使用了历史建筑比喻，而这将在《建筑的复杂性与矛盾性》的讨论中起到微妙的作用。文丘里并没有将自己看作是后现代主义者，而是当成一位新的、

---

1 国际现代建筑协会（CIAM，Congrès International d'Architecture Moderne），1928年成立于瑞士，由柯布西耶、格罗皮乌斯、吉迪恩等人发起。之后共召开过11次会议，最后一次于1959年在荷兰召开。——译者注

2 1953年CIAM第9次会议上，以史密森夫妇、凡·艾克等为代表的积极分子不满老一代建筑师的城市功能主义，在CIAM中形成分裂，组成了第十次小组（Team Ten 或 Team X）。——译者注

美国的现实主义者。他通过借鉴美国的建筑传统，如文森特·斯卡利（Vincent Scully）[1]在《木瓦风格与棒杆风格》（*The Shingle Style and the Stick Style*）一书中所研究的内容，把历史传统带入到当下。从《建筑的复杂性与矛盾性》的书名就能看，该书提出了建筑意义的问题。不过，文丘里的探讨并不同于欧洲结构主义与后结构主义有关语言和意义的分析性作品的复兴。

在众多建筑师中，文丘里很早能分辨皮尔斯理论中形象符合（icon）与象征符号（symbol）之间的重要区别。在其著名的宣言中，文丘里把建筑分成两类，一类是"鸭子（a duck）"，另一类则是"装饰过的棚屋（a decorated shed）"。这就以

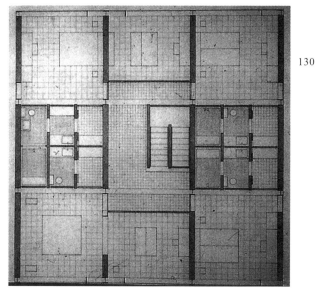

130

图2　约翰·海杜克，德州住宅4号，1954—1963年。

建筑语汇阐明了形象符合与象征符号的区别。鸭子是指看上去像其目标（object）的建筑：一个热狗以巨大热狗的形式站立，或者用文丘里的话来说，一个卖鸭子的地方就应该用鸭子的形状。在上述这两个例子中，建筑物与其目标有直接的视觉关系。这种视觉上的相似便产生了皮尔斯认为的形象符合。它看第一眼就能明白，而不需要精读。文丘里的另一个语汇"装饰过的棚屋"，指的是普通方盒子形建筑外面套一个公共立面。例如，一栋银行大楼，其外围很普通，但却采用了古典的主立面，这就是一个装饰过的棚屋。用皮尔斯的观点来看，装饰过的棚屋更像是象征符号，因为它具有惯例和习俗化的意义：古典的立面象征了公共建筑，无论它是一家银行、一座图书馆，还是一所学校。形象符合和象征符号有时也会产生联系。当形象符合用滥了之后，它就会退化成象征符号；而当象征符号成为陈词滥调之后，人们也就不必对它进行精读了。

如果说《建筑的复杂性与矛盾性》提出了意义的问题，那么凡娜·文丘里住宅则第一次用建筑形式对意义问题进行了表达。该住宅是1959—1964年间，罗伯特·文丘里为其母亲设计建造的。可以认为，凡娜·文丘里住宅是第一座在意识形态上打破现代主义抽象性而又同时植根于该抽象性传统的美国建筑。正如文丘里书中所引用的，凡娜·文丘里住宅需要精读——事实上它又质疑了这种精读的构成，这在它建成的时代和今天都是如此。没有其他任何一栋建筑比凡娜·文丘里住宅更完整地象征了一种新的美国本土风格。然而本书认为它受到一系列不被承认的原型的影响，即意大利文艺复兴修辞和现代主义抽象性九宫格。

1　文森特·斯卡利（Vincent Scully，1920— ），美国著名建筑历史学家、理论家。其代表著作有《美国建筑与城市》、《木瓦风格与棒杆风格》等。——译者注

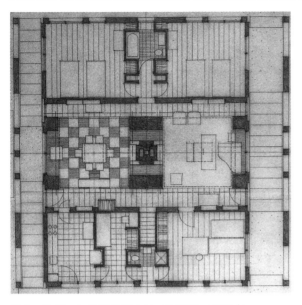

131　图3　凡娜·文丘里住宅 I 号，平面图，1959年。

为了探究凡娜·文丘里住宅的起源，有两个方案值得拿来进行比较：一个是20世纪50年代中期由约翰·海杜克设计的德州住宅4号；另一个则是自1959年开始，文丘里对凡娜·文丘里住宅进行最初研究的方案。海杜克的德州住宅系列都运用了九宫格体系，它们与路易斯·康的阿德勒住宅和德·沃尔住宅（第4章）可能存在着某种联系，因为它们也有一系列的服务空间和被服务空间。不过在德州住宅设计中，阿德勒住宅中的厚重转角墩柱被非物质化了，被拉伸为线性的墙体。海杜克的方案更改了帕拉第奥式的九宫格网。而凡娜·文丘里住宅发展的九宫格模式，与路易斯·康和海杜克的设计都不一样。

文丘里的第一个方案（住宅 I 号），中间跨被压缩，外侧柱子布置在中心线上，让人感受到一个九宫格体系。然而由于中间跨被压缩，它也可以被解读为一个四宫格体系。连接的转角和独立的柱子也叠加在九宫格体系上，不过这两个体系谁也不占主导地位。在平面中，没有贯穿上下的柱中心线，这强化了潜在的两种不同解读方式的叠加。而居于正中的壁炉则同时打断了水平轴线和竖直轴线的连续性。还有一种解读是把平面看成横向的三条，形成服务空间和被服务空间的ABA划分。横向的中间区域既可以被看作是虚体，因为它缺少上下区域中那样的界定墙体；同时，它也可以被看成是一个由六根大墩柱限定的长方形实体。然而在进一步的分析中，竖框、柱子和承重墙可以被看成是一个十字形的组织。该方案内部多重格网的互动，使人们对其起源无法进行任何单一的解读。对文丘里第一个方案平面的精读，不能找到一个主导的图解或主要的组织方式，而能发现多种图解。这标志了从单一解读到所谓不可判定的转变。凡娜·文丘里住宅有六个方案，每一个都激发了对不可判定性的解读。要想理解这一点，就必须采用1968年以后才有的、德里达式的后结构主义观念。

对凡娜·文丘里住宅 I 号的第二重解读，是其外部墙体与内部体块的脱离。首先，左右两侧外墙距与内部体块之间的距离并不相等，右侧的空隙比左侧的要大一些。外部墙体上的竖框和柱子相互
132　对齐，并按中间的体块对称，但它们与内部体块却没有什么联系。如果对比一下围合内部体块的墙体就会发现，最初似乎按照中轴线对称对齐的柱子和墙体，有一些小错动和偏移。

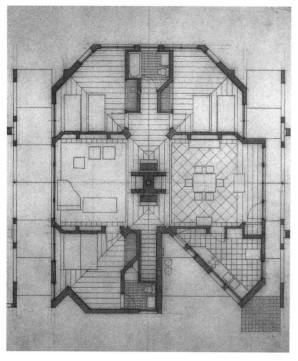
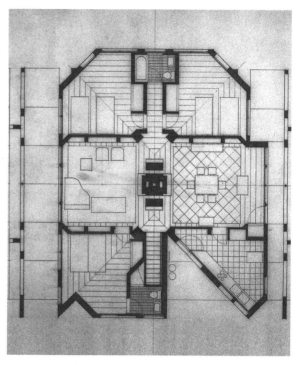

图4 凡娜·文丘里住宅IIa号，平面图，1959年。 　　图5 凡娜·文丘里住宅IIb号，平面图，1959年。

　　对住宅内部围合体四个转角连接方式的关注，也同样十分重要。不管是沿着转角包裹，还是成为接缝，总之转角的交接被处理成凹口状。这就强化了每个立面独立性与截然不同的特质。实际上而非概念上，让每个立面在转角处相遇。可以认为，内部体块的凹口状转角，暗示了整体被进一步打碎成多种局部。围合体的凹口状转角标识出了三个内在"局部"的边界。这三个局部被划分为长方形的区域。例如在中间的区域，凹口被整合进墩柱中，墩柱的平面形状就变得不规则了，墩柱就像被加进了竖框一样。在这个方案中，破碎的墙体、墩柱和竖框成为了一种新的被挖空的"局部"，无法追溯它们到最初的整体中去。虽然这个方案和海杜克的德州住宅系列有一定的联系，但减缺凹口和附加挖空这些早期进行的研究，赋予了墙体形象化的特质，而这明显不同于海杜克德州住宅中墙体所体现出来的线性特质；如果说在德州住宅中，墙体/空间的关系是靠一系列正方形创造出来的，这些正方形被转角处的钢柱所固定，被填充墙所界定；那么在凡娜·文丘里住宅中，墙体都开始拥有了某种体积感，这就渐渐破坏了它们与古典九宫格平面之间的关系。

　　在第二版方案中（住宅IIa号和IIb号），外部的框架墙体依然存在，中间的水平核心也同样存在；不过三分法的主题与四分法的主题之间的相互作用就不那么明显了。在凡娜·文丘里住宅方案中，第一次出现了形象化的中心体量。两个转角被削切的明确形体，凸出于外部独立墙体一端之外。平面的右下方被挖切掉了一块，形成了朝向中心的动感。第二版方案中的改变，与之前方案中对九宫格或四宫格平面组织方式的批判没有什么关系。第二版方案打破了之前方案中的中心对称

133

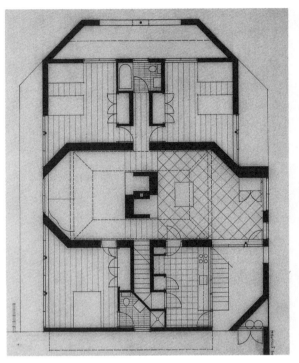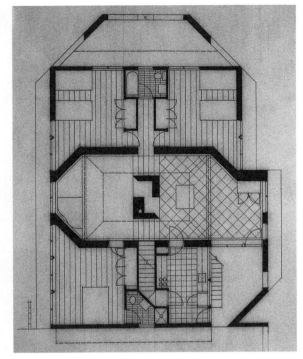

图6 凡娜·文丘里住宅 IIIa 号，平面图。   图7 凡娜·文丘里住宅 IIIb 号，平面图。

性。并可以认为，通过削切与挖切，方案具有了形象化的可能。而该切口给内部的体量带来了一种动感方向。

在整个平面中，界定内部体块的各种元素——墙体、柱子和竖框，与外部周边元素间歇性地对齐和不对齐，似乎要表现出一种既肯定又否定的矛盾状况。不对齐的处理认可了内部体块与外围独立墙体的错位。实际的或暗含的斜线，似乎汇聚到了中心的壁炉上。这就消除了两侧房间按中间服务空间竖直条带对称布置的正交组织形式。这些斜线以一种体积感的方式激活了平面组织。右下角的大切口界定了厨房，而中间竖直轴线左侧的一个小得多的切口和它相呼应。尽管小切口不大，但它还是沿着控制斜线指向中心壁炉。由于所有的斜线并没有相交在平面中心的一点，所以中心部分有一个切断。这使得壁炉成为了一个有体积感的元素，它一会儿发生了旋转，一会儿又成为了一个暗含切断的物体。

住宅 IIa 号和住宅 IIb 号之间有一些细微的差别。首先，框定中心的四根柱子，由于附加了小段的墙体，变得越来越厚实和形象化。此外，对称性也重新建立了起来。例如，界定平面上部卫生间的一小段斜墙被拉直了。这样整个上部卫生间的平面就沿着中间的竖直轴线镜像对称了。很显然，这些调整是标志性的，而非功能上的。

在第三版住宅 IIIa 号和住宅 IIIb 号中，中心壁炉元素和外部两个削切转角被保留了下来，但中

图 8　凡娜·文丘里住宅 IIIa 号，模型。　　　　　　　　图 9　凡娜·文丘里住宅 IIIb 号，模型。

间区域得到了进一步的突出和强调。中间区域的水平方向墙体被加厚了，而且还引入了第二层次的
削切斜线。看上去就像是把外部主要体形缩小并转了个角度，以呼应中间壁炉的螺旋运动。壁炉间　134
以一种阴阳的（yin-yang）形式，切断了中间的那条轴线。最后还有一点，在这个版本的设计中，原
来沿竖直轴线的直跑楼梯忽然弯折了：这就产生了第三层次的削切斜线。在整个设计的发展过程中，
第一次出现了这种奇特的弯折楼梯。而它将成为一个标志性的形象，出现在最终方案中。

　　在早期的平面研究中，对九宫格和四宫格图解的反思，已表现了《建筑的复杂性与矛盾性》书中
观点的萌芽。从一种解读来看，元素间的不断相互作用是互补和对称的关系，然而从另一种解读来
看，这些关系又被取代了。可以认为，这种相互作用标志了文丘里开始隐含地批判任何古典的、从
局部到整体关系。

　　凡娜·文丘里住宅 IVb 号或许是众多方案中最受压抑的一个，它回归了自足的对称状态。在该
方案中，四宫格的图解非常明显，一对紧凑的房间位于被压缩的中心服务空间中轴的两侧。但这还
是遗留有九宫格组织的痕迹，成对的壁炉被组合进加宽的服务空间带中，仿佛形成了竖向贯通的第
三个区域。中心壁炉偏向了内部体量半圆形突出的一端。半圆形的外部围合柔化了被削切出来一端
的生硬形式。壁炉和楼梯依然分离，但它们最终将成为一个整体。在 IVb 号方案中，压缩空间的处
理调节了内部组织。空间压缩是一个主旋律，并将激发最终的设计方案。此时，壁炉不再位于四宫
格平面的中心，取代了火炉位于中心的典范布置。在 IVb 号方案中，"装饰过的棚屋"由一组孤立的
墙体组成，包裹在内部"鸭子"的外面。这就形成了现代主义之后、带山墙的、对称的、双烟囱住宅
的老套形象。在这第四版方案中，内部"鸭子"与其外壳在形象上并不相同。而外壳与内部物体间

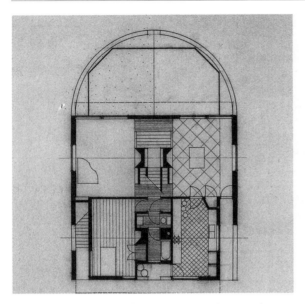

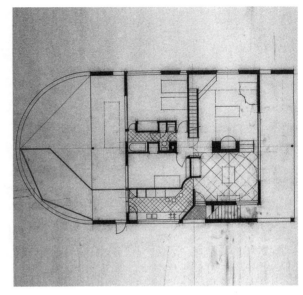

图10　凡娜·文丘里住宅 IVb 号，平面图，1961年。　　　图11　凡娜·文丘里住宅 V 号，平面图，1962年。

的空隙，清晰呈现了两者间的相互作用。

　　只有在住宅 V 号中，才出现了激发最终方案的设计策略。首先在场地上，住宅的基本方向转了90度。建筑的长轴垂直于从街道进入住宅的方向，而这也强化了垂直于住宅肌理的主立面。住宅 V 号的外部表皮看上去和住宅 IVb 号的一样。但住宅 V 号的左侧突出了一个被分成小块面的形象，明显处于四宫格平面之外。该形象好像同时被一些内部力量从后往前挤压，似乎要伸入到外部庭院中，与主体量没有任何内在逻辑关系。而这将会成为最终方案的一个重要特点。

　　凡娜·文丘里住宅的第六版（VI 号）暨最终版方案，只保留了先前方案的局部内容，看起来就像是被切掉了一半的住宅 V 号。第六版方案就像被分成了两个部分：原先半圆形的端头变成了1/4圆弧。中部的三段式划分也消失了，在楼梯／壁炉组合体的小块面形象之中被压缩了。先前方案平面中的内在挤压力量，如今则体现在楼梯／壁炉的组合体之中。而该组合体被重新放到了中心位置。这一版方案再次表现了海杜克与文丘里之间的共鸣：如果说海杜克德州住宅的九宫格主题曾出现在凡娜·文丘里住宅的第一版方案中，那么文丘里半个住宅的最终版方案，反过来则影响了海杜克之后设计的半宅（Hlaf-House）和1/4住宅（Quarter-House）。而人们常想以统一性为前提来解读海杜克的这两栋住宅设计。

　　这些改变全都发生在复杂立面符号的背后，这些立面符号清晰地表现为一根水平横梁、一段落下来的拱，一堵包含壁龛主题的、被打断的三角形墙。文丘里在罗马时就注意到了壁龛这一主题。该主题不仅出现在莫雷蒂的"向日葵"住宅中，还可以在卡罗·拉伊纳尔迪设计的坎皮泰利圣玛利亚教堂中找到。在巴洛克建筑中，向上推挤的壁龛通常以虚体形式出现。在凡娜·文丘里住宅中，虽

135

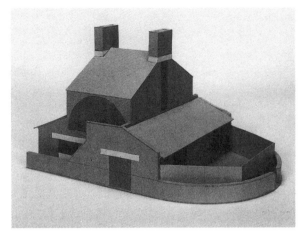

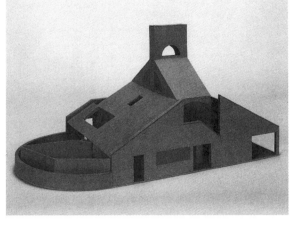

图12　凡娜·文丘里住宅 IV 号，模型，1962年。　　　图13　凡娜·文丘里住宅 V 号，模型，1962年。

然三角形的外墙被打破了，但向上推挤的中心壁炉既是一个体量，又是一个虚体。壁炉作为中心，同时肯定并否定了历史先例。虽然文丘里在平面和剖面中运用了历史元素，但他却以否定其历史性的方式来使用它们。此外，立面上的竖直切口与建筑内部的水平向挤压并没有什么联系。由此可以看出，文丘里批判地解读了莫雷蒂设计的"向日葵"住宅：如果说可以把"向日葵"住宅看作是一层层从建筑正立面开始向后部挤压的空间；那么凡娜·文丘里住宅的最终方案，则在加厚、压缩的正立面上，表现了这些挤压的力量。竖直面与平面水平空间相分离的处理，也预示了文丘里在1967年国立橄榄球名人堂（National Football Foundation Hall of Fame）设计竞赛中提交的"装饰过的棚屋"。 136

　　凡娜·文丘里住宅的最终方案还有一个人字形屋顶。它延展并与立面结合，使其像面具一样。有意地将立面延展为一个表面，否定转角的体积感，这十分重要。处理立面的方式，类似于文丘里"装饰过的棚屋"的概念，让人们仅仅把立面看作是一张遮盖棚屋的屏幕。这个单一元素结合了文丘里的两个标志性理念。他结合了弯折楼梯的能量、中心斜线的旋转、凸出的向量，但却把它们容纳在一个外部屏幕里面。

　　想要充分解读凡娜·文丘里住宅，就需要对其之前的所有方案进行解读，否则就不可能欣赏它的不可判定性。它是最早可以被解读为过程的美国住宅之一，同样也表现了解读对象的过程。认为任何最终方案或建成的房子都蕴含了其早期研究中所有能量的想法，是很难站住脚的。因为绝大多数的最终方案，都趋向于确立早先版本方案中的某些元素，而非所有元素。例如，凡娜·文丘里住宅其他版本方案中的许多矛盾性——三段式与四分式的、实体中心与虚体中心的、中央与边缘的互动——都随着最终方案对住宅前后概念的清晰表达而消失殆尽了。

　　凡娜·文丘里住宅早期包含九宫格或四宫格图解的方案，否定了任何决然的可能。与早期方案相比，最终的住宅设计多了几分古典，而少了一些现代。某个版本的方案并不一定好过其他的版本，它们只是侧重于不同的想法罢了。但无论哪一版的方案，都没有一个单一的占主导地位的想法。在

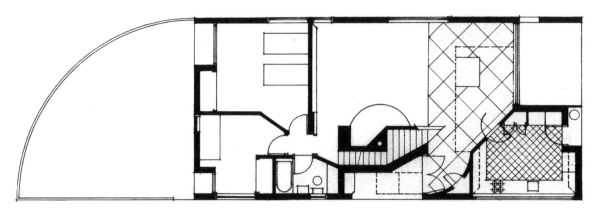

图14　凡娜·文丘里住宅 VI 号，平面图，1962年。

该住宅设计中，古典和现代的修辞同时发生作用；它留给人们的遗产是，方案不断地朝不同方向发展，并最终保持了不可判定性。故意的不可判定性是该设计的一个重要特质，这就强调需要以一种不同以往的方式精读凡娜·文丘里住宅。这种新的精读不再产生单一的形式整体（formal whole），而是让该项目中无法和解的不同方面清晰可辨。

137　　　在此之后，文丘里的许多住宅设计都变成了修辞的手段、参考和姿态，而缺乏凡娜·文丘里住宅所固有的那种不可判定性。即使在20世纪50年代末和60年代初，该住宅的设计想法，就像密斯、柯布西耶、路斯和许多早期现代主义建筑师的理念一样，仍可能拥有理论和批判的分量，仍可能显示意识形态，而非仅仅表现一座单独的家庭住宅。建筑界有一句老话，即理论著作有时候要比建筑物本身更为重要。对帕拉第奥来说是这样，对柯布西耶来说或许也是这样。然而，凡娜·文丘里住宅可算是一本著作，一本文丘里用建筑语汇写成的《建筑的复杂性与矛盾性》；在此之前或之后，再也没有美国的住宅或建筑能享此殊荣。

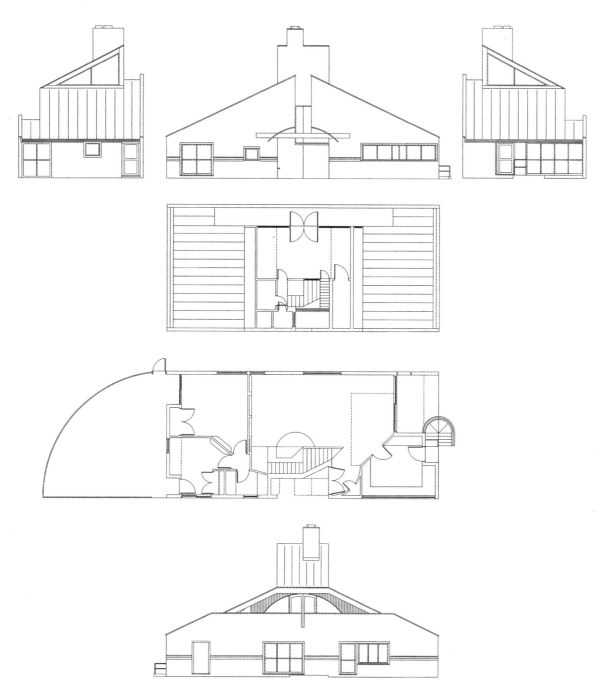

图15 凡娜·文丘里住宅，立面，首层平面和二层平面。

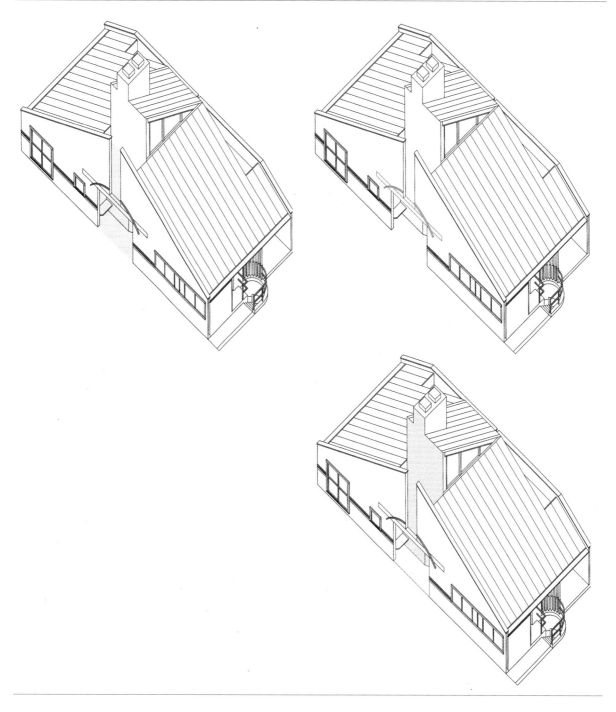

图16 对住宅体量而言，立面起到了一个屏幕的作用。该设计主题类似于路易吉·莫雷蒂"向日葵"住宅中屏幕状北立面的处理。记号性的圆拱是一种呼应古典的处理，是框定开口的指示性标记。

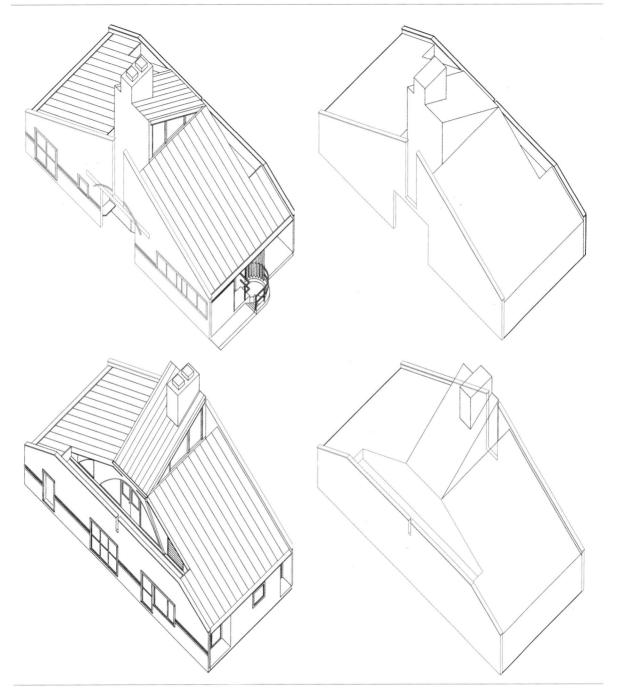

图17　正立面上的缝隙开口表现了壁龛主题。背立面上　　　与"向日葵"住宅类似，正立面和背立面之间有明显的
半圆形的壁龛窗户与正立面上的开口共同发挥作用。　　　对话。

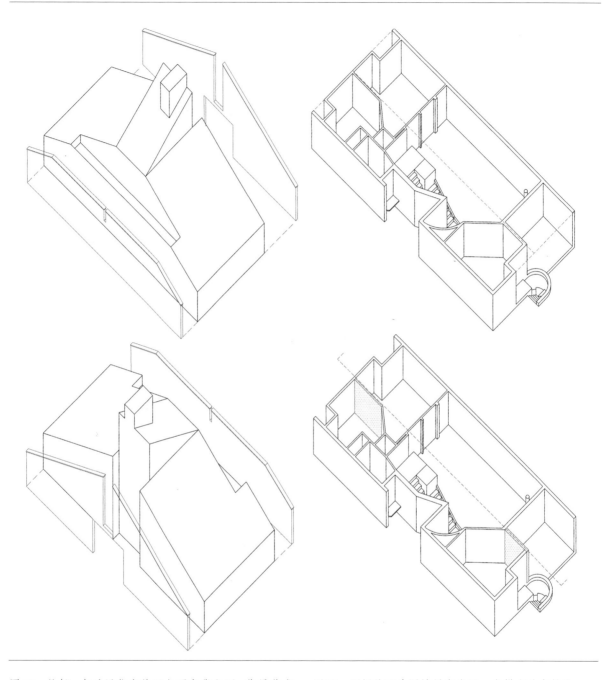

图18　凡娜·文丘里住宅的正立面和背立面，像屏幕或平板一样，把内部空间括在一起。该住宅的最终方案回归了一个正立面和一个背立面的古典设计理念。

图19　两侧的两片隔墙界定出了一条横向的中轴线。

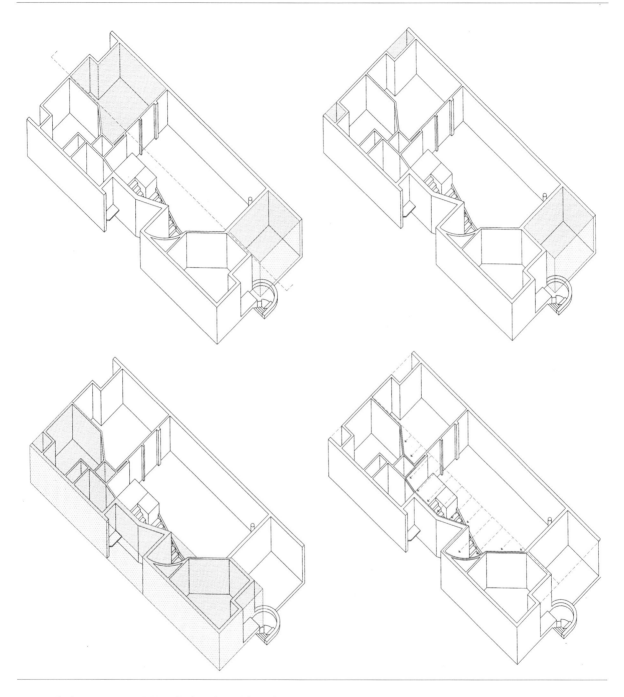

图20 靠在正立面之后的是一个被压缩的形象。背后的
两个转角可以看成虚体。

图21 壁炉和楼梯的结合方式，体现了住宅各个版本方
案的重要变化。壁炉和楼梯的组合元素成为了一个独立
居中的形式，并在最终方案中被弯成曲柄状。

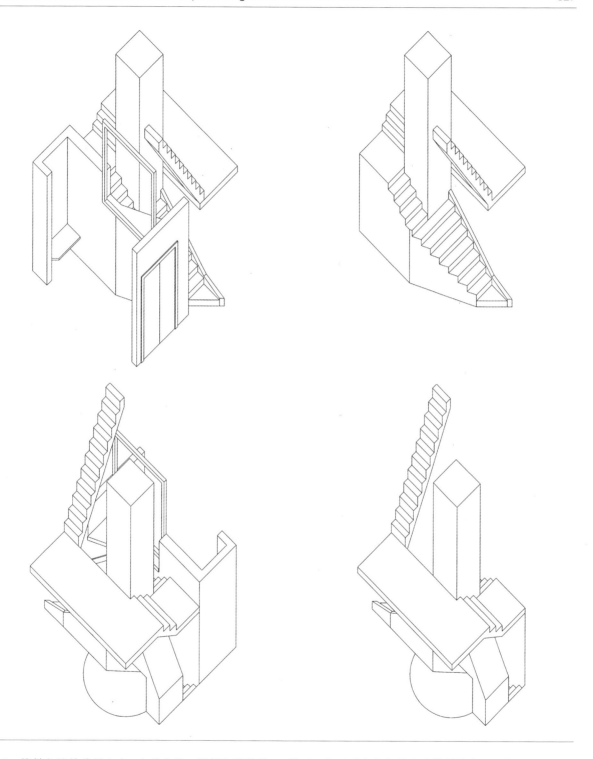

图22　楼梯与壁炉共同向上、向外盘旋。楼梯与壁炉使空间表现为一系列离心向量，由住宅中心的壁炉所引发。

增添一部不通向任何地方的楼梯具有重要意义。它标志了对功能的否定。

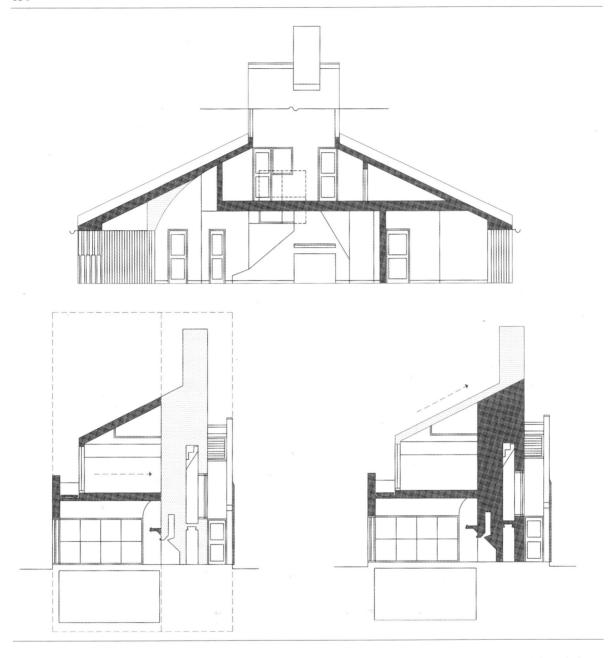

图23—25 从建筑的横向剖面可以看出，加厚的挖空墙体限定了坐落在框架中的竖向壁炉。住宅的纵向剖面则反映了朝向正立面的压缩感和正面加厚的状况。

图26 建筑立面被分为两个部分，而烟道却偏离中心。正立面上的断拱和背立面窗户上的拱形，都重申了底座、中部和山形墙的三段式划分。立面上的窗户打断了护墙板。五格的水平窗以其中间窗棱为基准，表现了既对称又不对称的关系；四格的方窗则被对称地划分。

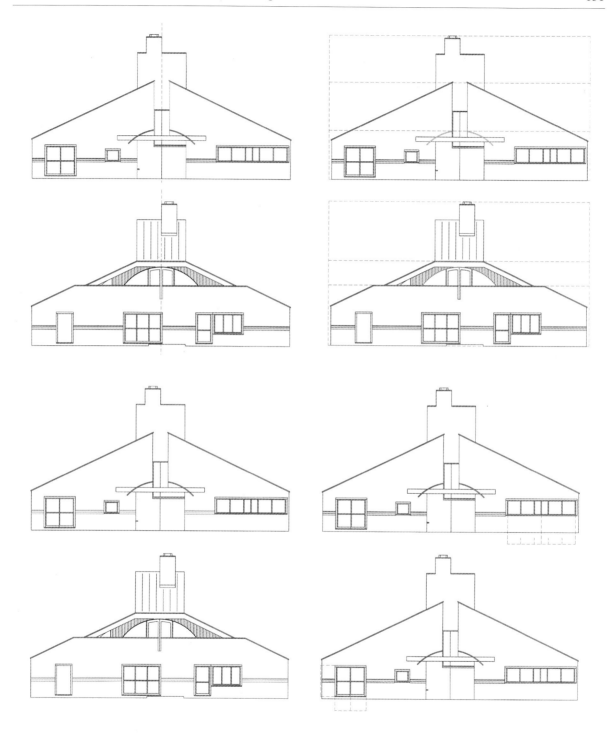

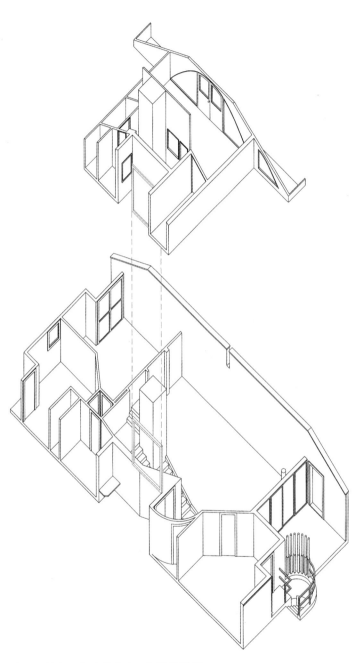

图27　凡娜·文丘里住宅，分解轴测图。

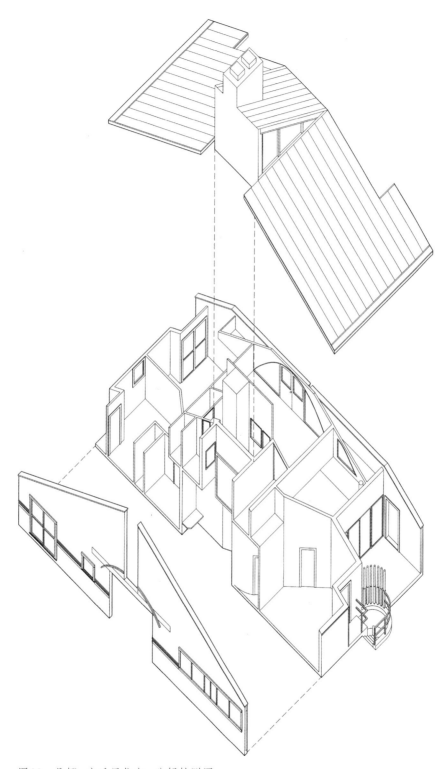

图28 凡娜·文丘里住宅，分解轴测图。

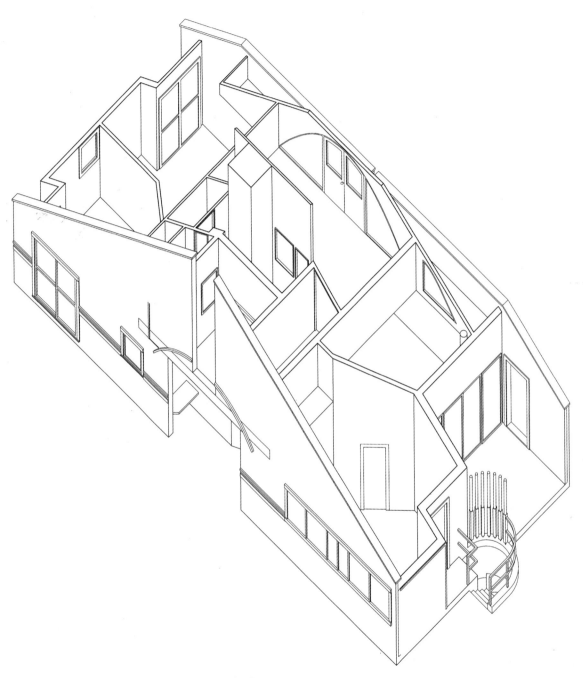

图29　凡娜·文丘里住宅，首层平面和立面轴测图。

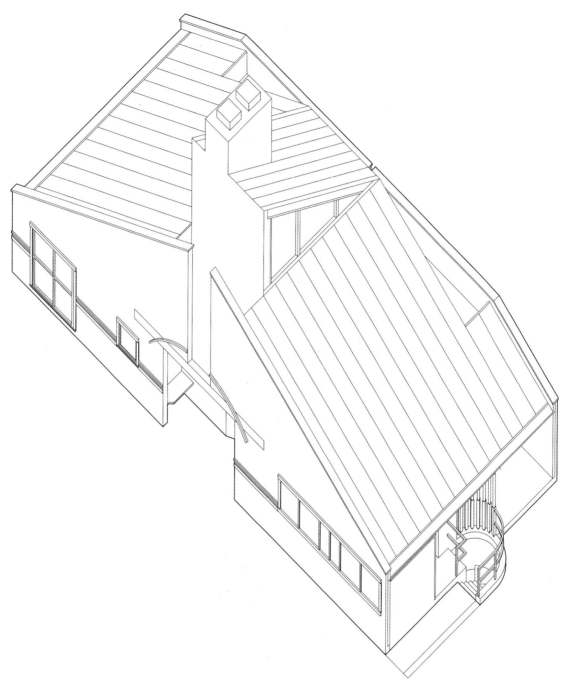

图30 凡娜·文丘里住宅,正面轴测图。

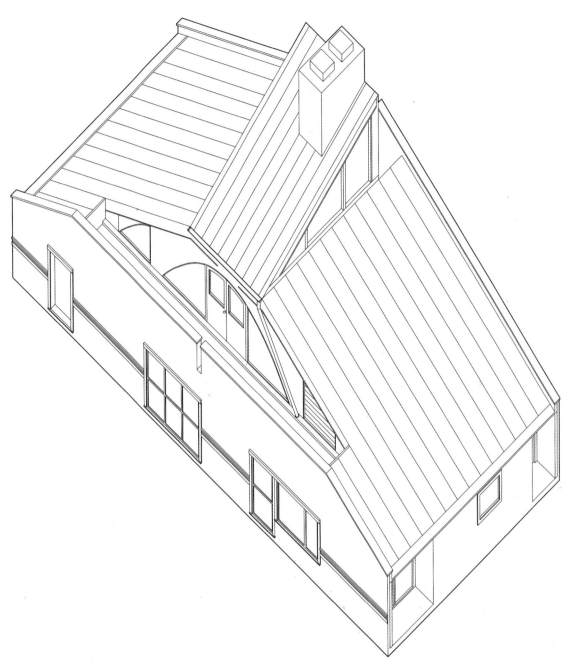

图31　凡娜·文丘里住宅，背面轴测图。

图1 詹姆斯·斯特林与詹姆斯·高恩（James Gowan），莱斯特大学工程馆，英国莱斯特，1959—1963年。

6　材料的反转 Material Inversions
詹姆斯·斯特林，莱斯特大学工程馆，1959—1963年

詹姆斯·斯特林的莱斯特大学工程馆，表达了现代主义抽象性与早期后现代以材料体现的"现实性（reality）"之间的对抗，是二战后反映该主题的早期建筑之一。可以认为，这种对抗不仅显现在传承自现代建筑运动的建筑形式上，还体现在建筑的材料性之中。这种建筑材料性被精心组织在一个抽象的框架中，批判了现代主义的调色板。在欧洲大陆之外的英国，二战后的现实主义具有不同的形式。因此，对于理解莱斯特大学工程馆在材料使用和设计概念方面对现代主义抽象性的批判，明白二战刚结束时的英国社会文化背景就显得至关重要。

相对而言，英国偏离了二战前现代建筑发展的主流。该主流本质上是一种具有不同政治目标的欧洲大陆的现象。在1920年代的德国，现代主义是一种左派的受马克思主义鼓舞的运动；而在1933年之后的意大利，在墨索里尼（Mussolini）的统治下，现代建筑——甚至在许多1920年代晚期的案例中——代表了法西斯政权、古典修辞学和纪念碑性的美学。在法国，现代建筑在左派和右派之间保持着一种不清晰的关系。例如柯布西耶，他一方面交替恳求于墨索里尼政权和法国工团主义（French Syndicalism），[1]另一方面又追求关于城市转变的激进计划。在英国，如同在美国一样，建筑的发展环境本质上可称作是实用主义的（pragmatic）。战后的美国依旧被战前巴黎美术学院的影响所支配，而英国的情况并不相同，其建筑文化深受二战的影响。首先，是由于来自波兰建筑学校的难民；外来思想的汇入会对作为青年学生的斯特林有着特殊的影响。其次，战争显然中断了整整一代学生的教育。斯特林和科林·罗都属于那一代人，他们最初于1942年相遇在英国佩思（Perth）的女王兵营（Queen's Barracks）中。当时，他们都在苏格兰的英国军队中服役。战后在利物浦建筑学院他们会再次相遇。1939年的时候，罗便在利物浦开始他的学习。利物浦建筑学院在战前曾是一所保守的学校，但随着1938—1939年波兰难民的加入，发生了根本的改变。在这些波兰难民中，有许多人活跃于现代建筑运动，并为利物浦建筑学院引入了柯布西耶式的现代主义和俄国构成主义（Russian Constructivism）[2]的形式。在敦刻尔克大撤退和法国沦陷之后，战争进入关键阶段时，斯特

1　工团主义（Syndicalism），国际工人运动中的小资产阶级机会主义思潮，20世纪初较广泛地流行于法、意、西等国，鼓吹工会高于一切，幻想以工会在经济上的联合体来代替国家政权，故又称"无政府工团主义"。——译者注

2　构成主义（Constructivism），1920年代产生自俄国的艺术与建筑思潮。它吸收立体主义和几何抽象的技法，强调先进技术与共产主义社会实践的结合。其代表人物有维斯宁兄弟、塔特林等。——译者注

林和罗都志愿参加了伞兵部队。在一次训练中，罗跳出机舱，他的降落伞没有打开，因此摔伤了背部。而斯特林则通过了训练，并最终完成了雷马根桥战斗（Remagen Bridge）中的空降任务。等到他于1949年回到利物浦时，罗则成为了他的老师。而斯特林于1949年完成的最终论文项目，则是在罗的指导下，并深受柯布西耶的影响。

1950年代标志英国现代思潮上的一个大转变。建筑师、艺术家和雕塑家都关注追求现代主义抽象性的替代物。他们共同合作，做出了许多努力。例如，独立团体（Independent Group）[1]宣称对日常材料和"发现式的（as found）"美学感兴趣。在著名的1956年的展览"这就是明天（This is Tomorrow）"中，斯特林用混凝纸（papier-mâché）[2]制作的肥皂泡模型则表现了该美学；雕塑家爱德华多·保罗齐（Eduardo Paolozzi）[3]展出的作品是以生铁和耐候钢（Cor-ten steel）为材料制成的；波普画家理查德·汉密尔顿（Richard Hamilton）[4]展出了混合当代消费文化图像的拼贴画；奈杰尔·亨德森（Nigel Henderson）[5]展出了关于工人阶级街道的纪实摄影；而建筑师彼得·史密森和艾莉森·史密森（Peter and Alison Smithson）[6]用褶皱塑料和粗糙胶合板制作他们的装置作品天井与展亭（Patio and Pavilion）。"这就是明天"展览将自称独立团体的成员的作品汇集在一起（建筑师斯特林、史密森夫妇和批评家雷纳·班纳姆都属于该独立团体）。其中一些参展者——包括史密森夫妇——同样也参加了一个国际现代建筑协会之后（post-CIAM）的团体，即在战后致力于复兴现代建筑基本原则的第十次小组。作为独立团体的成员，斯特林对第十次小组的晚期现代主义意识形态持批判态度。如果说"这就是明天"展览，通过让人关注广告、家具和街道等日常生活材料而让人关注战后英国消费文化的舒适安逸，那么它也导向了若干大为不同的思想分支。戈登·卡伦（Gordon Cullen）[7]的"城镇景观（Townscape）"绘画，就像城市风景明信片一样，体现了一个城市规划方面的分支。另一个方向则发展自波普艺术，如彼得·布雷克（Peter Blake）[8]、汉密尔顿和保罗齐作品。该方向赞美技

1　独立团体，1950年代至1960年代初，伦敦当代艺术学会（Institute of Contemporary Arts）年轻成员的松散组织，包括画家、雕塑家、建筑师、作家与评论家。他们挑战盛行现代主义的文化态度，将大众文化引入高雅文化的讨论中，提出了"发现式的"美学。该组织被看作是英美波普艺术运动的先驱。——译者注

2　混凝纸，一种由纸片或纸浆（有时还加入织物）黏合剂组成的复合材料，可用来仿制石材和青铜。——译者注

3　爱德华多·保罗齐（1924—2005），意大利裔英国雕塑家，最早摆脱亨利·摩尔影响的英国雕塑家之一，以拼贴为主要创作方法。其代表作有不列颠节喷泉设计、大英图书馆庭院牛顿像雕像等。——译者注

4　理查德·汉密尔顿（1922—2011），英国最具有影响的当代艺术家之一，师从现代艺术之父杜尚，通过直接挪用社会生活中的一些形象来创作作品，被称为"波普艺术之父"。其代表作为拼贴画《究竟是什么使今日家庭如此不同、如此吸引人呢？》。——译者注

5　奈杰尔·亨德森（1917—1985），英国纪实与实验摄影师、艺术家，独立团体的创始人之一。——译者注

6　彼得·史密森和艾莉森·史密森（Peter Smithson，1923—2003，Alison Smithson，1928—1993年），又称为史密森夫妇，著名英国建筑师，粗野派或新粗野主义的代表人物。其代表作品有《经济学人》杂志社大楼等。——译者注

7　戈登·卡伦（1914—1994），著名的英国建筑师和城市设计师，城镇景观运动的主要推动者。——译者注

8　彼得·布雷克（1932—），英国波普艺术家，其代表作有《第一个真正的靶子》等。——译者注

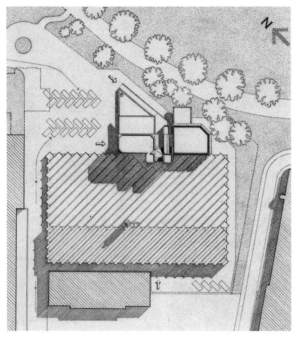

图 2　莱斯特大学工程馆，总平面图，1959—1963 年。

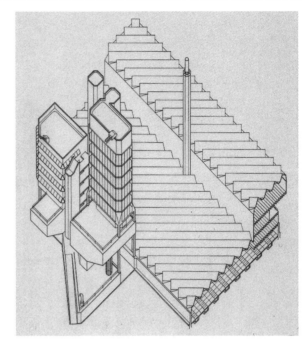

图 3　莱斯特大学工程馆，轴测图，1959 年。

术，并将最终带来 1960 年代伦敦的塞德里克·普莱斯（Cedric Price）[1] 和建筑电讯派（Archigram）[2] 的作品。

　　"这就是明天"展览不仅推动了波普艺术，还引发了新现实主义的一种强硬形式。英国的新现实主义与意大利的不同，《建筑评论》（*Architectural Review*）的批评家雷纳·班纳姆将之称为"新粗野主义（New Brutalism）"[3]。新粗野主义是对舒适英国生活方式意象和城镇景观运动的反动。它在观念上倾向于生硬材料和形式的形象，如英国南部海岸上的圆形石造碉堡（Martello towers）。从某种意义上来说，这些形体明显的材料特性与意大利现实主义中的材料运用不无关联，而斯特林对后者则是有所了解的。斯特林于 1960 年发表在《展望》第 6 期上的文章"'功能的传统'与表达"（"'The Functional Tradition' and Expression"），蕴含了一个重要的后续影响。在这篇文章中，斯特林讨论了路易吉·莫雷蒂的石膏模型。这些模型创造了斯特林所谓的"凝固的空间（solidified space）"。这

　　1　塞德里克·普莱斯（1934—2003），英国建筑师、著名建筑教师与作家。——译者注

　　2　建筑电讯派，1960 年代产生于英国的先锋建筑团体，其名称是由建筑（architecture）和电报（telegram）二词组合而成。该团体从新技术革命的角度对现代主义建筑进行批判，强调建筑中的流动性和变换性。其代表人物有彼得·库克（Peter Cook）等，代表作品有插入城市、步行城市等。——译者注

　　3　1953 年，英国建筑师史密森夫妇从法语 béton brut（béton 意为混凝土，*brut* 意为粗糙的、未加工的）编造出粗野主义（brutalism / brutalist）。1966 年，英国建筑历史学家修改该名称，以"新粗野主义（New Brutalism）"命名其相关主题的著作。——译者注

图4　梅尔尼科夫，鲁萨科夫工人俱乐部（Russakov Worker's Club），1927年。　　图5　勒·柯布西耶，雅乌尔住宅，1951年。

157　种似乎自相矛盾的、实体和虚体材料特质的反转，成为了斯特林的一个主题。斯特林在其早期作品中，将该主题发展得更具说教性。这些作品包括在伦敦中心城区之外汉姆·康门（Ham Common）的一系列公寓楼和位于普雷斯顿（Preston）的一个联排住宅项目，它们预示了斯特林在莱斯特大学工程馆设计中所运用的材料反转概念。

　　另一方面，斯特林还对柯布西耶重新表现材料的做法非常感兴趣，尤其是雅乌尔住宅中对低平砖拱的使用。在1955年9月发表于《建筑评论》的文章"从加歇住宅到雅乌尔住宅（Garches to Jaoul）"中，斯特林认为雅乌尔住宅中的砖拱具有原始个性。他强调雅乌尔住宅的材料性，并认为这与加歇住宅的"中立化的（neutralized）"表面形成对比。斯特林解释道，"令人不安的是没法参考作为现代建筑运动基础的理性原则"。在雅乌尔住宅中，他不仅看到了一种战后现代建筑的浪漫或如画的观念，还通过其对各种不同材料和圆桶形拱顶的运用，发现了一种对现代建筑的深层批判。对材料的关注反映了斯特林对强硬现实主义的兴趣，在某种意义上适合他的"北方国家"出身。这还体现了斯特林自己对战后柯布西耶的重新评价。斯特林回归到对材料的关注，但他的方式与柯布西

158　耶及其英国同时代建筑师的方式并不相同。正如本书所将要讨论的，斯特林对材料的使用既是批判性的也是概念性的。

图 6　莱斯特大学工程馆，办公塔楼。　　　　　　　图 7　莱斯特大学工程馆，办公塔楼。

　　莱斯特大学工程馆是斯特林与詹姆斯·高恩合作完成的。该建筑不同于他们的早期作品，标志了一个重大转变。莱斯特大学工程馆是最早对现代主义进行多重批判的建筑之一，也是斯特林主要的英国大学校园建筑系列中的第一个作品。斯特林设计的这些校园建筑还包括剑桥大学历史系图书馆（Cambridge History Faculty Library）、牛津大学女王学院弗洛里大楼（Florey Building at Queens College, Oxford）和苏格兰圣安德鲁大学学生宿舍项目（Saint Andrew's Dormitory project in Scotland）。在这四个校园建筑项目中，莱斯特大学工程馆在批判现代主义抽象性方面，表达最为清晰。这种批判表现为三种不同的方式：第一，对玻璃的使用；第二，对模数化陶瓷单元（砖和瓷砖）的使用；第三，对建筑体块的构成组织。

图8　莱斯特大学工程馆，楼梯塔。　　　　　　　　图9　莱斯特大学工程馆，车间工场。

159　　　就像科林·罗和罗伯特·斯拉茨基（Robert Slutzky）[1]在1963年《展望》第8期上发表的影响深远的文章"透明性：实际的和现象的（Transparency: Literal and Phenomenal）"中所讨论的那样，在现代建筑中，玻璃是被当作实际的虚体和现象上的透明材料来构想和使用的。在莱斯特大学工程馆中，使用玻璃的方式表明，玻璃在概念上既是作为实体又是作为体积。与其在现代主义建筑中作为负体或虚体的固有功能形成对比，从所谓文本的意义上来说，玻璃在这里起到了正整数体（positive integer）的作用。莱斯特大学工程馆标志了玻璃从虚体到实体的转变。换句话来说，它表现了玻璃材料性的概念反转，从实际的虚体变成了概念的实体。

_____

　　1　罗伯特·斯拉茨基（1929—2005），美国画家与建筑理论家。科林·罗和罗伯特·斯拉茨基在得克萨斯大学奥斯汀分校共同发起了建筑学团体"德州骑警（Texas Ranger）"。——译者注

图 10　莱斯特大学工程馆，车间工场。　　　　　图 11　莱斯特大学工程馆，车间工场的屋顶。

斯特林的莱斯特大学工程馆设计图纸，说明了从早期草图到最终建成的过程中，处理玻璃方式的发展变化。对于理解材料反转的概念发展，经常发表的斯特林绘制的早期轴测图非常重要。它标志了即将出现在落成建筑中的四个重要变化。第一，或许也是最明显的，是玻璃实体性观念的变化。增加有体积感的钻石形元素，既形成了实验室屋顶的水平线，也形成了水平玻璃突出体以替代办公体块的玻璃条带处理。第二，没那么明显但依然重要，是可以看到塔楼体块的幕墙元素的变化。在设计图中，该元素与其上方的砖饰面平齐（实际上是沿一个在最终落成建筑中不再出现的竖直混凝土元素向回凹进）；而在建成的塔楼中，整个玻璃幕墙要凸出于砖饰表面。第三个变化比较次要，发生在平行的（平行于建筑的主要肌理）阶梯教室下方的玻璃上，阶梯教室下方的玻璃元素被削去了角部。所有这些加在一起，具有同样的效果：在现代主义抽象性中看到的透明、平面、虚体化的元素，如今被解读成更为不透明、有体积感、实体化的元素。第四个变化则是关于实际材料实体的。在设计图中，这些部分被准确地填涂描绘，以表现瓷砖和顺砌砖的区别；所有竖向发展的表面（表明它们的非结构状态）都被填涂以竖向的阴影线；而承重墙的砖表面则用水平的阴影线渲染。

为了理解莱斯特大学工程馆的概念密度，还有必要看看这座建筑的一些其他方面。在建筑的核 160
心部分，有两个四周切角的楼梯塔。它们不一样高，因而产生了浪漫的天际线。这类似于路易斯·康理查森医学中心中塔楼的效果。在斯特林对材料常规特质的反转处理中，楼梯塔瓷砖单元的竖向网格也十分重要。这些瓷砖首尾相连竖向布置；尽管这些单元具有真实的材料性和物理存在，但它们并没有被处理成结构。玻璃元素是非结构，但表现出体积感和结构性。砖单元竖向布置且像饰面一般。而玻璃元素和砖单元之间存在着一种互动。

图12　莱斯特大学工程馆，玻璃楼梯井。　　　　　图13　莱斯特大学工程馆，螺旋楼梯。

　　办公塔楼的不少细部处理，都一再体现了不可判定的特质。该体量也由一根似乎是穿过大讲堂的混凝土柱子支撑，而它又成为了混凝土的腰部，支撑了另一个玻璃元素。由于这个玻璃元素凸出在瓷砖元素的前面，因此可以把它解读为一个体量。这种对材料的说教性使用，清晰地表明了三种不同的玻璃处理：其一，是作为平面的玻璃；其二，是作为连续表面一部分的玻璃；其三，是作为体量的玻璃，该体量被混凝土腰部明确打断但又围绕其连接起来。

　　这些大量的反转处理，可以看成是文本化的而非形式上的，因为它们很少是美学或视觉上的。例如，一个楼梯核可以看作是棱柱形的；然而，它的底部被切去了，显露出一个螺旋楼梯。螺旋楼梯表面饰以半透明玻璃和不透明金属板，与楼梯塔的面层材料一样。这样，楼梯间便成为了一个形象化的元素，像螺丝锥一样扭转，穿透楼板表面向上。切角和扭转是斯特林的设计策略，这使得玻璃再一次在概念上变得比混凝土的建筑结构更为实体化。该楼梯核与第二个主要以透明玻璃包裹的楼梯形成对比。在此，材料的反转瓦解了结构的常规交接：透明的玻璃楼梯塔成为了一个虚体，似乎161　支撑起了大讲堂巨大的悬挑体量；而金属面层的楼梯塔——实体——却被切掉，露出了螺丝锥般的混凝土楼梯。这种材料性的表演——让玻璃楼梯间似乎是在支持一个巨大的体量，而混凝土的楼梯被非物质化为一个螺旋的向量——混淆了每种材料的常规属性。

　　莱斯特大学工程馆的说教性特质，还体现在其对于现代主义离心式构图观念的反转上。在现代主义的离心式构图中，能量是从中心移动到边缘。在莱斯特大学工程馆中，体量的组织是向心式的。换句话说，各种体量塌陷向或被吸引向整个形体的中心。坡道的斜线和有斜面的报告厅体量都向这一中心倾斜，并围绕中心楼梯塔旋转。还有第二种对抗性的力量，即一种动态的旋转——以这两个

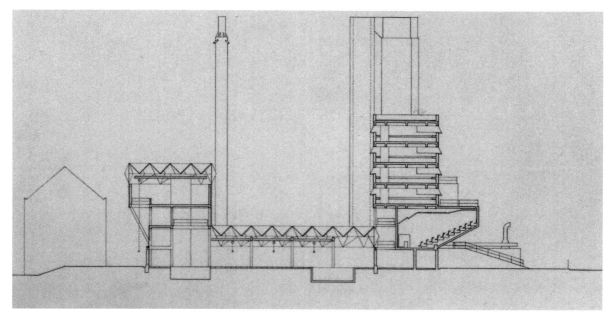

图 14 莱斯特大学工程馆，剖面，1959—1963 年。

分离的体量，显示了来自梅尔尼科夫鲁萨科夫工人俱乐部的影响。然而必须要说一说这两座建筑的重大区别：虽然梅尔尼科夫的项目表达了向中心塌陷的构成方式，但鲁萨科夫工人俱乐部的凸出体量缺少旋转感；但对莱斯特大学工程馆的并置体量来说，旋转感是一种主要特征。梅尔尼科夫项目中的体量似乎在自由地飘浮，而斯特林项目中的体量则被塔楼钉住，而塔楼引入了一种动态向下的压力。

斯特林在棚屋建筑（车间工场）顶部加上了有体积感的玻璃单元，进一步强调了这些材料的不可判定本质。这些钻石形的半透明玻璃单元，在整个屋顶上延伸重复。它似乎以一种不稳定的状态滑动或盘旋在结构上方。材料的反转处理也贯穿在整体车间工场的设计中：瓷砖单元在底部是结构性的，但又被门侧上方一根如过梁般的混凝土元素所超过，这表明混凝土元素飘浮在砖元素之上。从这种意义上来说，虚体的"真实性"清楚地表达为一个窄缝或挖切口——换句话说，作为真实的空间；而玻璃虚体的再现——换句话说，即"不真实的"虚体——则处理成有体积感的形式。材料意义与功能的不断置换，唤起了将材料解读为概念而非现象物质整体的需要。这使得建筑既不是风景如画的，也不是表现主义的，而是界定了材料的文本化使用。体块间暗含的流动与力量，否定了观者 162 与建筑之间的静态关系。在莱斯特大学工程馆中，被抑制的旋转感带来了一种不再仅仅作为主导讨论模式的形式上的时空感。因此，莱斯特大学工程馆通过大量的反转处理，否定了传统的有关立面、静滞（stasis）和实际材料性的建筑解读。 163

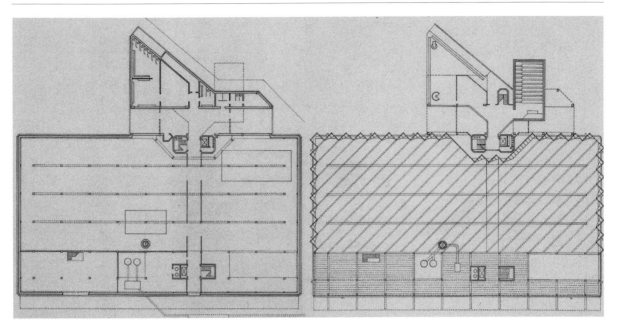

图15　莱斯特大学工程馆，地面层与夹层平面，1959—1963年。

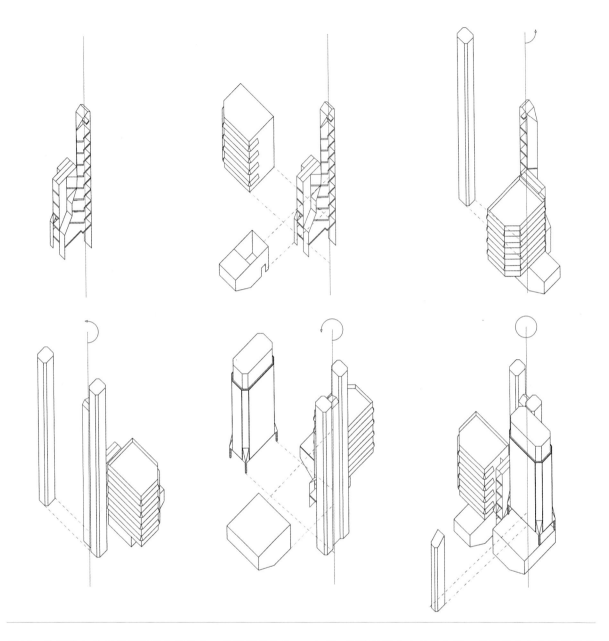

图16 莱斯特大学工程馆清晰地表达为一系列组件元素的集合——中庭、楼梯塔、礼堂、办公楼、实验室塔楼和车间工场——其中每个组件都与其他的保持分离,并被处理成具有体积感的形式。门厅、电梯和楼梯构成的中心塔,起到了竖向支点的作用。建筑的各个体块都围绕它旋转。这些旋转的元素产生了一种向心向下的压力。被切角的玻璃单元和带斜面的实验楼体块所暗含的方向性,也与这种压力相一致。

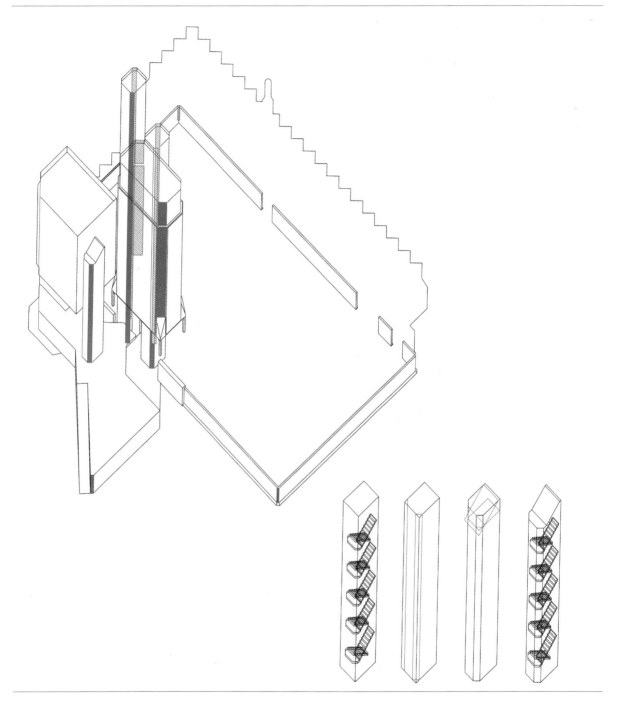

图 17　斯特林对玻璃和砖石单元采用切角处理，使这些元素表现为概念性的实体和体积。

图 18　楼梯塔在竖向上被切角，并且顶部被削切，因此在两个轴向上都具有体积感。

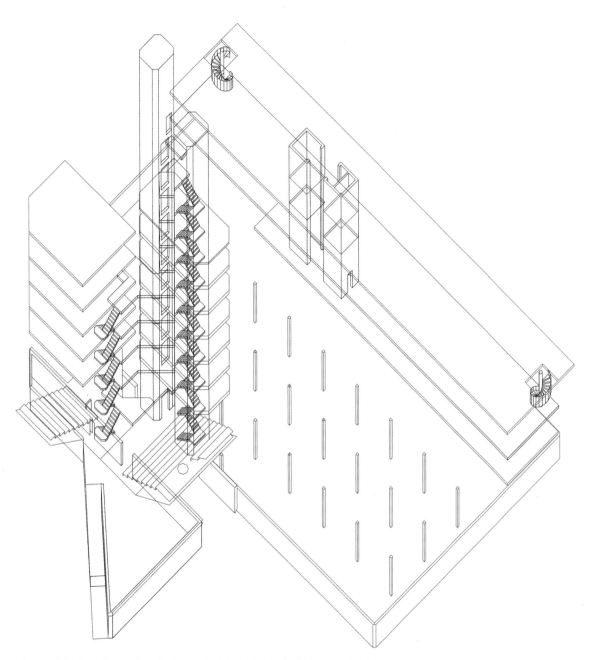

图 19　莱斯特大学工程馆，礼堂、办公楼和实验室塔楼的室内空间图解。

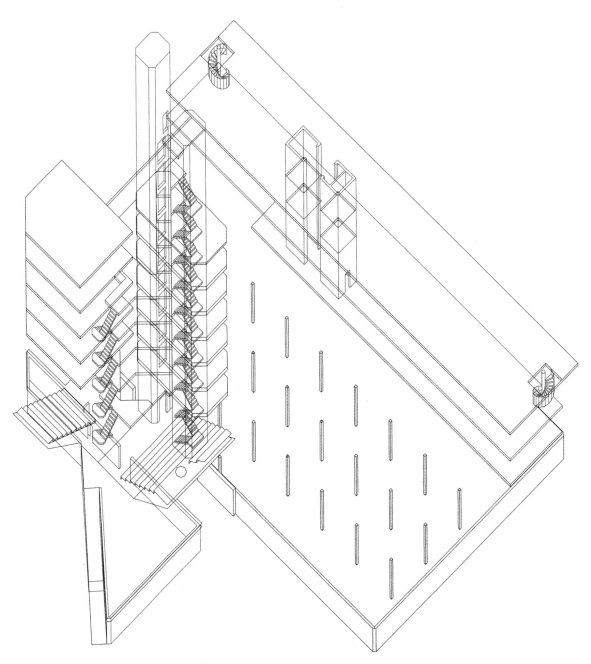

图 20　莱斯特大学工程馆，流线与楼梯塔图解。

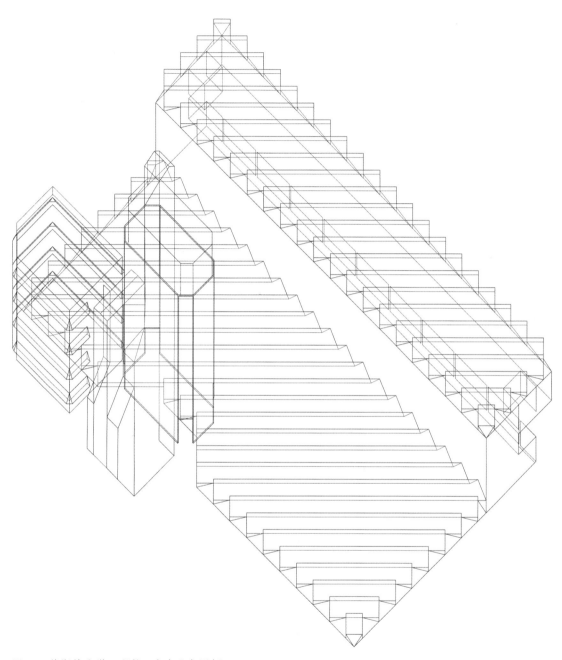

图21 莱斯特大学工程馆，玻璃元素图解。

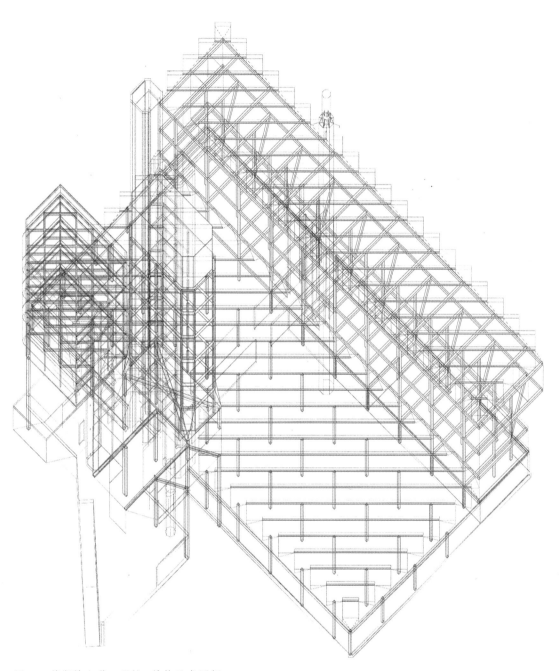

图22　莱斯特大学工程馆，结构元素图解。

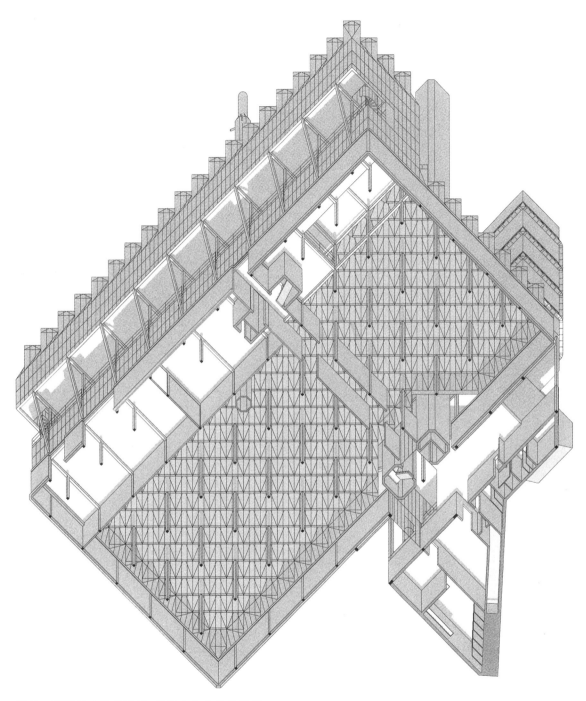

图23 莱斯特大学工程馆，从下向上看的轴测图。

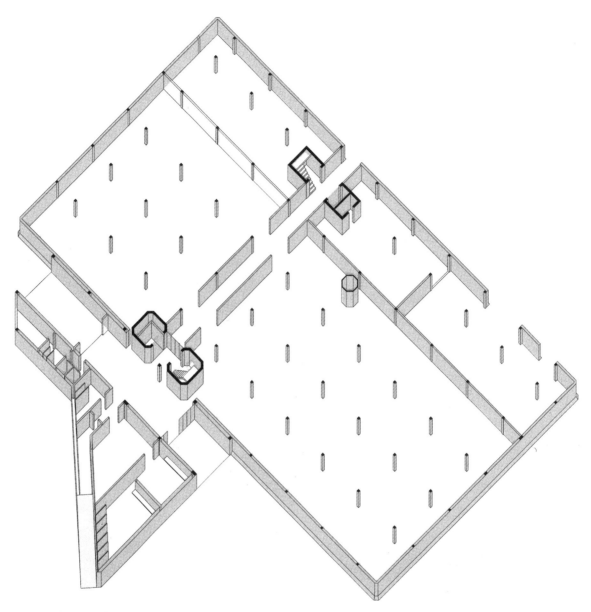

图24　莱斯特大学工程馆，地面层轴测图。

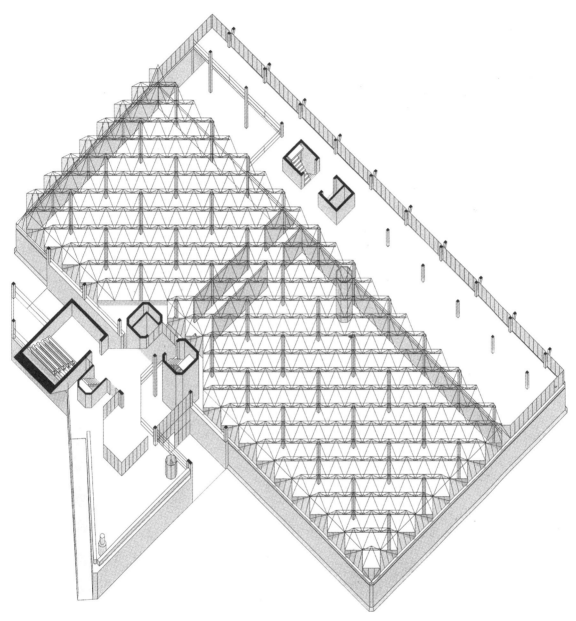

图25 莱斯特大学工程馆,门厅层轴测图。

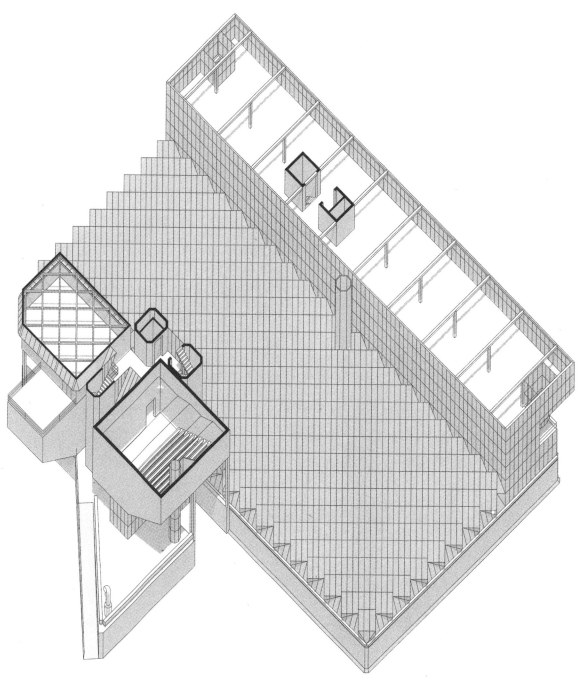

图26　莱斯特大学工程馆，第四层，轴测图。

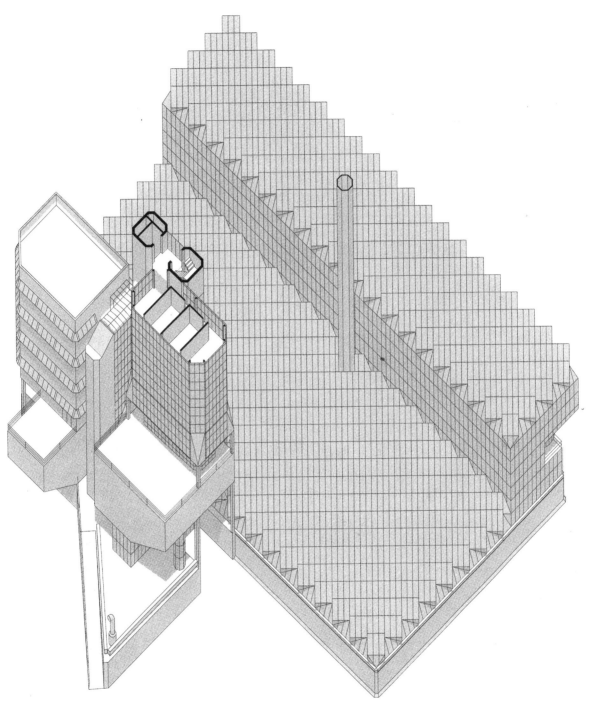

图27 莱斯特大学工程馆，第九层，轴测图。

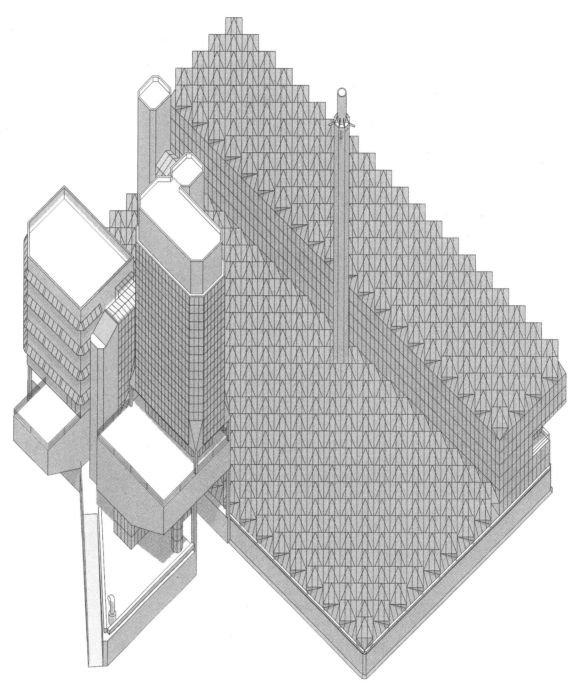

图28　莱斯特大学工程馆，从东北方向看屋顶的轴测图。

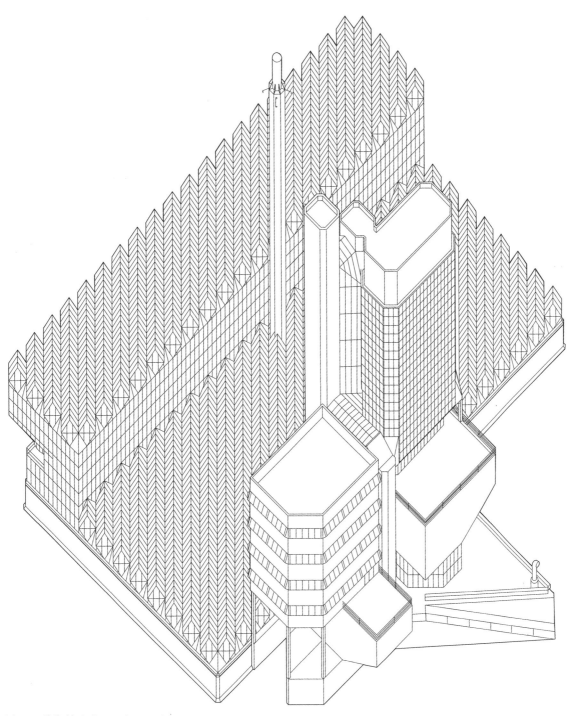

图29 莱斯特大学工程馆，从东南方向看屋顶的轴测图。

图1 阿尔多·罗西，组合圣徒与摩德纳（Modena）公墓的图画，1979年。

7 类比的文本 Texts of Analogy

阿尔多·罗西，圣·卡塔尔多公墓，1971—1978年

1945年二战刚刚结束时，乔治·巴塔耶（Georges Bataille）[1]出版了一本名为 *Le Bleu du Ciel* 的书。书名翻译成英文应该是"天空之蓝（the blue of the sky）"，但非常奇怪的是，英译本的书名却是《中午的蓝色》（*The Blue of Noon*）。实际上，该书于1935年5月写成，以西班牙大罢工和纳粹主义（Nazism）崛起的那段历史为背景。书中故事情节成为了一种隐喻，象征了在面临世界大战即将到来的时候，人们对左派意识形态的绝望，而恋尸癖（necrophilia）就是核心隐喻之一。所以说，罗西以"天空之蓝"为摩德纳的圣·卡塔尔多公墓竞赛方案命名，这两者间不能没有一些联系。方案中的藏骨堂（ossuary）是一个四面由墙体围合的空心立方体，这让人想起了经常出现在德·契里科（De Chirico）[2]绘画或欧内斯托·拉帕杜拉（Ernesto Lapadula）[3]为1942年罗马世界博览会（Esposizione Universale di Roma）设计的意大利文明宫（Palazzo della Civiltà Italiana）中的光秃秃的几何形体。罗西的方案还是一种隐喻，象征了圣所中救赎的徒劳。而唯一的希望是天空的蓝色，它永远存在，但却遥不可及、无法获得。在圣·卡塔尔多公墓的方案中，隐喻不仅源自罗西类比绘画的类型学探索，同时也表现为一种受战后文学影响的具有争议的宣言。战后文学标志了现代主义在政治上的枯竭。圣·卡塔尔多公墓不同于罗西的早期设计，也不同于他职业生涯晚期那些更具解说性的作品。该项目从建筑与政治两方面批判了现代主义。这些批判性想法，率先出现在罗西的著作《城市建筑学》（*The Architecture of the City*）之中，而在部分实施的圣·卡塔尔多公墓中，它们最终获得了物质形式。

罗西对现代主义的批判植根于战后意大利的严峻现实状况，及其针对意大利现代主义中法西斯主义纪念碑性的多种反应。其中一种反应便是新自由派风格（neoliberty style）的逃避现实美学。新

1　乔治·巴塔耶（1897—1962），法国评论家、思想家、小说家，被誉为"后现代的思想策源地之一"。罗兰·巴特、福柯等都深受其影响。其代表作品有《内心体验》、《文学与恶》等。——译者注

2　乔治·德·契里科（1888—1978），希腊裔意大利人，形而上学画派创始人之一。其作品旨在发掘主题的神秘性，将想象和梦幻的形象与日常生活事物或古典传统融合在一起，使现实和虚幻糅而为一。其代表作品有《一条街上的忧郁和神秘》等。——译者注

3　欧内斯托·拉帕杜拉（1902—1968），意大利建筑师和城市规划师。其代表作品有意大利文明宫等。——译者注

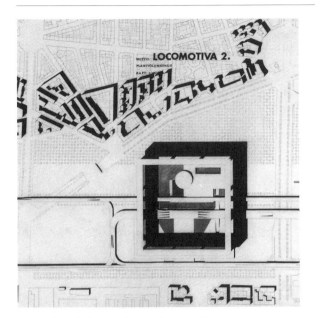

图2　中心商务区方案，都灵，1962年。　　　　　图3　塞格拉特纪念碑（Segrate Monument）研究，
　　　　　　　　　　　　　　　　　　　　　　　　1967年。

自由派风格参考了19世纪晚期意大利与英国的紧密联系，根据新艺术织物（Art Nouveau fabrics）[1]
英国制造商的表达，采用了"自由"（Liberty）的名字。该风格呼唤回归图案化的形象和引发情感的
材料，用一种柔软性来反对现代主义抽象性的严肃和意大利法西斯主义夸张壮丽的尺度。

　　另一种回应则出现在同时期的意大利新现实主义电影之中。新现实主义（Neorealism）这个词
来自文学和电影，当它被用在建筑学中，指的是意大利的解放运动思潮及其对现代主义抽象性的背
离。为了创造出"现实的"效果，新现实主义使用了模仿的技巧，在其中加入了对日常生活的纪实
性关注和丰富细节。在建筑中，新现实主义则采用了一种双重模仿（double mimesis）的方式。例
如，在1950年代早期，在罗马蒂布蒂诺区（Tiburtino district）重建的建筑，一方面表现出必要的新
颖性，另一方面又像是历史沉积的作品。对历史形式的模仿，使这些建筑的新现实主义效果散发着
一股乡愁。与之相对还有另一种现实主义思想，它完全不同于新现实主义的那种描述性效果。正如
皮埃尔·维托利奥·奥雷利（Pier Vittorio Aureli）[2]在讨论罗西"现实主义的教育"时所描述的，罗西
关于现实主义的概念脱离了新现实主义的人文价值，转向了一种新的批判性关注，即其所谓的城市

　　1　新艺术运动（Art Nouveau），始于19世纪80年代，在1890—1910年达到顶峰。新艺术运动以法国为中心，是工艺美
术运动在法国的继续深化和发展，而不是一种单一风格。该运动推崇艺术与技术紧密结合的设计，推崇精工制作的手工艺，
要求设计、制作出的产品美观实用。它涉及建筑、家具、室内装潢、日用品、服装、书籍装帧、插图、海报等各个领域，力求创
造一种新的时代风格。其代表人物有萨穆尔·宾等。——译者注
　　2　皮埃尔·维托利奥·奥雷利，当代建筑师和教育家，执教于荷兰贝尔拉格建筑学院和代尔夫特科技大学。其代表著作
有《自主的项目》等。——译者注

"事实（facts）"。在罗西早期的设计和论述中，他批判了新现实主义的布景化效果（scenographic effects）。罗西认为，建筑中的现实主义更应该是结构主义的，应该基于类型学的研究。罗西的绘画及其于1966年出版的重要的第一本著作《城市建筑学》，最能够体现他对现代主义经典的批判——他既批判了晚期现代主义的抽象性，也批判了意大利法西斯主义的纪念碑性。摩德纳的圣·卡塔尔多公墓，或许再加上程度类似的格拉拉住宅区（Gallaratese housing complex），是罗西在那个时期为数不多的建成作品。它们将罗西对类型学、类比法和尺度三方面的关注，与他对抽象性的批判结合了起来。

180

同时期，由欧内斯托·罗杰斯（Ernesto Rogers）[1]掌舵的杂志《卡萨贝拉》（Casabella），表现了对现代主义建筑的另一种批判。该杂志刊登了多篇罗西早期的文章，有关于阿道夫·路斯和路易斯·康的，也有关于现代主义建筑的，如密斯的西格拉姆大厦（Seagram Building）和柯布西耶的拉图雷特修道院（La Tourette）。除了进行批判性文章写作，罗西作为一位建筑师，还完成了不少设计探索。其早年的作品中有多个设计竞赛的方案。其中最著名的，是他为都灵一个地区行政中心所做的方案。该方案总体为一个巨大的正方形，包括一栋超尺度建筑和一个巨大的中心广场。超尺度建筑架在巨柱之上，柱子间距宽达百米。罗西将这个巨大建筑放置在都灵城外，作为一种新的超尺度的城市地标。在都灵项目中，不同尺度的共存成为了一个非常重要的主题。而这也是罗西在库内奥（Cuneo）和塞格拉特（Segrate）的纪念碑设计竞赛方案中的重要主题。在这些早期作品中，罗西还使用了纯粹的几何形体——圆形、等腰三角形和正方形，它们经过拉伸就形成了圆柱体、立方体和三棱柱结构。都灵方案中的立方体和塞格拉特纪念碑方案中三棱柱与圆柱的组合，都说明了罗西偏好几何原型的形式。而这类形式，会以不同的外观，再次出现在圣·卡塔尔多公墓的竞赛方案中。

在《城市建筑学》出版之前，罗西没有任何建成作品问世。这一点和文丘里很像。文丘里在出版《建筑的复杂性与矛盾性》之前——该书与《城市建筑学》在同一年出版，也没有什么重要的建成项目。文丘里和罗西还有一个共同点，即他们描述城市时，具有不同于任何现代主义总体设想的态度，他们认为城市具有不可简化性。在当时来说，这还是相当新的观念，而且他们都通过理论假说来进行表达。不同的是，文丘里以平民主义（populist）的姿态拥抱城市，他招牌式的漫画包含了城市象征语言的临时性标志；而罗西则采用了分析的方法，以隔离他所谓的城市人造物。这些城市人 181 造物包含了某些城市元素——功能性的住宅或象征性的纪念碑，而这些城市元素的连续性都在城市历史中证明了它们的持久性。在罗西的分析中，这些人造物也可以被认为是新建筑的催化剂。持久性和不断成长之间的辩证关系界定了罗西对于城市的理解。在他看来，城市占据了时间中的不同时刻，而城市人造物则记录了历时性的时刻和历史。

1　欧内斯托·罗杰斯（1909—1969），意大利建筑师、作家和教育家。——译者注

图4　格拉拉住宅2号（Gallaratese 2），米兰，1969—1973年。

　　在反思建筑和城市之间关系方面，罗西的《城市建筑学》是一本非常关键的书。就这点来讲，它和科林·罗于1978年首次出版的《拼贴城市》（ Collage City ）有几分相似之处。然而更重要的却是它们之间的区别。《拼贴城市》的一个基本前提是：现存的体现建筑历史的房子，具有某种内在价值，并可看作是真诚而基础的。罗为起源点赋予了某种价值，因此任何城市项目都必须呼应城市中预先存在的东西，或用他自己的话来讲，即城市的"固定片段（ set pieces ）"。在《拼贴城市》中，罗挑选了一些固定片段，如一栋圆厅建筑或一个广场，甚至是一幢类似维也纳霍夫堡皇宫（Hofburg）的巨大建筑，然后以类似皮拉内西（Piranesi）[1]在战神广场项目（Campo Marzio project）中所使用策略的方法，把它们插入到其他文脉环境中去。罗对于固定片段的想法，是将它们抽离出原有的文脉环境并重新插入到新的文脉环境中去。这就把文脉主义（ contextualism ）[2]和拼贴的观念联系了起来。然而在如何看待本源价值方面，罗和皮拉内西的策略并不相同。罗为已有的东西赋予了一种先验的价值，并通过增加结构来强化这一概念。而皮拉内西并没有为已有的文脉环境赋予价值，他创造的固有片段也不具有作为基础观念的先验文脉环境。罗的拼贴方法是重新使用事先存在的具有意义的碎片；皮拉内西则是将各种元素并置在一起，而并不注重整体性观念。罗西的方法和皮拉内西的非常相似，两者都保持城市元素间的张力，否定单一的叙述、意义或起源。在罗西看来，城市是各种类型元素的综合，而非固有片段、碎片或拼贴元素的构成。这些类型元素是简单的几何体，可以看作是

182

————————

　　1　乔凡尼·巴蒂斯塔·皮拉内西（ Giovanni Battista Piranesi，1720—1778 ），意大利雕刻家和建筑师。他以表现罗马和假想"监狱"的蚀刻版画而闻名。强烈的光、影和空间对比，以及对细节的准确描绘，是其作品主要特点。——译者注

　　2　文脉主义（ contextualism ），是指建筑尊重、呼应已有环境的思想。——译者注

图 5　和纪念碑在一起的居住建筑，1974年。　　　图 6　庭院和塔，法尼亚诺（Fagnano）细部，1973年。

剥去了外层历史附加物的结果。罗西的类型分析体现了这种简化过程。他从城市元素中提炼出最简单的几何形状，并对它们的类型进行研究。这就产生了某些几何形象，它们既区别于现代主义的抽象实体，也不同于罗的城市碎片的环境文脉特性。在这个过程中，罗西对19世纪以来由迪朗（J.N.L Durand）[1]发展起来的类型学的全部观念——某些建筑的一系列类型状况——进行了反思。罗西可能是战后第一位在建筑中重新引入类型学的建筑师。罗西抨击了与功能和形式相关联的类型学传统。他将类型用作为一种分析工具，以此生成形式，并批判了现代主义的抽象性。相反，罗西重新提出了一种关乎尺度和意义的类型学。罗西认为类型是一些标准元素，它们没有尺度感，并且只有在特定的文脉环境中才有意义。

　　这种类型学就提出了关于重复的问题，认为某些原型元素或城市人造物的重复为城市赋予了形式。在极少主义雕塑中，重复问题也很重要，它是对叙述的批判——重复的系列中没有开始、中间和结尾，也是对起源的批判，因为个别的或起初的单元都包含在其他相同的单元中。城市人造物的重复动摇了这些元素与其作为文化形象符号所具有的、可被感知的美学和功能价值之间的关系。罗　183

　　1　迪朗（Jean-Nicolas-Louis Durand，1760—1834），法国建筑师、教育家，新古典主义的代表人物。他在设计中使用简单的模块化元素，预示了现代工业化的建筑部件。——译者注

图7　给彼得·艾森曼，细部，1978年。

图8　工作室，1980年。

西运用了形象符号化的形式，但却通过重复，去除了它们的形象符号性（iconicity）。重复这种技巧，破坏了建筑元素的氛围和独特之处。当把这些元素抽离出其美学和功能的环境文脉，就有可能像处理文本元素那样对待它们。这些原型元素没有固定的或确定的尺寸，而重复手法的运用，破坏了它们的视觉重要性。在绘画和建筑中，罗西以几种不同的手段来获得尺度的变化，例如对底层架空柱这种建筑元素的运用。将建筑架在巨大的底层柱子上，是罗西在绘画和建筑中反复使用的一种手法。这种处理便会出现在格拉拉住宅项目和之后的摩德纳公墓项目之中。

罗西的绘画也体现了他对文脉主义的批判。例如在他的绘画中，罗西通过类型化元素的重复，制造了场所的错位，并通过将家庭生活物品放到城市环境中，以消解尺度感。在这些图画中，人们会看到几个反复出现的形式主题：没有尺度感的、柏拉图式形体的类型（types），被放置在不同的环境中，因而失去了从局部到整体应该统一的古典概念；来自家庭环境的类型，被想象成具有建筑物的尺度；正是这些日用物品的形状，体现了罗西对于与类型学相关的尺度问题的怀疑。罗西有一幅图画，叫作《居住建筑》（*Domestic Architecture*）。该图画表明，罗西的城市人造物能够以任何尺度存在，可以放在室内，也能够以城市尺度出现。初看这幅图画，似乎描绘了一个桌面，上面摆放了一个茶杯、一个高脚杯和一个咖啡壶，全是些日用品，然而把咖啡壶下面的桌面抽走之后，这些日用品一下子全变成了建筑形体。它们会再现为罗西为1980年威尼斯双年展设计的漂浮剧院——世界剧院（Teatro del Mondo）。罗西消解尺度的处理手法，可以让一张桌子，连同上面的叉子和勺子，一起消失在城市中：桌面变成了大地，而咖啡壶则变成了建筑。其他元素，如灯塔或都灵郊外山上的巨大圣像，则继续陌生化了单一的城市尺度感。罗西认为，如果灯塔是一种尺度的咖啡壶，而咖啡壶是另一种尺度的灯塔，那么人们熟悉的东西，在它们的类型中都含有其自主的状态。罗西对于类型学的想法依然是开放式的。

罗西在他早期的格拉拉住宅项目中运用了尺度转换和元素重复的手法。该项目中的柱廊，与其说是古典的设计，还不如看作是一种典型元素的重复。格拉拉住宅中的厚重底层架空柱，后来又出现在罗西的一些图画中。当把它和咖啡壶放在一起时，这两个像研钵和捣杵的元素就成为了罗西独有的设计语汇，通过尺度来表现一种疏离（estrangement）。罗西的图画还将摩德纳项目的某些方面结合成新的城市关系：摩德纳项目中的圆锥形圣坛类似于工业塔，就像巴比伦塔（Tower of Babel）原型一样矗立在场地中。在罗西描绘法尼亚诺庭院的绘画中，摩德纳项目中的正方形十字分隔窗，成为了前面拱廊的背景。而该拱廊使人们想起了格拉拉住宅项目。在罗西的其他一些图画中，摩德纳项目中立方体藏骨堂上的穿孔方窗户便等同于住宅窗户。只有把这些元素从现实或建造的背景中抽离出来，它们才变得类比化和文本化，因为它们既不遵从单一的概念，也不反映现实。在现实和抽象之间，在各种物体尺度之间，在对物体的熟悉程度之间，存在一种相互作用。这种作用打破了人们对于意义、抽象、形式和尺度的常规理解。对罗西来说，图画并不作为艺术作品，也不是形而上学或超现实主义内容的样本，后者如契里科的城市景观一样。虽然罗西图画中的那些深阴影、黑窗户和白色结构表面，颇有几分契里科风格的味道，但它们是类比化和文本化的。它们批判了无法用建筑自身手段构成的建筑。

圣·卡塔尔多公墓项目凝聚了罗西图画中的力量，而《城市建筑学》的思想使该公墓成为了另一种类型的城市。从罗西提交的设计竞赛图纸中，人们可以清晰地看出，公墓由一系列局部片段组成：成排的骨灰安置所（columbaria）和物体般的藏骨堂，是表达躯体被象征性火化的地方。占据公墓房屋中心位置的是"城镇广场"，这些人造物被剔除在可互换的城市与家庭领域之外：圆锥形的圣坛使人回想起了咖啡壶和工业塔，而骨灰安置所和藏骨堂则混合了住宅与纪念碑的类型。在公墓设计中，罗西还借鉴了启蒙运动（Enlightenment）中的一些范例，如费舍尔·冯·埃尔拉赫（Fischer von Erlach）[1]设计的墓园和布雷（Boullée）[2]设计的墓碑。然而罗西通过象征住宅的手法，置换了生与死的主题。在骨灰安置所的设计中，罗西采用坡屋顶和窗户处理，使其具有了住宅的形式。但此处的

184

1　费舍尔·冯·埃尔拉赫（1656—1723），奥地利建筑师、雕刻家兼建筑历史学家，奥地利巴洛克建筑风格的创始人。其代表作品有维也纳的美泉宫。——译者注

2　艾蒂安—路易斯·布雷（Étienne-Louis Boullée，1728—1799），幻想型的法国新古典主义建筑师，作品对当代建筑师仍有重要影响。其代表作品有牛顿纪念堂设计等。——译者注

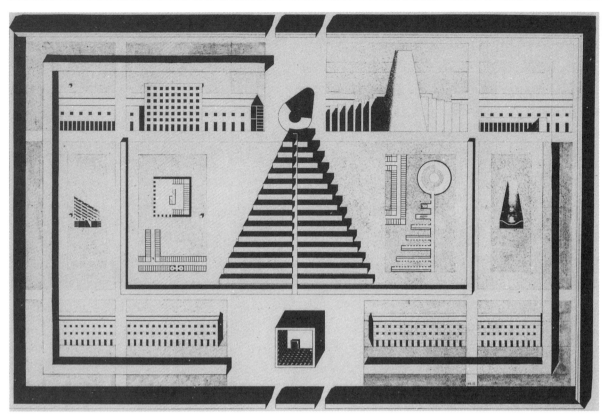

图9　平面、立面和剖面的组合，圣·卡塔尔多公墓，摩德纳，1971年。

窗户却被去掉了窗框、玻璃等象征居住的元素。作为一种空的开口，骨灰安置所的窗户表达了不在场的含义。

　　在圣·卡塔尔多公墓项目中，罗西没有采用文脉主义者常用的设计策略来表达文脉。相反，他把这个新的公墓项目设计成了旁边一组墓园的加建，后者包括一座小型的犹太人墓园和已有的科斯塔（Costa）墓园。已有的墓园——圣地［*the campo santo*（holy ground）］——通常都由外墙围合起来。罗西在这里做了一个处理，用一道墙把自己新设计的公墓和毗邻的这组墓园连接了起来。这185　道墙的引入，运用了传统罗马城镇水平和垂直轴线的处理，形成了墓园组群的格网。从平面上看，罗西新设计的公墓与已有的科斯塔墓园就像一幅双折画（diptych），它们既对称又不对称，某些部分相互对齐，而另外一些部分则发生了错位。虽然罗西设计的公墓平面在几何秩序上回应了犹太人墓园，但其多重的平面错位却进一步瓦解了从局部到整体关系的古典概念。或者说，该公墓的设计继承了柯布西耶在蒙丹方案（Mundaneum project）中所表达的主题，即对形象化物体的围合。不过罗西的平面设计，反思了柯布西耶的乌托邦姿态，质疑了从设计图纸到最终建筑之间的关系。

　　在摩德纳公墓的竞赛图纸中，罗西设计了一个入口拱廊，通向立方体形状的藏骨堂，并以此建

图 10　圣·卡塔尔多公墓, 骨灰安置所外部。　　　　图 11　圣·卡塔尔多公墓, 骨灰安置所内部。

立起一条对称轴线。而 U 形的骨灰安置所延伸了这条中轴线, 一直通向圆锥形的圣坛和坡屋顶的围合建筑。在这些设计处理中, 有许多都是典型的罗西式元素 (Rossian element)。这些元素在该公墓项目中一再出现, 但并不具有任何宗教性。相反, 它们象征了被带入神圣墓地的城市世俗生活。神圣象征和世俗象征的混淆, 部分体现了该项目的文本化特质。罗西在此质疑了柯布西耶认为平面是建筑生成发生器 (generator) 的观念, 他在平面图中还插入了剖立面和透视立面。它们也成为了类型化的元素, 没有尺度感, 不具有单一的时间和场所背景。

　　罗西的圣·卡塔尔多公墓还表现出了另一种尺度关系, 既关于城市也关于单体建筑的尺度。罗西通过一个单纯的元素——窗户——完成了他的批判。柯布西耶认为, 当一扇窗户对一间房间来说太大或太小的时候——也就是说, 当窗户不是合适尺寸的时候——那么一栋建筑就出现在眼前了。因此, 关系中的过量意味着: 就物体的功能性来说, 建筑是过量的。罗西的设计策略和柯布西耶的稍有不同, 却更接近于阿道夫·路斯设计住宅的方法。路斯住宅的外部不同于内部, 并与内部分离。路斯住宅的立面是一张双面表皮, 一面表达了城市尺度, 而另一面则体现了住宅的家庭生活尺度。 186 在格拉拉住宅中, 罗西也发展出了一种相似的设计策略。该项目中标准方窗的尺度, 都是根据室外广场的尺度而非室内房间的尺度而确定。对室内使用来说, 这些窗户太大了。这种尺度变形表明, 人们可以认为那些室内房间是附加到广场立面上的。因此, 建筑的真实立面已不再被看作是建筑物的外部, 而被当成公共空间的外部立面围合。这种尺度的游戏表明了一种观念, 即在城市层面, 立面局部 (facade-part) 与公共空间整体 (public space-whole) 相分离。

　　在摩德纳公墓中再次出现的穿孔方窗, 同样质疑了从局部到整体的关系。在此, 窗户发挥了超

图12   圣·卡塔尔多公墓，藏骨堂壁龛。

图13   圣·卡塔尔多公墓，骨灰安置所。

出城市尺度和小于城市尺度两种作用：窗户的外部和内部具有不同的尺度感。从内部看，人们会发现外部窗户的窗框要稍微小一些。内部和外部窗户在尺度上的变化清晰而强烈，因为正是依赖墙的厚度，正方形的切口才能用来放置骨灰罐。此外，这些正方形空间的尺寸与窗户的尺寸相互关联，而窗户的十字形再划分重申了这种关系。多种尺度的正方形造成了一种蜂窝状的效果，而方窗就像是一个插入物，在不同尺度上进行复制。窗户标识了多种的重复：正方形的重复和十字形再划分的重复。罗西还引入其他类型，创造出一种奇异的效果。例如托斯卡纳（Tuscan）农舍的类型，用灰泥涂抹墙面，有柱子和坡屋顶。在墙上挖切出正方形的洞口，是一种传统的窗户做法。但在摩德纳公墓项目中，窗户却标识了不在场和空无的空间。

在摩德纳项目中，设计图纸和建筑物本身同样重要，尽管该项目最终没有按照图纸全部建成。有许多设计图是局部平面图和一点透视图叠加的效果，这很像立体派的静物画。而在罗西设计图纸中，只有浓重的轮廓证实了另一种感觉。设计图纸就是图解，而在多数情况下，实施的建筑物是对设计图纸的说明。例如在设计图纸中，平面、剖面和立面都被压平了，而唯一表现凸起的阴影就变得十分重要。圣·卡塔尔多公墓的建筑能否以其设计图纸的方式引发共鸣，是罗西作品的一个重要主题。就如同在约翰·海杜克或丹尼尔·里伯斯金的作品中，或其至在帕拉第奥的作品中——帕拉第奥晚年时重新绘制了他所有建筑的图纸，都可以认为建筑物是对某种思想的表达，而这种思想首先体现在设计图纸中。或许可以说，在表达引人深思的想法方面，圣·卡塔尔多公墓建成的那一部187分比不上罗西的设计图纸。在某些设计图纸中，罗西将地平面描绘成了天窗，似乎表现了地面与天空、平面与窗户之间可以相互转化。就此说来，罗西以"天空之蓝"为标题表明了：地面的神圣性已消失不见，在某种意义上，它已消融进天空的广阔空无之中。

摩德纳项目中的建筑物显得十分朴素而缄默；其原始的结构体系和十字分隔的窗户（被设置在有方形存放骨灰壁龛的墙体中），是罗西式修辞的总结：框架内的框架内的框架（the frame within the frame within the frame）。本质上说，这些框架的关联性是文本化而非视觉化的，它依赖类型学和类比的形式来建立联系。摩德纳项目，尤其是它的设计图纸，指向了罗西之后的建筑发展，即其1976年"类比的城市"（Citta analoga or Analogous City）。罗西在其文章"类比的建筑"（"L'architecttura analoga"）中，引用了荣格（Jung）[1]的类比思想，将其看作一种古老、无意识、尤其无法言传且与理性主义逻辑相对的观念。对罗西来讲，类比的思想不仅是一种内在的独白，它还提供了一种理解建筑的新的可能，即将建筑看作是从平行条件出发进行推理的过程产物。类比的方法试图通过城市人造物来理解城市。城市人造物是那些不同地点、不同时间的元素，因此使建筑摆脱了历史形式的逻辑而转向另一种所谓文本化的逻辑。罗西曾说过，想要理解他的设计图画，就需要读一读他的《城市建筑学》。罗西的类比城市图画包含了基本元素、纪念碑和特殊地点（或场所），与其文本一样，表达了相似的想法。那么，罗西的设计图画就成为了另一种表达其建筑思想的方式，而不是建筑物的说明或比喻。从摩德纳项目的设计竞赛图纸到实施建成的某些部分，再到后来类比城市的图画。这一过程表明，从图画表达的思想到落成建筑物的形式之间，存在着一种循环关系。这种关系最终是文本化的，因此也是不可判定的。其最重要的时刻，便存在于摩德纳公墓项目这一介于设计图画和建筑物之间的作品之中。

188

1　卡尔·荣格（Carl Jung，1875—1961），著名的瑞士精神分析专家，分析心理学的创始人。其代表著作有《分析心理学与梦的诠释》、《潜意识与心灵成长》等。——译者注

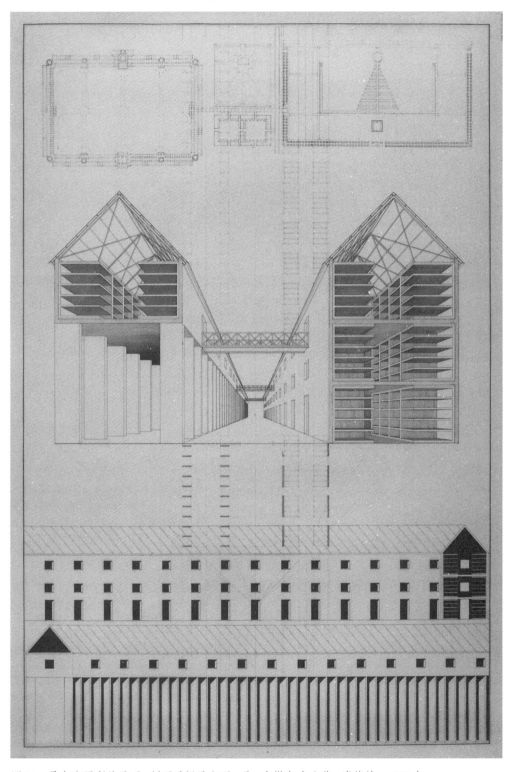

图 14　骨灰安置所的平面、剖面透视及立面，圣·卡塔尔多公墓，摩德纳，1971 年。

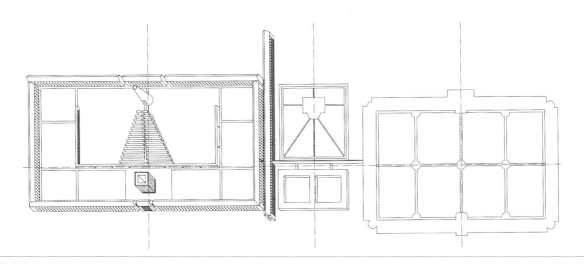

图15　罗西的圣·卡塔尔多公墓的设计，呼应了摩德纳已有的墓园组群。最初的总平面设计非常重要，它批判了从局部到整体的关系。罗西设计的公墓和场地中已有的科斯塔墓园（右侧）合在一起，就像双折画一样；这两个墓园中间是较小的犹太人墓园，并成为连接点。尽管圣·卡塔尔多公墓和科斯塔墓园在面积上大致相等，但罗西设计的墓园却十分不同于已有的墓园。虽然圣·卡塔尔多公墓是整个墓园组群的一部分，但它具有强烈的个性，脱离了周围的特殊环境。

在罗西的圣·卡塔尔多公墓项目中，水平轴线和垂直轴线构成了网格。这种轴线处理让人想起了传统罗马城市中的南北干道和东西主街（cardo and decumanus）。圣·卡塔尔多公墓和科斯塔墓园以中间的犹太人墓园为连接点，形成了一种对称感。罗西在其公墓设计中，重复使用了对称这一主题。在圣·卡塔尔多公墓的中部，正方形、金字塔形和圆锥形的建筑物形成了一条中轴线。然而，人们又可以把罗西的平面组织看成是以两个主要体量（立方体和圆锥）为双核的设计，这就形成了一种持续的、介于对称和不对称之间的效果。对称主题和柏拉图式形式的运用，不仅让人记起了意大利的典范城市，还让人想到了勒杜（Ledoux）[1]设计的墓园，以及布雷和费舍尔·冯·埃尔拉赫设计的墓碑。因此，该项目可被看作是罗马城镇、新古典主义架构和现代主义乌托邦计划——如勒·柯布西耶的蒙丹项目——的叠加重写。

1　勒杜（Claude Nicolas Ledoux，1736—1806），法国新古典主义建筑师，乌托邦式的设计师。其代表作品有法国亚克塞南皇家盐场规划与设计。——译者注

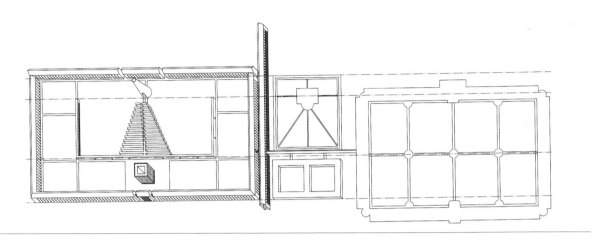

图16　罗西圣·卡塔尔多公墓的上下两条边都与犹太人墓园的对齐，但与科斯塔墓园的上下两边就错开了。科斯塔墓园中的水平中轴线，即其平面的主导横轴向流线，穿过犹太人墓园，与圣·卡塔尔多公墓的主要横向轴线对齐重合。罗西项目中的这条轴线并没有穿过内部空间的中心，而是位于靠近平面底部、纵向长度1/3处。科斯塔墓园水平和垂直方向上的中点，将该墓园平面划分为八个正方形的网格（中间的四个是真正的正方形，而外围的四个稍有变形）。

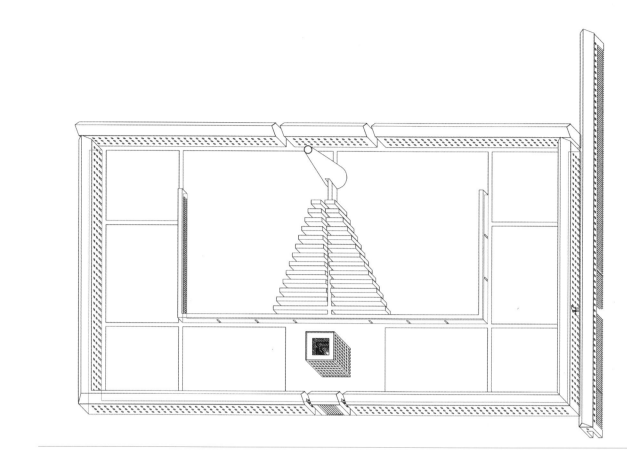

图17 罗西的圣·卡塔尔多公墓设计方案,看上去是完全方正、围合的。更确切地说,它是由一个三边平整的U形元素和一个顶部元素组合而成。为了区分两种元素,在它们的交接处留有了窄缝。在公墓内部,单独的支架重复了外部的U形主题,并组织起了沿中心轴线设置的各个象征性元素。内外U形的重复,保持了元素间的张力。外部的矩形体块使人想起了路德维希·希伯塞默(Ludwig Hilberseimer)[1]设计的住宅区(Siedlung,housing blocks)。这种住宅区没有明显的前后之分,因为各个面都是一样的。罗西通过增加坡屋顶,混淆了这种住宅区的概念。他有效地混合了不同的类型,将不同时期的不同建筑特征结合了起来。由于建筑物具有不同的尺度,这便质疑了常规的类型学,同时也避免了单一的解读。

---

1 路德维希·希伯塞默(1885—1967),德国建筑师与规划师。其代表作品有底特律拉法叶公园住宅区等。——译者注

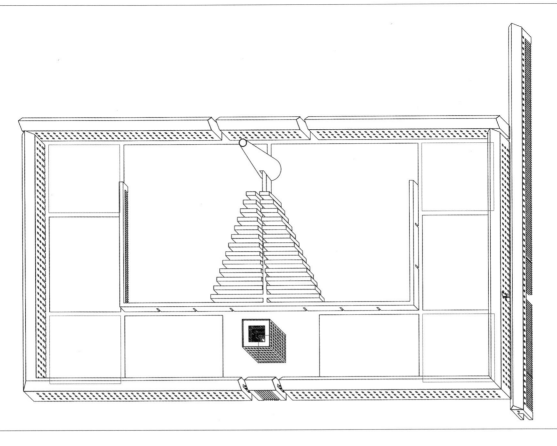

图18 圣·卡塔尔多公墓中的空心立方体，不仅使人想起了罗西在都灵项目中设计的空心立方体，还与罗西在库内奥设计的纪念碑有联系，具有战争死难者纪念碑一样的功能。罗西还把这个空心立方体描述成一栋被遗弃的房子，没有功能性的窗户和屋顶。

在整个项目中，正方形和立方体这两个主题，以各种不同的尺度，不断重复出现——从大尺度的建筑物，到个体人尺度的藏骨堂，再到小尺度的窗户十字分格。不难看出，罗西很喜欢重建形象，以一种模糊尺度和功能的方式来进行重建。

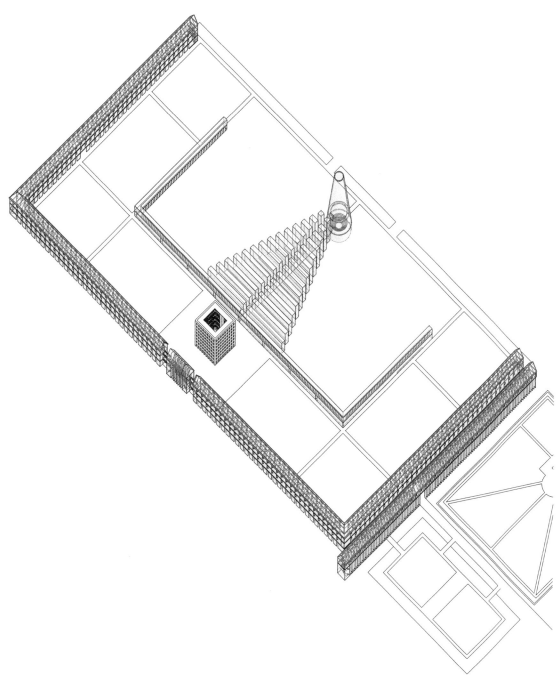

图 19 圣·卡塔尔多公墓，屋顶平面轴测图。

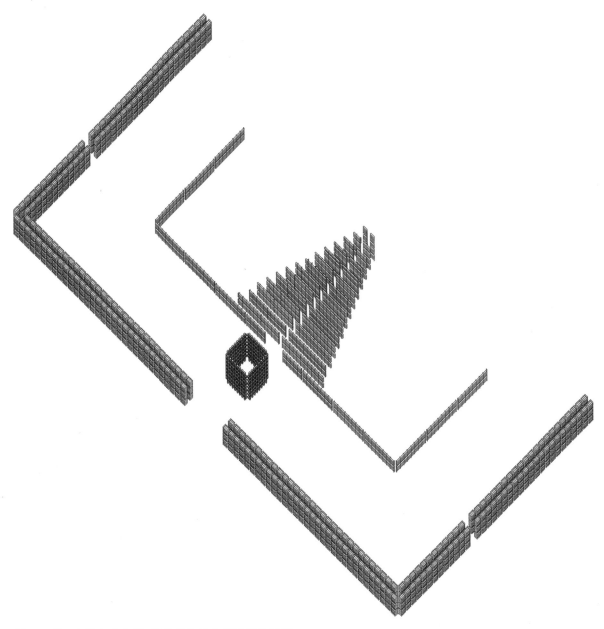

图20 圣·卡塔尔多公墓，藏骨堂和骨灰安置所轴测图。

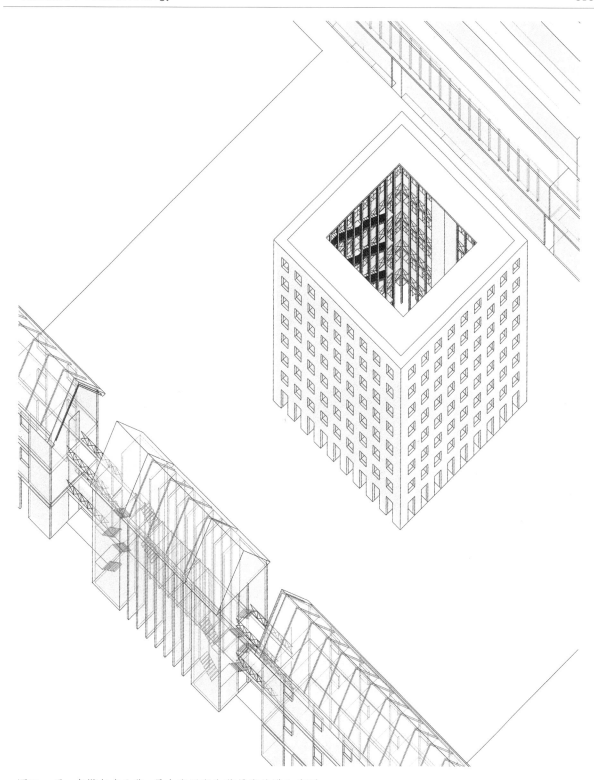

图21 圣·卡塔尔多公墓,骨灰安置所和藏骨堂的进入序列。

图22 圣·卡塔尔多公墓，藏骨堂轴测图。

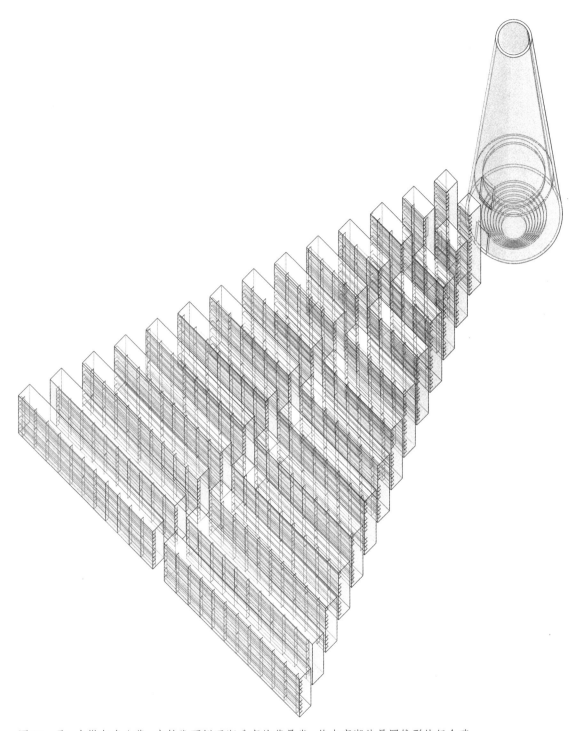

图23　圣·卡塔尔多公墓，中轴线两侧逐渐升高的藏骨堂，终点高潮处是圆锥形的纪念碑。

图1　大都会建筑事务所（OMA）/雷姆·库哈斯，朱西厄大学图书馆，巴黎，1992—1993年。

8　虚体的策略 Strategies of the Void

雷姆·库哈斯，朱西厄大学图书馆，1992—1993年

正如瓦尔特·本雅明（Walter Benjamin）[1]那句常被引用的名言——"人们是在注意力分散的状态下来观察建筑的"，当今如此流行的图像符号化建筑（iconic building）也许正反映了这种状况。图像符号化建筑的声名鹊起与两个因素有关：首先，或许是将图解当作图像符号的趋势；其次，是将图像符号化的图解直接应用于形式生成。库哈斯的许多早期作品探索了作为象征性形式的图解；例如，纽约运动员俱乐部（New York Athletic Club）成为了非连续形式图解（discontinuous formal diagram）的象征。然而他近期的不少作品，如西雅图公共图书馆（Seattle Public Library）或波尔多音乐厅（Casa da Musica in Porto），则侧重了图像符号化图解的概念，因为这些建筑的最终形式在视觉上与功能图解十分相似。可以认为，库哈斯于1992年设计的朱西厄大学图书馆介于这两种图解类型之间——也就是说，它是库哈斯从象征性图解到图像符号化图解转变过程中的转折点，而这种转变也是从批判柯布西耶和密斯图解开始的。柯布西耶的斯特拉斯堡议会大厦可算是朱西厄大学图书馆的重要先例，因为在前者的剖面中，可以看到地面和屋顶的连续。剖面上的连续性否定了地面是一个水平基准面，地面被构想成了一个可延展的结构，能够拉伸起来连接屋顶。为了探寻生成一种有别于柯布西耶的图解，又不凭借古典的填充做法（poché），[2]库哈斯使用了虚体。虚体被构想为墙体填充的颠覆反转，成为一系列项目的概念框架。而这些项目为朱西厄大学图书馆的产生做好了准备。路易吉·莫雷蒂这样的建筑师试图将"虚体"实体化，而库哈斯却通过将虚体概念化，将其看作是容纳在实体楼板层之间的潜在力量，并设法捕捉其能量。"虚体的策略"是库哈斯为法国国家图书馆竞赛入围方案说明（Très Grande Bibliothèque competition entry，1989年）所取的标题。在竞赛说明中，他将图书馆描述为一个实体堆叠（solid stack），而从堆叠中又挖切出了体积："建筑缺失的部分界定了主要公共空间，从信息实体中切割出了虚体。"因此，虚体成为了填充，同时切入建筑和城市结构。本章用库哈斯的标题"虚体的策略"来分析朱西厄大学图书馆，意在说明在该项目中，"虚

201

1　瓦尔特·本雅明（1892—1940），德国现代卓有影响的思想家、哲学家和马克思主义文学批评家。其代表作品有《发达资本主义时代的抒情诗人》、《单向街》等。——译者注

2　poché（填充）是法语建筑词汇，指墙体内的实体或空间，在厚墙的石造西方古典建筑中是一种重要的设计元素，如壁龛等。——译者注

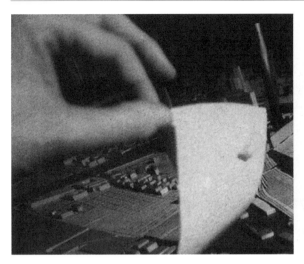

图2　大都会建筑事务所，大轴线方案（Mission Grande Axe），拉德芳斯（La Defense），巴黎，1991年。

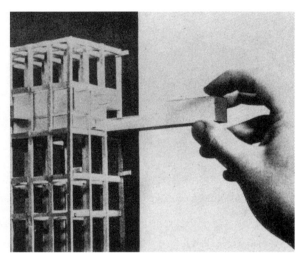

图3　勒·柯布西耶，居住单元（Unité d'Habitation），马赛，1946年。

体"不仅被构想为对现代主义先例的批判，也成为反思建筑客体和主体之间关系的一种方式，并最终暗示了另一种形式的精读。

　　库哈斯设计的朱西厄大学图书馆项目位于巴黎大学校园内。自1968年5月的学生暴动开始，该校园就停止了扩张。库哈斯是属于自认为深受1968年事件和之后的文学文化理论影响的一代建筑师。这些理论挑战了人文主义的主体观念和现代主义的将客体作为理性整体一部分的观念。尽管前一代建筑师（包括文丘里、罗西和斯特林）的作品，运用了破碎（fragmentation）和物质性（materiality）的策略来批判现代主义关于整体的概念，但是碎片不能起到作用，反而唤起了一个不在场的"整体"。从那种意义上来说，它至少在概念上保留了传统的从局部到整体的关系。1968年后的那一代建筑师则利用结构主义和后结构主义的理论，对于从局部到整体的辩证关系持有不同的想法。而这些新想法反映了看待主体的其他方式。例如，雅克·拉康（Jacques Lacan）[1]关于分裂主体和自觉主体发展（作为其被投射的／被反射的影像的功能）的观念，表明了主客体关系背景下另一种从局部到整体的想法。分裂的主体不再被看作是整体的碎片局部，而"整体（wholeness）"概念也变得越来越站不住脚。

　　库哈斯虚体策略的第二个方面在于营造情景。在这些情景中，引入了窥视，虚体空间既阻挡了直接视线，又显露了假定被隐藏的元素。如同先辈柯布西耶一样，库哈斯呈现了一幅具有说教意味的画面。在画面中，他用手掀起了地面的一角。对库哈斯而言，该画面说明表面是可以延展和弯曲的。
202　它不再与地面有特别的关系，并具有竖直方向上的连续性。更重要的是，通过掀起城市肌理，其基础设施的隐秘部分作为潜在客体被显露了出来。

　　1　雅克·拉康（1901—1981），法国著名心理学家、哲学家、精神分析学家。他从语言学出发来重新解释弗洛伊德的学说，提出镜像阶段论（mirror phase）等理论。其代表作有《象征，真实和想象》等。——译者注

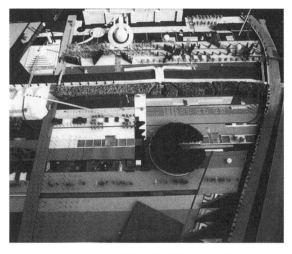

图4　纽约运动员俱乐部, 剖面, 1978年。　　　图5　大都会建筑事务所, 拉维莱特公园设计方案模型, 巴黎, 1982年。

　　在库哈斯的第一部著作《癫狂的纽约》(1978年) 中, 他以纽约运动员俱乐部为模型, 展现了一个激进的概念。它不是传统的功能图解, 而是一种象征图解, 表现了从局部到整体关系的、传统的物质相邻性的消解。对库哈斯而言, 纽约运动员俱乐部的图解, 质疑了传统的功能相邻关系, 提出了一个不连续概念。库哈斯认为, 在像纽约运动员俱乐部这样的摩天大楼中, 电梯的出现否定了相邻功能关系的必要性, 堆叠的功能层只是碰巧在物质上相邻, 而这种物质相邻性既不是功能需要也没有任何意义。表现所谓相邻的不连续性 (contiguous discontinuity) 的图解, 也出现在库哈斯1982年巴黎拉维莱特公园 (Parc de La Villette) 设计竞赛的入围方案中。这是库哈斯最具图解性的项目之一。库哈斯将公园描述成一系列水平的功能条带。在拉维莱特公园的说教式平面中, 主题公园条带与游戏场地条带相邻, 而探索花园条带在博物馆条带旁边。这些功能并不需要如此相邻的空间关系。库哈斯的拉维莱特方案, 将场地平面设想为一系列条带, 摆脱了图 / 底关系的城市主义, 构想了以强烈纵向漫步道联系起来的横向功能条带的蒙太奇。这是对纽约运动员俱乐部方案的清楚回应。在俱乐部的方案中, 功能楼层毫无关联地分布, 但以电梯相联系。通过拉维莱特公园方案, 库哈斯进而认为, 可以从场地自身的配置方式开始, 重新思考孤立的建筑和城市场地。

　　库哈斯在1993年[1]的法国国家图书馆设计方案中, 开始否定将地面作为基准面。而该项目进一步在建筑剖面上发展了库哈斯的相邻不连续性的图解。库哈斯通过剖面而非一系列的自由平面来构思该项目。他把图书馆设计成不同水平面的竖直堆叠, 而这些水平面层与层之间, 在功能上并不具有相邻性。只有结构格网将楼层联系起来, 但这种联系是实用性的而非理论上的。可以认为, 法国　203国家图书馆项目中的九根主要柱子是组织元素。但这些柱子不是自由平面的主题, 因为它们没有为

1　此处为原书错误, 实际应为1989年。——译者注

图6　大都会建筑事务所，法国国家图书馆，竞赛方案模型，巴黎，1998年。

自由形式的形象提供规则的背景。库哈斯否定了柱子的主题性。而柱子随机消失、重现的方式，只取决于它们与墙体如何相交。

　　该结构体系也可看作是对密斯伞形图解的批判。在法国国家图书馆设计方案中，底部巨大的 X 形柱子，形成了支撑建筑的巨大构架。在克朗楼和柏林国家美术馆项目中，密斯将建筑主体悬挂在结构构架上。然而库哈斯把结构构架置于建筑主体下面，反转了密斯的伞形图解。在法国国家图书馆方案中，堆叠的空间围绕着结构，以拉维莱特公园方案中的不连续性来进行组织。而库哈斯把流线设计成一系列形象化的物体，这与柯布西耶斯特拉斯堡议会大厦方案中对坡道的处理非常相似。被赋予形式的并非楼层，而是流线元素——楼板上的切口，或是穿过墙体的孔洞。这些虚体获取了方案的形象化能量。然而，建筑的边缘保持了古典的正立面处理，这区分了建筑的正面、背面与侧面。方案中斜线、水平切口和平面的形象化能量从未打断建筑的清晰几何边界。这座建筑并非是众多楼层的叠加，而成为了一个不遵从任何水平基准面的体量集合。

　　在1990年的摩洛哥阿加迪尔议会中心（a convention center at Agadir, Morocco）项目中，库哈斯批判了柯布西耶多米诺住宅图解中的水平延伸空间。多米诺住宅让个体处于一个更大的背景中，而库哈斯则建立了个体之间的相互关系，让个体在时间和空间中自由表演。阿加迪尔会议中心是法国国家图书馆和朱西厄大学图书馆之间的过渡。该项目没有表现空间的水平延续，而在剖面上有了三种可能的诠释：第一，地面变得起伏不平；第二，在地面升起很大的地方，剖面空间也变得起伏不平；第三，水平面不再连续。首先，地面不再是基准面，屋顶也不再是地面／楼板／屋顶连续体的一

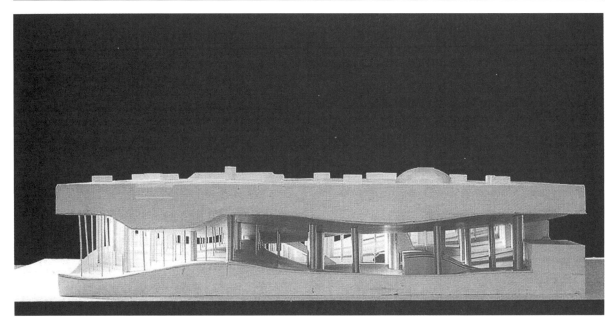

图 7　大都会建筑事务所，棕榈湾滨海会议中心方案，阿加迪尔，模型，摩洛哥，1990 年。

部分，而成为了其他的东西。这既不是密斯的伞形图解，也不是柯布西耶的水平连续。宁可说，它显示了一种引起剖面空间起伏波动的能量。阿加迪尔会议中心不再具有沿笛卡尔 X、Y 轴的说教式水平连续空间，但它提出了一种形象化的剖面。在这种剖面中，水平空间是从同样形象化的实体填充中挖切出来的形象化虚体。

在剖面中引入水平方向的起伏，成为库哈斯的一种主导设计模式。而这不同于古典建筑中典型的和战后美国建筑师（如路易斯·康）作品中呈现的竖向空间挤压。剖面上的起伏设计创造了这样一种状况：其中，空间被主体占据，而主体成了窥视者，隐藏在其他主体视线范围之外，反之亦然。因此，"匆匆一瞥"（coup d'oeil）和周边景象让视觉焦点从物质客体转换到了主体上。作为主体的人看穿、环视、俯仰且注视空间，成为了另一种主客体空间关系的一部分。这种对窥视空间的模仿正是杰弗里·基普尼斯所谓的"表述行为的论述"（performative discourse）。

本质上说，1992—1993 年的朱西厄大学图书馆项目是一个竖直方向上的方案，其弯曲的楼板是从阿加迪尔议会中心方案演变而来。阿加迪尔项目中的弯曲楼板依然是水平方向的，而在朱西厄大学图书馆项目中，楼板在剖面中的弯曲程度非常大，以致可以与相邻层的楼板相连接。楼板成为了一系列水平倾斜的连续表面。从概念上来说，流线和楼层变成了连续的表面。但以笛卡尔式的轴对称性来看，该项目保持了一种非连续的关系。某个主体与另一个主体之间不再是一对一的关系。由于倾斜平面的存在，某个主体将其他多个主体看作是多个客体，同时也被其他主体看作客体。朱西厄大学图书馆项目中的一些空间促成了窥探的趋势。这种视觉领域的操作始于朱西厄大学图书馆项目，并在西雅图图书馆项目中得以延续发展。

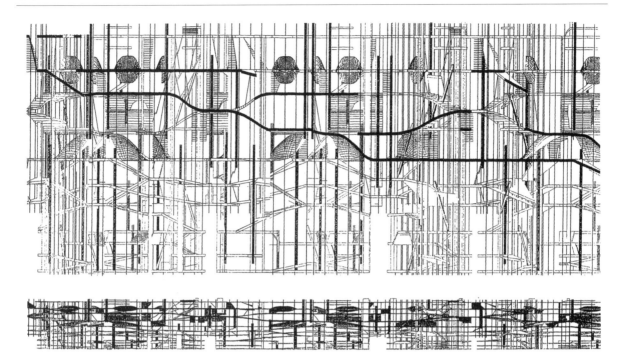

图8　大都会建筑事务所，朱西厄大学图书馆，剖面图。

朱西厄大学图书馆设计竞赛入围方案的展开剖面，批判了库哈斯早年纽约运动员俱乐部的图解，并产生了一种聚焦表面内在连续性的全新图解。流线的图解化形象如今成为了实际的流线。通过剖面也能看出，楼层间的空隙空间才是仅有的真实体积。它们被弯曲倾斜的楼板面界定为形象，就此而言可看作是剩余部分，而流线与楼层面的联系表明：流线的图解正是其自身的控制形式。

就像在法国国家图书馆项目中一样，库哈斯在朱西厄大学图书馆项目中保留了一些古典建筑的特征，如区分建筑的正面、背面与侧面。建筑的四个立面，一个似乎被内部的虚体完全侵蚀，而其他的几乎完整无缺，这也保持了正面和背面的古典清晰性。最后，车辆入口雨棚（porte-cochère）形成了一个开口，这一种门廊状的元素标识了地面层室内外的过渡，并盘旋向上穿过建筑，似乎独立于建筑的形式组织。

朱西厄大学图书馆项目的横剖面表现了功能的不相邻关系，而坡道式楼板的连续性形成了一种全然不同的剖面。它不再是纽约运动员俱乐部方案或拉维莱特公园项目中那样的堆叠层。朱西厄项目的剖面显露出，建筑中仅有的体积就是受到限制的虚体——不连续楼层间的间隙空间。这些图纸反映了一种理解建筑的新思潮，表明建筑已不再是密切关注（close attention）的产物。库哈斯虚体策略的重要性在于，它将莫雷蒂和文丘里战后作品中表现的虚体主题与新的操作方法联系了起来。而这些新方法是为了应对诸多问题——从局部到整体的关系、疏忽大意（inattention）相对于密切关注，分裂（disjunction）相对于破碎（fragmentation）。

206

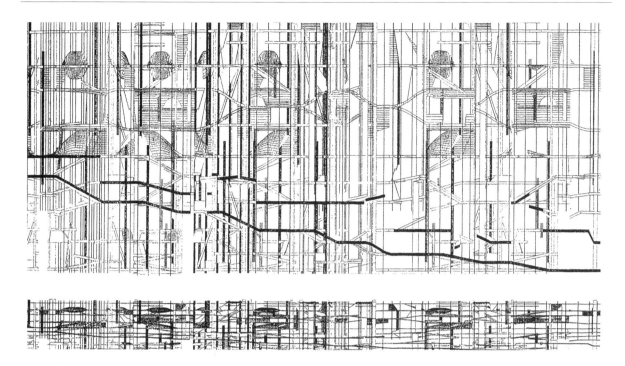

　　在竞赛设计方案的大模型中，虚体化的元素用灰色的实体来表现。它们既不能被解读为纯粹的填充，也无法看作是纯粹的形象，因为它们是由楼层平面连续性形成的剩余空间。这些加深的部分强调了楼层间的联系，让水平面可以被解读为仅被灰色元素打断的连续流动。无论能量表现为何种不同的形式——水平切口、螺旋形或坡起的楼板，它都不扰乱边缘。这与立体主义绘画对边缘的强调形成了对比，也与文丘里、莫雷蒂作品对离心力的强调形成了对比。朱西厄大学图书馆项目既没有强调中心，也没有突出边缘。相反，重点扩散了；它出现在物体的不同层之中，尤其是当仅有的中心性形象明显脱离了中心位置，但又不足以被认为是朝边缘移动的时候。来自边缘和中心的、使虚体成形的能量势均力敌，谨慎地保持着一种动态平衡。中心与边缘之间有一种无法决断的张力（unresolved tension），而虚体为这种张力创造了空间。正是这种犹豫不决（irresolution）引入了所谓不可判定性的概念。同样，虽然流线看上去没什么连续性，但它仍然被包含在其自身的立方体框架内：楼板和流线被结合成一个单独的元素。朱西厄大学图书馆项目成为了库哈斯之后许多项目的模型，如西雅图图书馆、波尔多音乐厅和柏林的荷兰大使馆（Dutch Embassy in Berlin）。很明显的是，柯布西耶和密斯图解的作用被反转了，并被转化为形象化的、体积化的、物体般的元素，即"虚体的策略"。

　　始于斯特拉斯堡议会大厦项目的批判，以及在法国国家图书馆与阿加迪尔议会中心项目中得到的经验，结合在了朱西厄大学图书馆项目的弯曲剖面和形象化虚体之中。朱西厄大学图书馆方案的模型、图纸、剖面浓缩了批判性和理论性的讨论，而到了西雅图公共图书馆和波尔多音乐厅项目中，库哈斯之前的探讨已让位于日益图像化图解的应用。这些建筑与它们图解中的概念，具有视觉上的相似性。由于功能不连续层的图解在视觉上与建筑形式的十分相似，库哈斯的作品开始表现出另一种对待精读的态度。

当解读图解接近于解读建筑，精读就不再有必要了。虽然在朱西厄大学图书馆项目中尚未如此，但库哈斯之后的项目——西雅图图书馆和波尔多音乐厅，似乎不再符合其早先的发展方向。它们放弃了精读，转而追求形体的直接性和更通俗的吸引力：作为标志和品牌的图解。

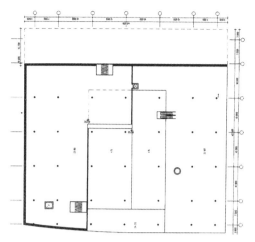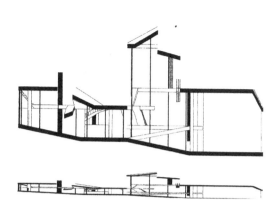

图9 朱西厄大学图书馆，地下三层，平面和剖面。

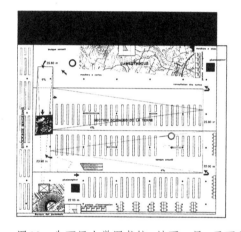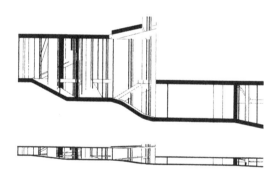

图10 朱西厄大学图书馆，地下二层，平面和剖面。

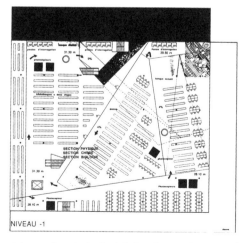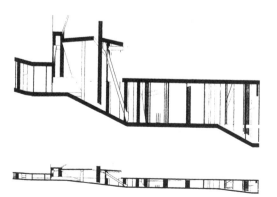

图11 朱西厄大学图书馆，地下一层，平面和剖面。

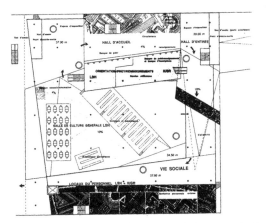
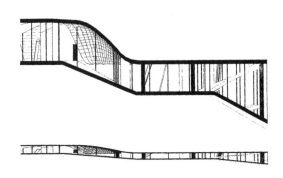

图 12   朱西厄大学图书馆，入口夹层，平面和剖面。

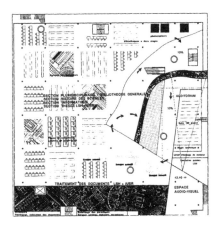
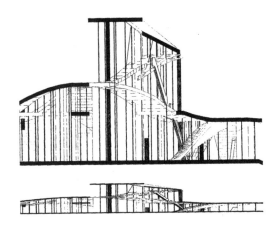

图 13   朱西厄大学图书馆，一层，平面和剖面。

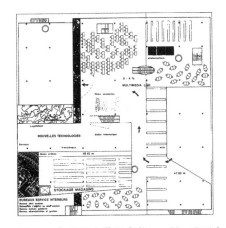
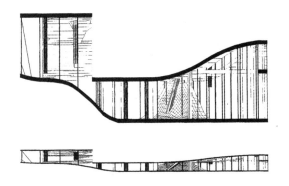

图 14   朱西厄大学图书馆，二层，平面和剖面。

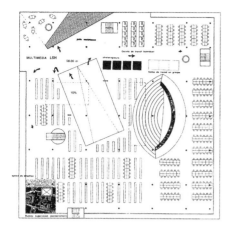

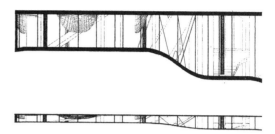

图 15 朱西厄大学图书馆,四层,平面和剖面。

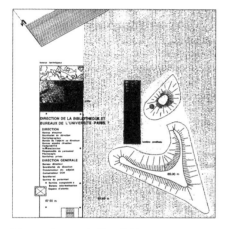

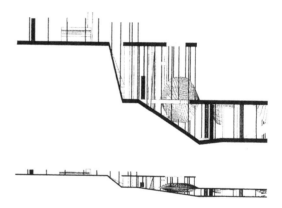

图 16 朱西厄大学图书馆,屋顶层,平面和剖面。

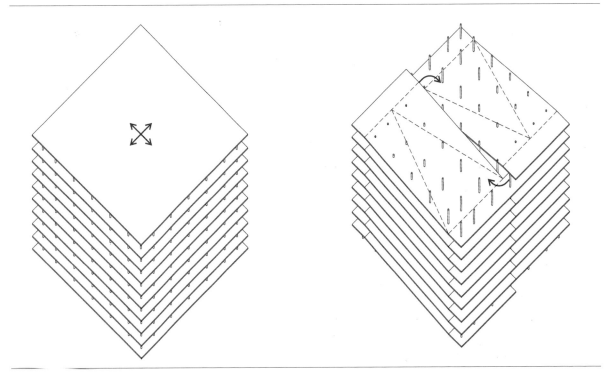

图17 朱西厄大学图书馆方案回应了柯布西耶的几个图解：方形层叠的"多米诺住宅"便可看作是这样一个先例。在柯布西耶的多米诺图解中，建筑单体从地面抬起，清晰表明了其与背景的关系。堆叠的功能让层成为非连续的元素。

图18 一个叠层停车库的图解表明，有可能在堆叠楼层之间建立连续性。这表现为水平截面中的扰动。

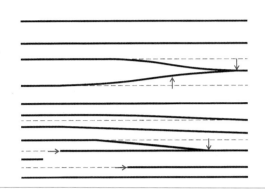 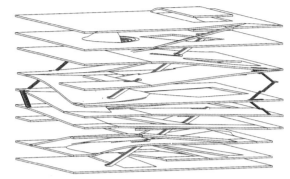

图19 分析朱西厄大学图书馆堆叠楼层的水平扰动就会发现,楼层的转换、坡起和间断,是对多米诺图解剖面形式的批判。它表明此处已不再有水平延伸的笛卡尔式空间。

图20 在朱西厄大学图书馆中,楼层和坡道没有区别。库哈斯的一个不太受关注的手法是屋顶平面上的斜切处理。这表明它不再是水平连续空间的延伸,而在空间中产生了透视扭曲。这种产生错觉的透视扭曲一直贯穿到屋顶,标识了盘旋向上的能量。

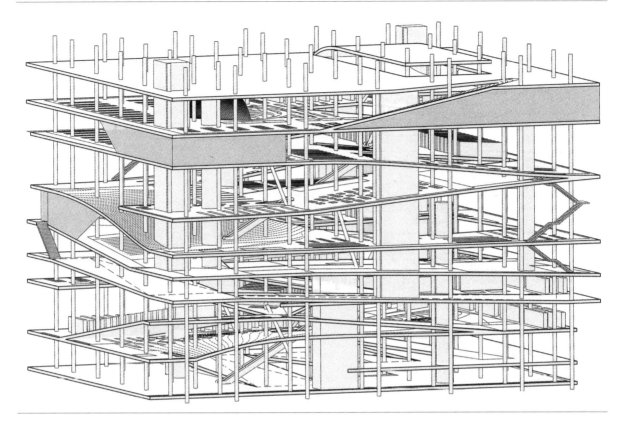

图21　非连续的流线和弯曲的楼面带来一种状况，其中唯一可辨识的体积就是楼层间的空隙空间。在竞赛模型中，某些间隙空间被强调出来（灰色区域）。这些区域清楚地表明了一个楼层与另一个楼层之间的局部关系，然而这些形象化的虚体是不连续的。这些空间还可以看作是局部的形象。这些形象让人们无法从功能角度将层与层解读为连续体。可以认为，不连续的垂直流线、水平流线，和脱离地面的物体，批判了将地面视为基准面的观念。

图22（下页）　在这个分解轴测图中，形象化的虚体可分为切口（A）、裂缝（B）和孔洞（C）。构成楼层的水平层，被这些切口、裂缝和孔洞打开，表明楼层已成为连接屋顶和地面的结构。

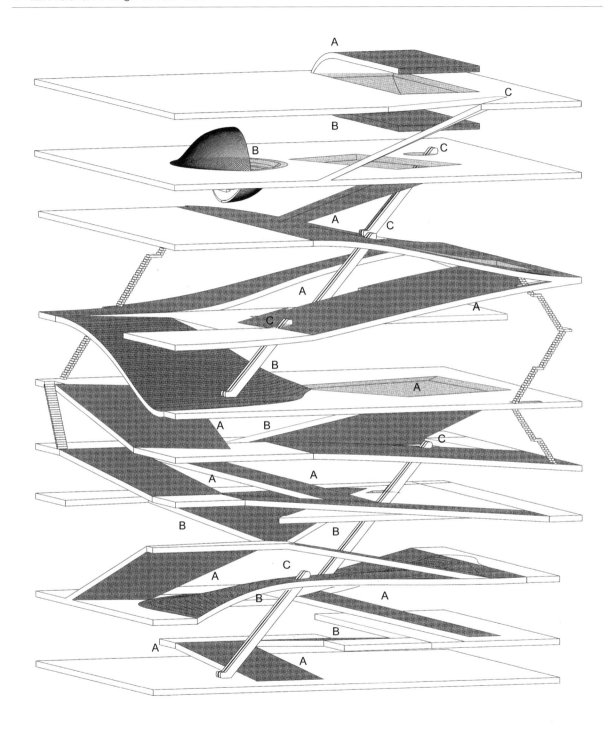

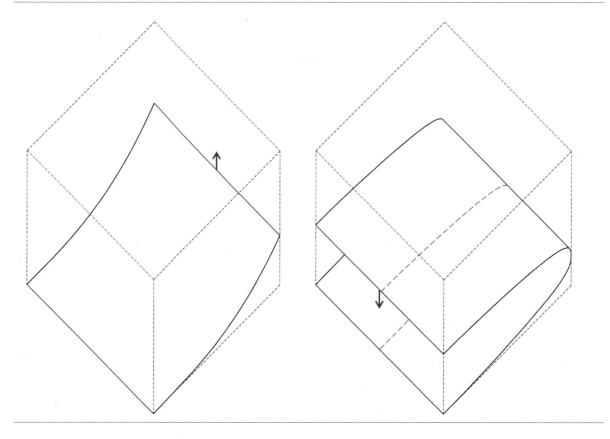

图23　水平面被抬起，仿佛表面被切开了一样。这让人觉得表面是可以延展且易弯曲的。这也暗示了表面不再只与地面有必然联系，也具有了一定竖直方向上的连续性。

图24　朱西厄大学图书馆的外形为一个立方体。如果将其想象为一系列柔软易弯曲材料的折叠面，那么这个折叠面的清晰边缘明显保持了立方体的几何外形。

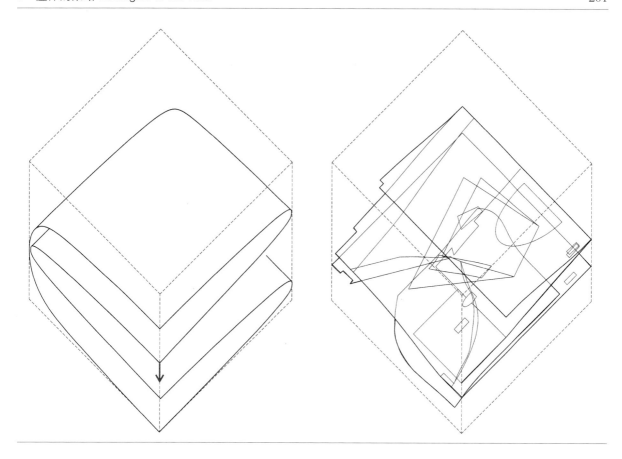

图25 一片易弯曲材料折叠后产生的空间具有多变的剖面，该剖面记录了平面的变形。折叠后的平面就是朱西厄大学图书馆的图解。

图26 折叠面上有一系列切割和修剪。某些切割明显是作为坡道；而另一些则是缺乏明确功能、自行其事的虚体形象。这些虚体似乎并没有遵循一种清晰的组织方式，而是打断了连续性，避免单一主题化的解读。

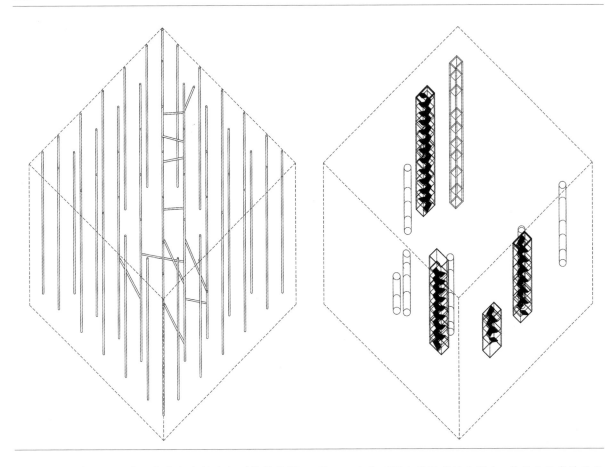

图27　虽然朱西厄大学图书馆方案具有规则的结构网格，但某些网格元素发生了倾斜和弯曲，这说明网格的规则性并不是主旋律。然而从结构网格可以看出，狭窄柱跨的内侧有一系列稍宽的柱跨，这里采用了不同于柯布西耶斯特拉斯堡议会大厦的结构组织。

图28　在朱西厄大学图书馆方案中，除了大尺度坡道的流线，还有一些由楼梯间和巨柱形成的较小的直角的形象。它们与法国国家图书馆方案中的构件相类似。这些形体强调了竖直流线；把朱西厄大学图书馆看作是一个被折叠、抬起、切割平面的想法，展现了不同的空间概念。因此，无论是坡道的大尺度，还是内部交通的小尺度，交通流线都没有被处理成形象化的物体。

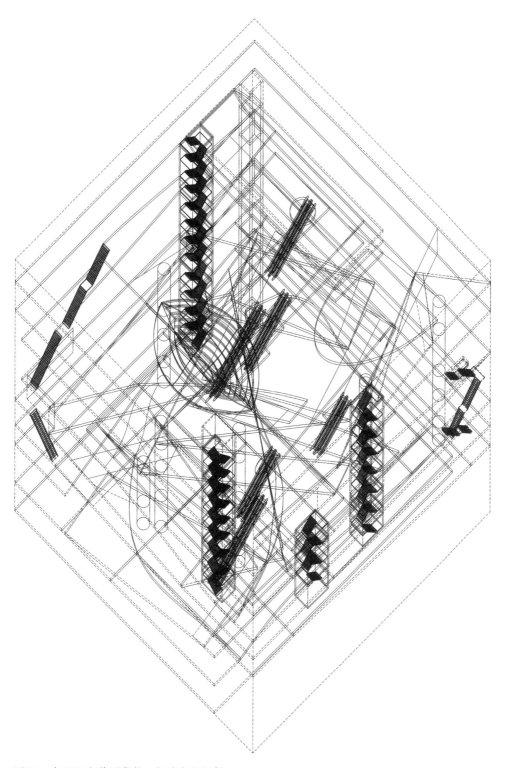

图29　朱西厄大学图书馆，交通流线图解。

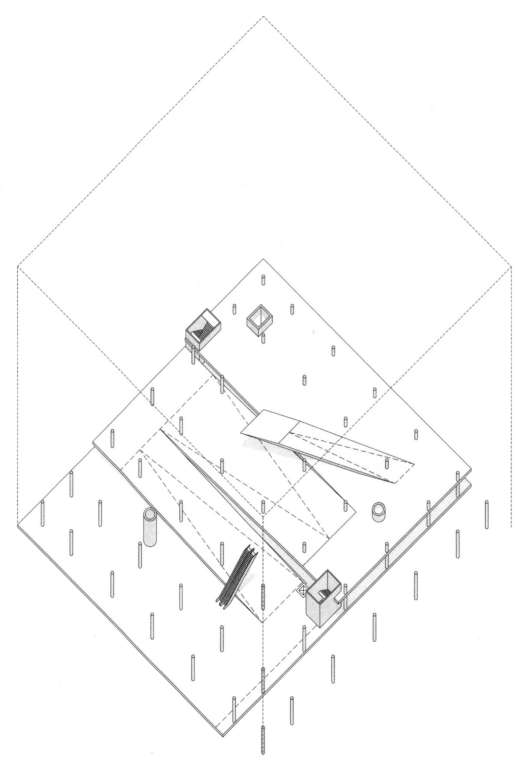

图30 朱西厄大学图书馆，地下三层，轴测图。

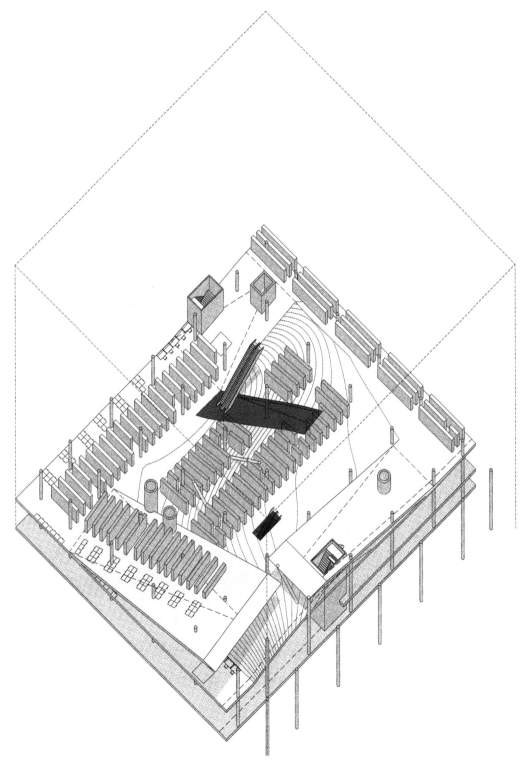

图31　朱西厄大学图书馆，地下二层，轴测图。

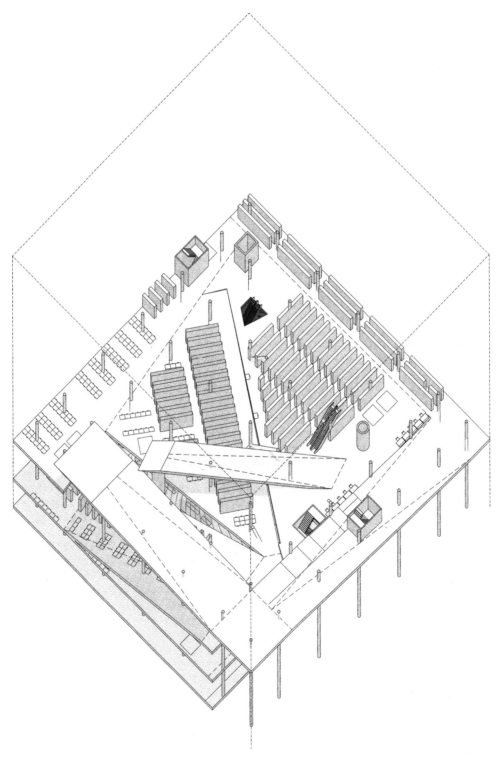

图32 朱西厄大学图书馆，地下一层，轴测图。

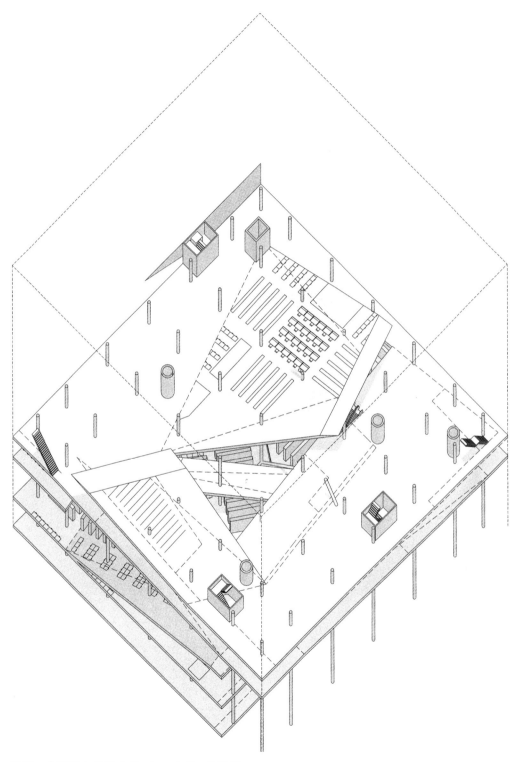

图 33　朱西厄大学图书馆，入口夹层，轴测图。

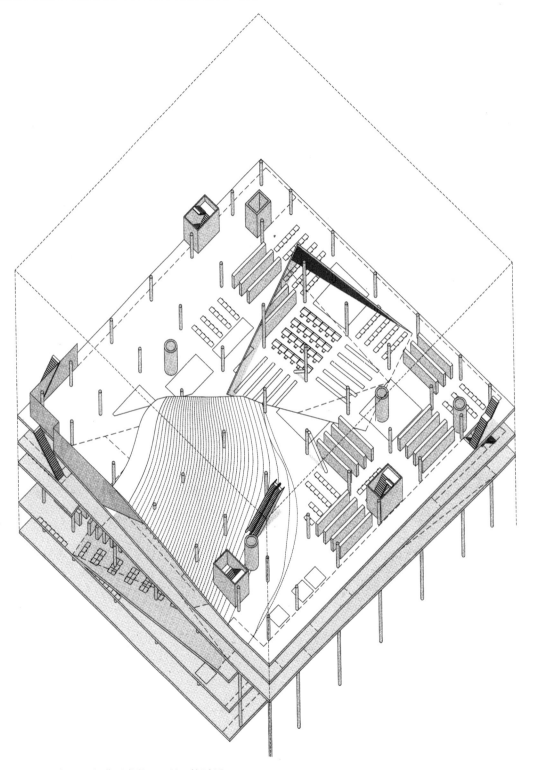

图34　朱西厄大学图书馆，一层，轴测图。

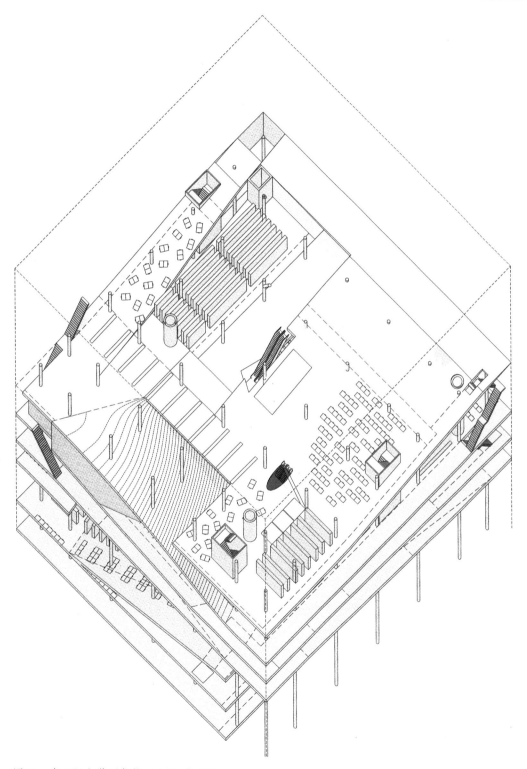

图35 朱西厄大学图书馆，二层，轴测图。

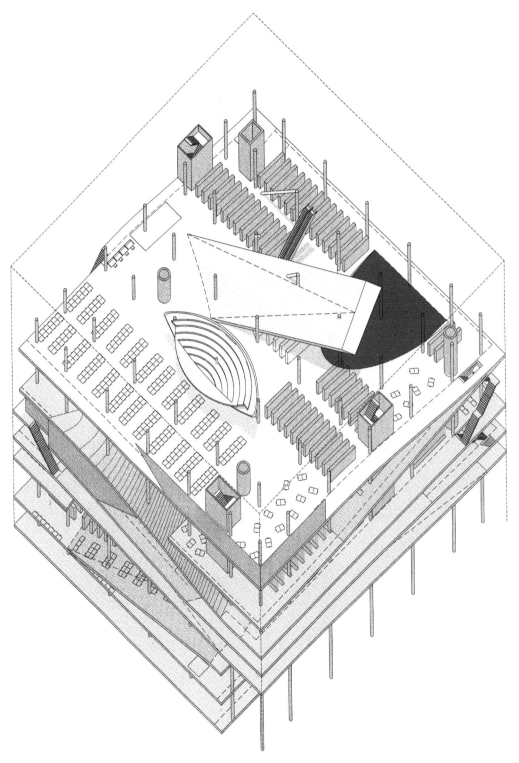

图36　朱西厄大学图书馆，三层，轴测图。

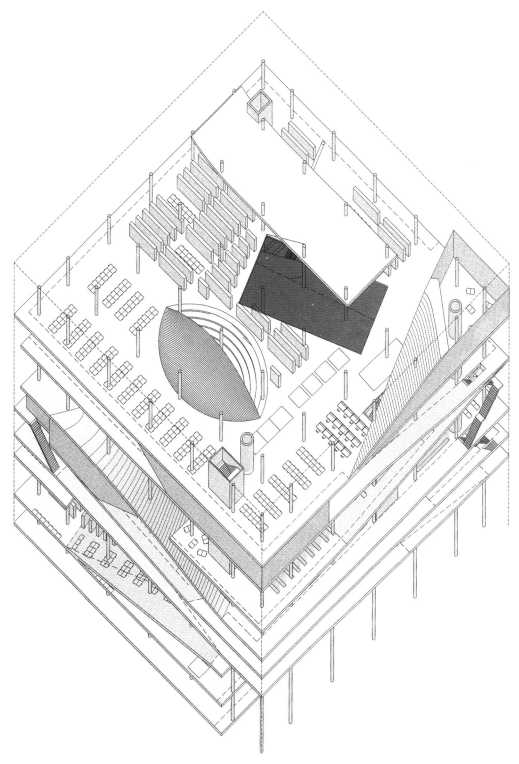

图37　朱西厄大学图书馆，四层，轴测图。

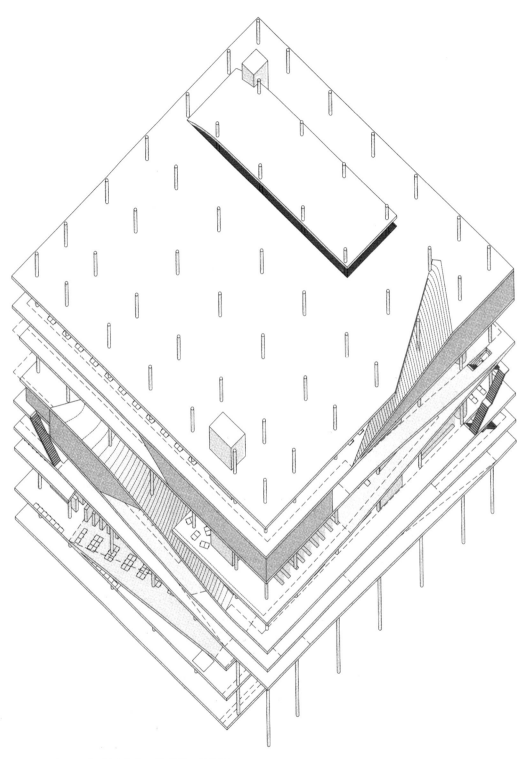

图 38　朱西厄大学图书馆，屋顶层，轴测图。

图1 丹尼尔·里伯斯金工作室，犹太人博物馆，德国，柏林，2000年。

9　轴线的解构 The Deconstruction of the Axis
丹尼尔·里伯斯金，犹太人博物馆，1989—1999年

20世纪70年代，罗莎琳德·克劳斯（Rosalind Krauss）[1]在纽约的建筑与城市研究所（Institute for Architecture and Urban Studies），以"指示符号札记（Notes on the Index）"为题，进行了两场重要讲座。之后，这两场讲座的内容以论文形式发表在杂志《十月》（*October*）第3期（1977年春）和第4期（1977年秋）上面。在讲座中，克劳斯讨论了形象符号（icon）、象征符号（symbol）和指示符号（index）的区别，而这种区别是由 C. S. 皮尔斯最先提出来的。对皮尔斯来说，形象符号与其对象具有视觉上的相似性，象征符号具有约定或惯常的意义，而指示符号则是真实事件或过程的痕迹（trace）或记录（record）。指示符号取代了所指（signified）的形象符号和象征符号的外向运动，而内向地与其自身过程相关联。但对建筑来说最重要的是，指示符号还与在场（presence）和不在场（absence）的主题紧密相关。例如，鲁滨逊·克鲁索（Robinson Crusoe）[2]在沙地上发现了脚印，这让他在没有看到生物本身的情况下想道：岛屿上有生物存在。克劳斯认为，指示符号"沿着其自身对象（its referent）的物质关系的轴线，建立起自己的意义"。脚印是先前存在的痕迹，然而也记录了先前在场的当下不在场。沙地上的脚印暗示了指示符号同时作为印迹（imprint）和痕迹（trace）的多种记录。当脚从沙地上抬起，被压下的沙地留下人类存在的印迹，然而同时，一层沙子附着在脚底上。因此，痕迹留存在脚这一物体上，而沙滩记录了脚的印迹，或者说是人类存在的印迹。脚印作为指示符号，其另一构成要素是对时间的标记；脚印记录了从人类存在的时刻（通过留下脚印）到人类不在场时刻的这段时间。在场和不在场的观念，表明了一种重要区别，即语言或摄影中的指示符号或痕迹与物质环境——如建筑——中的指示符号的区别。

克劳斯认为，语言为我们呈现了一种先于其自身存在的历史框架，而这让语言成为了一种形而上学。当建筑语言观念假设任何历史背景都是某种稳固的实体，这时它就变得有问题了。因为建筑再现（architectural representation）被假定为符号与其对象之间的固定关系，而建筑中的指示符号则试图瓦解建筑语言是一种可判定物质再现且与所指一一对应的想法。克劳斯认为，指示符号的重要

231

1　罗莎琳德·克劳斯（1941—），美国当代艺术评论家、理论家、纽约哥伦比亚大学教授。其主要研究领域为20世纪绘画、雕塑和摄影，代表著作有《先锋派及其他现代主义神话的原创性》、《光学视觉的无意识》等。——译者注

2　鲁滨逊·克鲁索是英国作家丹尼尔·笛福1719年所作小说《鲁滨逊漂流记》的主人公。——译者注

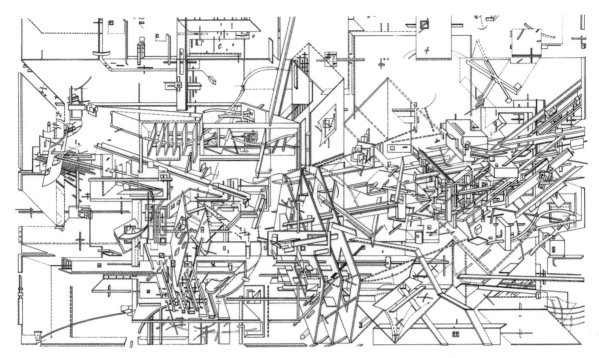

图2　丹尼尔·里伯斯金，小大由之（Micromegas），时间剖面（Time Sections），1978年。

性在于反驳了客体对象无法抗拒的物质再现，因为它是其他客体的痕迹，而非事物本身的符号或再现。因此，建筑中的指示符号试图通过呈现在场中的不在场状况，来否定纯粹的在场。如果形而上学的在场预先假定了完满（fullness）的观念——因为它以物质形式呈现出来，那么指示符号则削弱了这种形而上学的完满——因为它的指示对象是一种在先前的状态，或者说是一种不在场的状态。

在"指示符号札记"的第二部分，克劳斯将照片看作指示符号的另一种示例，因为照片引入了一组包括过程和不在场的抽象概念。能指正是真实事件的不在场或照片与过去事件的真实关系。照片被看作是事实或现实的某些状态的指示符号或痕迹，并由于它本身是一个物体，它还复制了先前在场的符号，因此通过引入这些不在场而削弱了完满。克劳斯将指示符号描述为未加密事件（uncoded event）的无声在场（mute presence），并且不按惯例运作。她引用了戈登·马塔—克拉克（Gordon Matta-Clark）[1]的作品。克拉克在建筑楼板和立面上切割出空洞，创造了指示符号建筑的最终形象。

在克劳斯看来，这些切口类似于语言转换器（linguistic shifter）。在《十月》的第3期上，她将语言转换器描述为语言学中一个充满意义的词汇，而这仅仅因为它是空的。

232

就像在"这张桌子"或"这把椅子"中，"这个"（this）一词将含义引向了指示对象，但其自身却

1　戈登·马塔—克拉克（1943—1978），美国艺术家，因特定场地艺术作品而闻名。其代表作品为"房屋切口"系列，即在废弃的房屋中以各种不同的方式挖切楼板、屋顶和墙体。——译者注

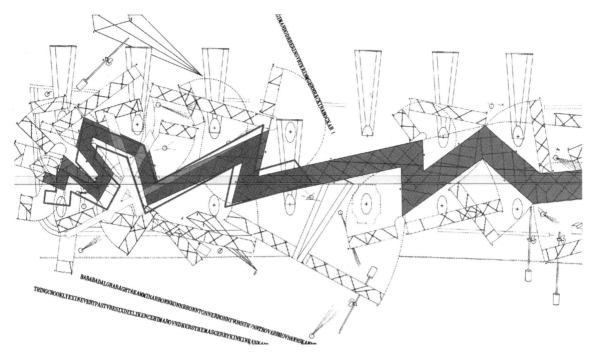

图3　火之线，平面，1988年。

保持空无。或者用克劳斯的话来说，就是"一个空无的、代词性的符号"。马塔—克拉克作品中的切口成为了事件的空无符号，一种某人切割入房子的痕迹。切口还清空了房屋的形而上学内容，因为房屋已不再起到房屋的作用。一旦房屋的围墙被打开缺口，它将不再能提供遮蔽：它的内容和功能都被清空了。如果说一栋坡屋顶房屋的形式，容纳了与遮蔽物形象和功能相关的、形而上学且意味深长的含义，那么任何切口都打碎了这些意义。切口不仅本身是切割的痕迹，还在切割房屋的行动中削减了其形而上学的内容。马塔—克拉克作品中的切口成为了不在场的指示符号，以所谓更为如实的在场，取代了在场的形而上学。因此，指示符号追踪了从形而上学在场到纯粹在场本身的运动。这种指示性符号的逻辑试图瓦解图像和象征，但指示符号却可以轻易地转化成其自身指示性的形象符号。丹尼尔·里伯斯金设计的柏林犹太人博物馆就是这种项目。它是一个重要的建成了的指示符号性建筑。在这座建筑中，指示符号批判了某些建筑学中的持久之物，尤其批判了构成笛卡尔古典空间基础的线性轴线。

　　里伯斯金的指示符号性作品，始于1978年他以"小大由之"为标题的设计图。在这些图画中，一系列的线条试图质疑笛卡尔式空间。实际上，"小大由之"设计图展现的并不只是绘画线条，还包括建构的建筑线条和虚拟物体时空状态的指示性标记。这些线条系列是一种指示符号，否定了任何笛卡尔坐标系或图画平面。"小大由之"设计图中的线条打碎了空间，瓦解了图像化和象征化的参照。由此，这些设计图破坏了轴线空间。 233

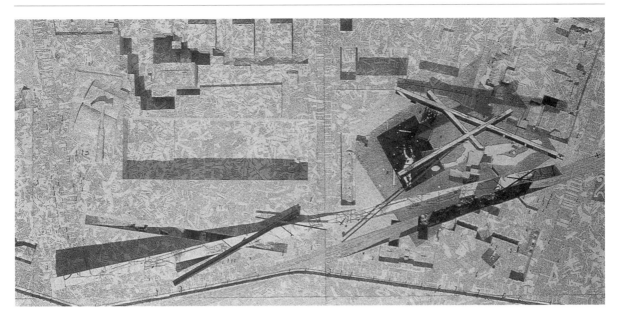

图4 "城市边缘"设计竞赛方案，模型，1987年。

　　如果所有场地都包含轴线，如果对场地特殊性的理解就是让一栋独特的建筑与场地建立起联系，那么所有建筑都包含了让建筑与穿行其中的主体运动相关联的轴线。里伯斯金将轴线表现为一种痕迹，一种无法进入的虚体和一系列不连续的片段，这就批判了轴线性和场地特殊性，并最终批判了古典的主客体关系。建筑学中一个传统持久、占支配地位的主体运动法则是：主体从建筑入口处进入，穿过其主要空间，并通常由对称的序列来感知这些主要空间。这种路径无论是被称作建筑漫步（promenade）或步行（marche），还是此处毫不在意的对称X轴，而否定主体通过笛卡尔坐标来理解空间的想法，就是对建筑学中这一持久法则的挑战。在1987年题为"城市边缘"的设计竞赛中，里伯斯金提交的方案延续对轴线的探索。该线性的设计坐落在场地中，横切过柏林分裂的城市肌理：在此，政治的分裂引发了轴线的断裂，但这种物质姿态最终动摇了从局部到整体关系的连续性。

　　里伯斯金的指示符号性项目犹太人博物馆，与其1988年的作品"火之线"，有着更为明显而直接的联系。"火之线"是在柯布西耶布里埃居住单元（Unité d'Habitation in Briey-en-Forêt）建筑中的一件装置作品。在柯布西耶建筑的地面层，成对的巨大底层架空柱界定了一种轴向空间。在该建筑和柯布西耶的其他作品中，这种对称性标明了主体的路径，其方式与帕拉第奥别墅的处理别无二致，柱子的对称性提供了一种单纯的几何认知方式。对称的成对柱子，让主体运动的时间和客体（或其物质轴线）的时间变得相同。当主体的路径与空间形式似乎不再对应时，主体运动的时间与客体的时间就变得有所差别。里伯斯金在"火之线"作品中所做的正是如此，他瓦解了围绕并穿过建筑底层架空柱的轴向运动可能。该装置作品的Z字形否定了轴线概念——作为真实路径的轴线和作为对称轴概念的轴线。当把该作品放到柯布西耶的建筑之中，它就打断了轴线的形而上学观念，即穿

234

图5 "火之线"，平面，1988年。　　　　　　图6 "火之线"，装置作品，布里埃，1988年。

过空间的单一运动与轴线观念的结合。这种断裂质疑了有关连续性和 X 轴对称的古典观念，创造了时间分裂和空间错位。正是时间上的距离，使得该作品中打断轴线的设计具有了指示符号性的特质。"火之线"建立起了一系列轴线，它们反对主体的路径并让人关注体验和空间理解的差异。即使依然存在一条暗含的轴线，主体对 Z 字形路线的精神追踪却迷失了方向。里伯斯金的装置作品表明，该轴线不再是一个纯粹且连续的向量，而成为可以被历史环境修改的向量——在此，历史环境是指被纳粹德国驱逐的犹太人的目的地。里伯斯金就像他之前的亨利·柏格森（Henri Bergson）[1]一样，质疑了从客体时间到主体时间的关系。里伯斯金认为，不能再假设以客体时间来标定体验的时间，因为客体时间将不再以主体选取的路径来显示其自身。这就是里伯斯金犹太人博物馆的核心议题。而该博物馆是最早实现这种探索的项目之一，它尝试否定了建筑客体轴向路径的连续性。

　　从某种意义上来说，柏林犹太人博物馆本身就是一种重复，是"火之线"展览作品的遗迹和指示符号。实际上，将"火之线"按水平轴镜像，就产生了与柏林犹太人博物馆完全相同的形式。那么可以认为，在"火之线"作品中被挑战的轴线性，被再一次替换。这一次，它在其背景中旋转，产生了柏林犹太人博物馆项目。按照里伯斯金自己的解释，柏林犹太人博物馆项目再现了犹太星（Jewish star）[2]

　　1　亨利·柏格森（1859—1941），法国哲学家、文学家，曾获诺贝尔文学奖。他反对科学上的机械论和心理学上的决定论与理想主义，认为人的生命是意识之绵延或意识之流，是一个整体，不可分割成因果关系的小单位。其代表著作有《直觉意识的研究》、《物质与记忆》等。——译者注

　　2　犹太星，又名黄星，其形状根据"大卫之星"（Star of David）设计，是代表犹太人的符号。传统上，它代表了对犹太人的灭绝。二战时期，德国纳粹疯狂迫害犹太人，纳粹控制下欧洲地区的犹太人都被迫佩戴犹太星标志以示区别，成为纳粹德国对犹太人的一种侮辱。——译者注

图7 犹太人博物馆，初始的工作模型，1990年。

的碎片，或是犹太人被送出柏林的出发地点的指示符号。他的解释毫不涉及此处的讨论以及犹太人博物馆与"火之线"的关系。虽然里伯斯金总是宣称，该博物馆的形式来自犹太人从柏林到集中营235 出发点的连接线和这些线的交点，但犹太人博物馆和"火之线"形式上的相似性，似乎表明可以有其他的解释。 柏林犹太人博物馆是为一座新古典主义风格的展出德国历史的柏林博物馆进行的加建项目。在该加建项目的设计竞赛中，里伯斯金提交的设计模型和一些早期图纸表明了其最初的想法——其加建方式是将"火之线"与原有博物馆连接在一起，而非将"火之线"本身作为全新的犹太人博物馆。

在犹太人博物馆方案的第一个工作模型中，建筑外墙是倾斜的。博物馆 Z 字形体瓦解了 X 轴。此外，外墙在竖直方向上以各种角度倾斜，挑战了竖向的 Y 轴。在方案模型和最终实施建筑的屋顶上，都有一条被打断的连续轴向路径的痕迹。在最初的模型中，打断连续轴向路径的是博物馆中的倾斜形体；而在之后的落成建筑中，是无法实际进入的虚体。这些虚体从屋顶贯穿到底部楼层，否定了沿 X 轴的连续性。与马塔—克拉克作品中的处理一样，博物馆的建筑立面已被指示性符号切口所标记。这些切口以一种激进的方式——不同于窗户与室内常规关系的方式，清晰表达了建筑中的空隙。

通常情况下，窗户显示了房间尺度，反映了室内外的尺度关系。而犹太人博物馆立面上的切口打碎了这种关系：这些切口或大或小，但与室内空间都没有关系。在里伯斯金设计的这座博物馆中，孔隙与功能相分离，反映了室内外尺度的冲突，以及光源和可能的展览功能之间的矛盾。这些切口让人想起了"小大由之"中的线，并将窗户的作用从功能转变为指示符号性的标记。这些切口与柯布西耶朗香教堂倾斜墙体上的开口作用相似，因为它们都关联了暗含的竖直基准面。朗香教堂的成功之处，便在于其倾斜墙体和开口对抗了一个暗含的但不存在的竖直平面。

图8　犹太人博物馆，锌质模型，1990年。　　　　图9　犹太人博物馆，场地模型。

在平面和立面中，最具指示符号性的便是遍布博物馆的随机而任意的切口。这非常像马塔—克拉克作品中的切口，因为那些切口的痕迹类似于某种摄影底片——关于一系列任意姿态的摄影底 236 片。可以认为，这些姿态与希特勒统治下的德国对犹太人的任意而随机的处决有关。然而这里讨论的主导模式是某些事件痕迹中的一种。这种痕迹内在化了"毫无意义"，本身承担了一种象征性的、有意义的、故意——即"毫无意义的"——杀害人民的关系。从某种意义上来说，这些切口确立了关于任意的状况。之后，这种状况又与真实的意义产生了联系，而这种真实的意义便是任意的最终状况。由于指示性记号引发了象征性，里伯斯金的犹太人博物馆在指示符号性和象征性之间摇摆，而这又让象征性回归了任意性。

在里伯斯金犹太人博物馆的最终设计中，立面上的切口已无法完全表达之前的概念，已不再指示 Y 轴和倾斜墙体的相互作用。因为在实施方案中，墙体已不再倾斜。然而这些切口依然挑战了窗户的传统定向作用，因为狭窄的采光切口与博物馆的深色墙体产生了强烈对比；这些切口创造了绘画中所谓的晕光（halation），使光线在视网膜上产生了残留影像（after image）——换句话说，就是产生了一种感知眼睛自身的指示符号。因此，切口再一次成为了指示符号，但更多是关于切割动作本身，而非里伯斯金所表述的政治／历史叙事。

如果说"火之线"和犹太人博物馆都表现了对 X 轴的瓦解，那么犹太人博物馆的尺度则让里伯斯金能以更精确的方式表达这种断裂。在批判需要通过运动来理解空间方面，流线起到了关键作用。博物馆的楼梯不再提供连接，而从某种意义上来说，起到了打断连续运动的作用。楼梯间的位置进一步否定了运动的连续性。很重要的是，当在博物馆中穿行时，人们无法沿着水平路线行进，也无法在水平层上逗留。主体沿着笛卡尔式概念化轴线的运动被打断了，逗留在单一的、易于理解的水平基准面的能力也被否定了。在此，同一楼层上的空间再现了建筑长度，而人们无法将建筑长度体验为由楼层平面规定的典型水平基准面。人们反而必须通过一系列被打断的楼层来穿越水平轴线。这是由于主体沿楼梯和坡道运动时，必须越过博物馆中被封闭的虚体。这种断裂破坏了功能和形式上的预期。但更重要的是，它分离了体验空间的时间与对空间组织的理解。

　　传统的主客体关系依赖于连续的可被穿过的水平基准面，但犹太人博物馆否定了这种可能性。博物馆的中心是无法进入的虚体序列。虽然人们以各种体现诗意的方式来描述它们，但还可以被解释成里伯斯金批判笛卡尔轴线性的延续。这些虚体区域切穿博物馆 Z 字形体的中心。因此，虚体区域可以通过清晰轴线来理解，但却无法让人体验到这一轴线。它实际上成为了某种阻止主体运动的设置。人们看到的视觉参数并没有形成总体意像或格式塔完型（gestalt），反而产生了难以从建筑体验中推断出来的东西。轴线和楼层不再是最终与整体有关的局部，而且关于功能性整体的总体印象也被局部所否定了。

　　里伯斯金设计的博物馆最终是一种挣扎，一种在建筑指示符号性和修辞学象征性回应之间的挣扎。或许正是里伯斯金早期项目的特殊背景，提供了隐含在该作品中的必要修辞学。而在里伯斯金之后的作品中，象征性已占据了支配地位，从而超越了其早期作品中的指示符号性和图解性特质。里伯斯金的新作品，变得更具表现主义姿态，更接近于图像化的项目，因而也不再需要有关指示符号痕迹的精读。就此而论，犹太人博物馆代表了指示符号和形象符号之间的一个转折点。

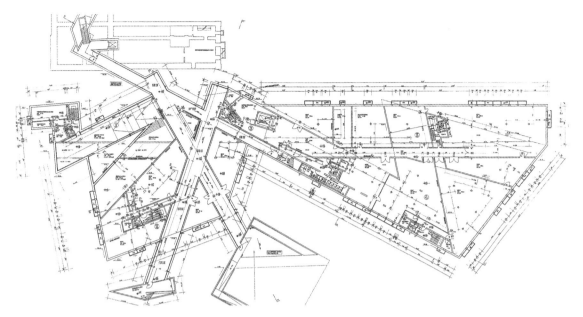

图 10　犹太人博物馆，地下层平面。

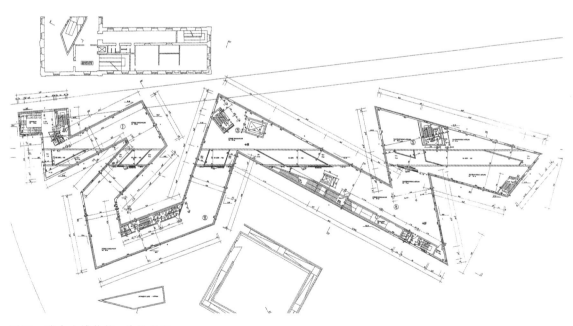

图 11　犹太人博物馆，首层平面。

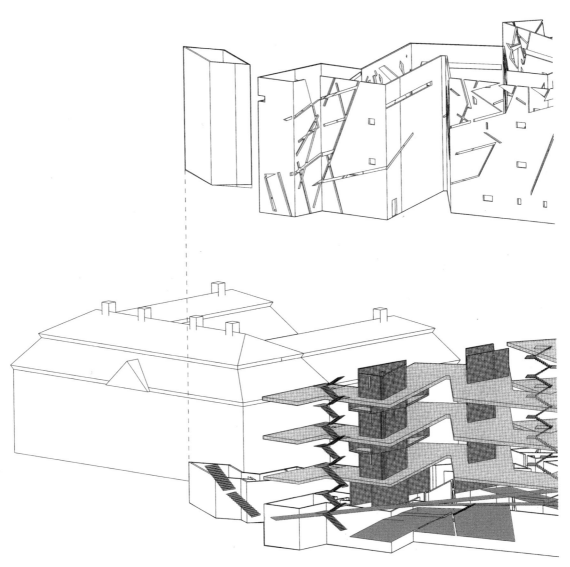

图12—13 犹太人博物馆，外表皮与流线的图解。虚体　　道和楼梯进一步打断了连续的运动线。
空间（深灰色部分）阻止了沿楼层水平轴线的运动，而坡

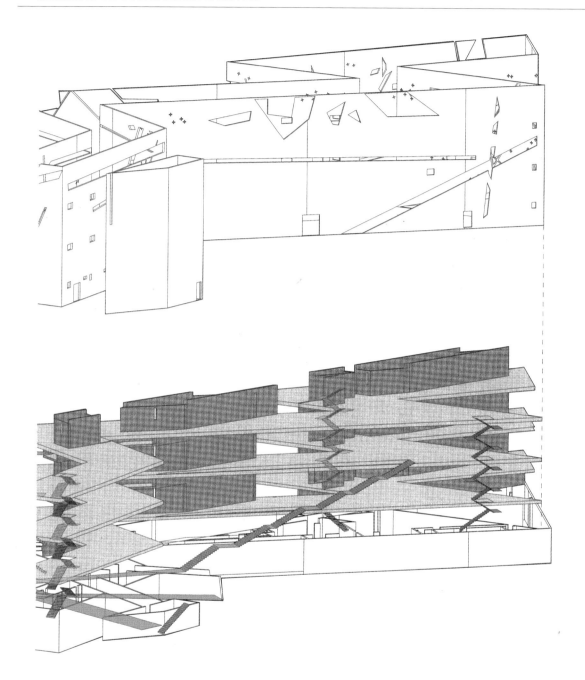

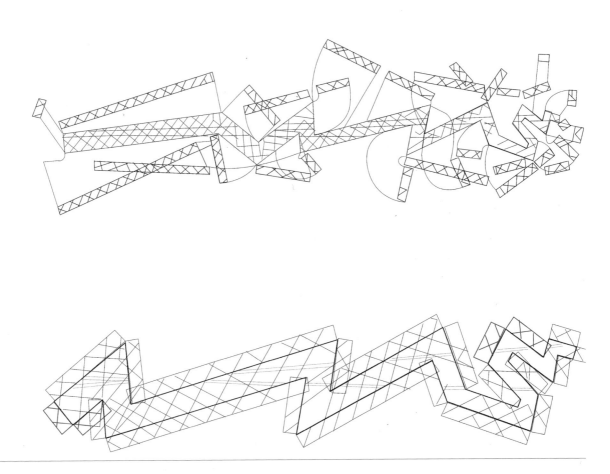

图14—15　"火之线"，平面与投影立面，基于1988年的平面设计图。该装置作品的外表皮，运用了一种交叉线的、类似于不均匀网格的图案。以红色强调的部分是长方形的元素，它们类似于犹太人博物馆外表皮上的标记。

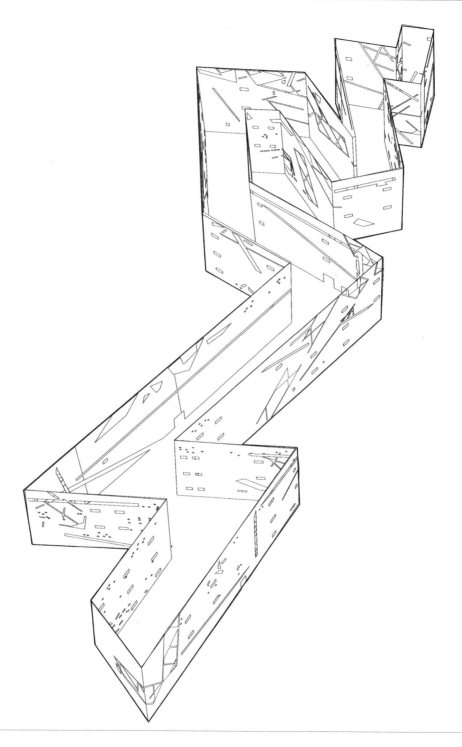

图16　犹太人博物馆，外表皮图解。被强调的长方形主题看上去就像基于"火之线"表面标记的痕迹。它们意味着博物馆的外表皮及其形式都具有指示符号性。

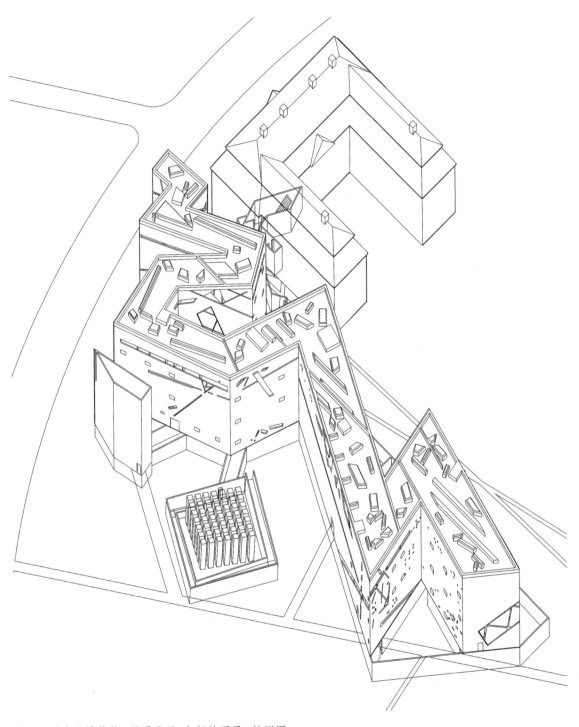

图 17   犹太人博物馆，屋顶平面，包括地下层，轴测图。

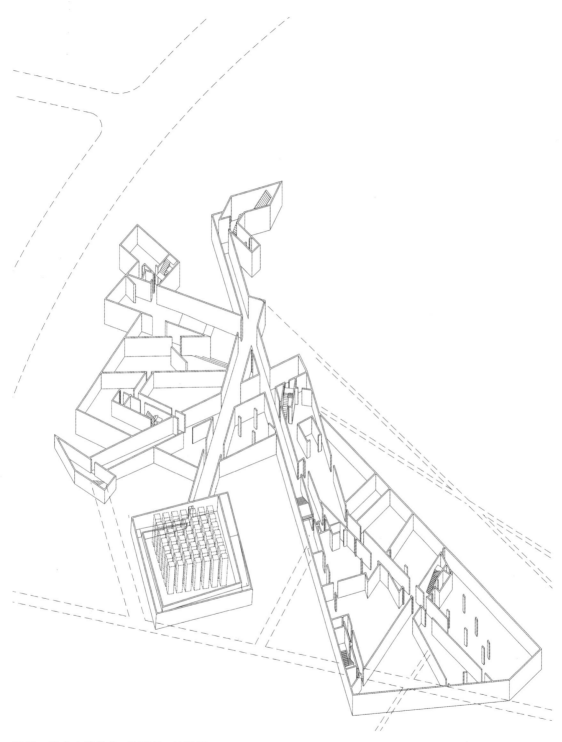

图 18　犹太人博物馆，地下层，轴测图。

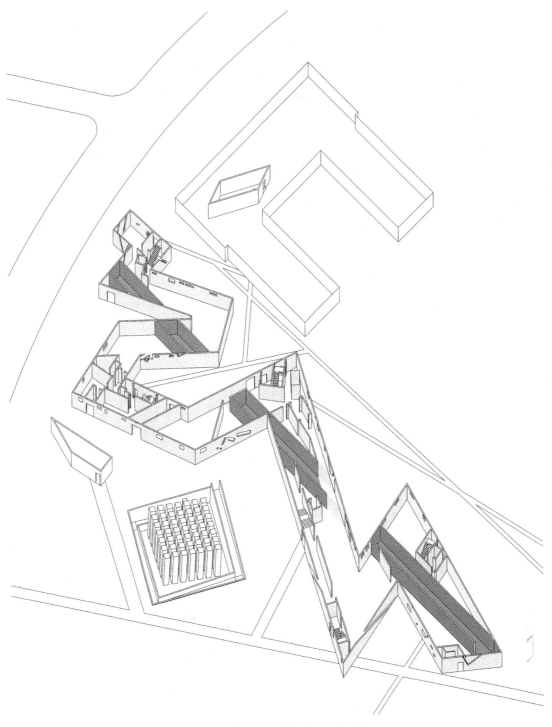

图 19 犹太人博物馆，首层平面，轴测图。被强调的虚体形成了水平轴。

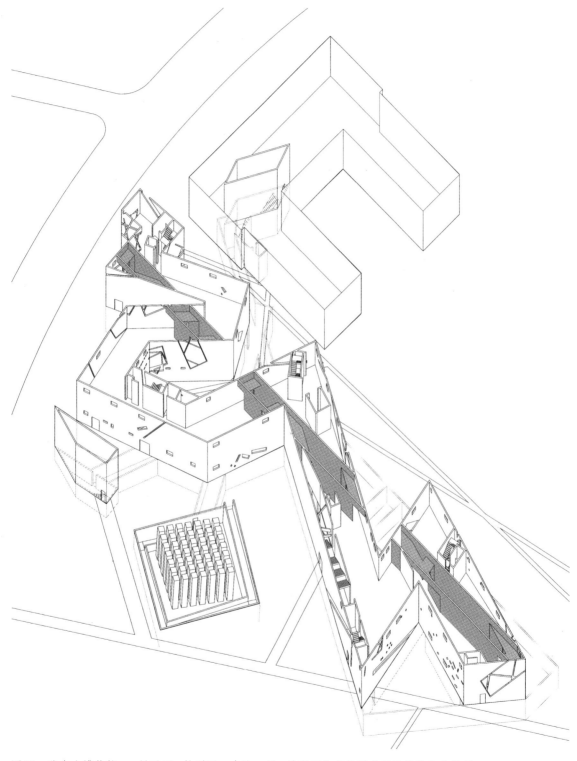

图20 犹太人博物馆，一层平面，轴测图。在这一层，被强调的虚体形成了无法进入的体量。

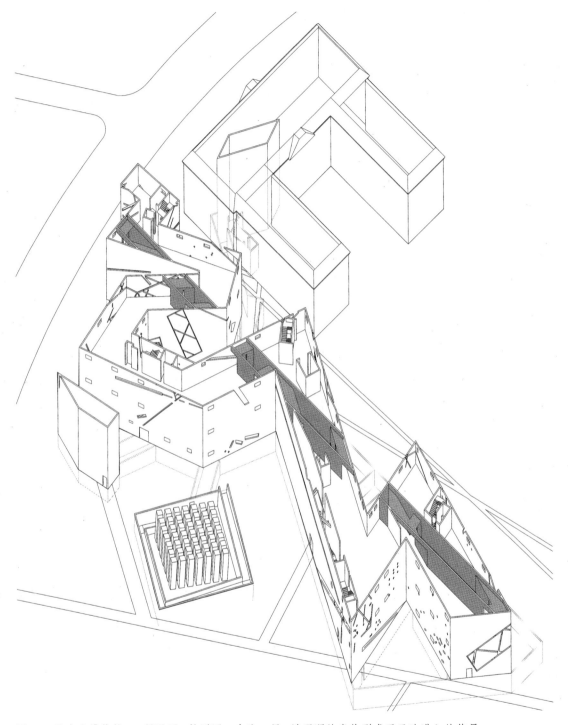

图21　犹太人博物馆，二层平面，轴测图。在这一层，被强调的虚体形成了无法进入的体量。

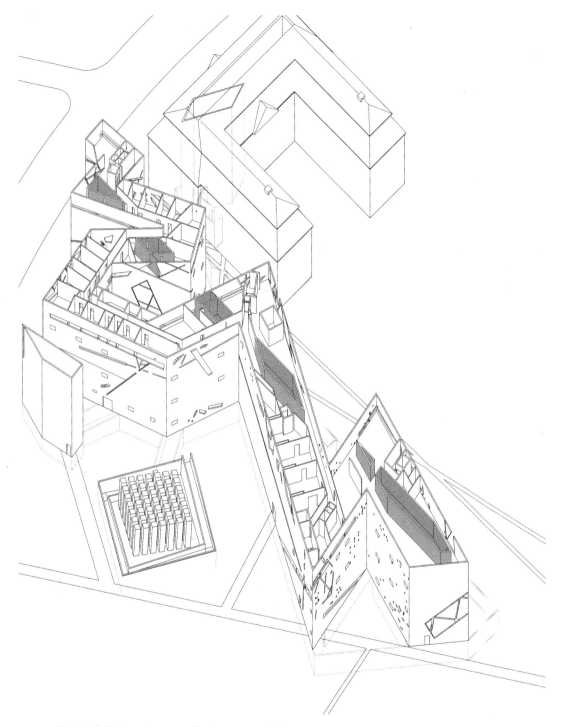

图22 犹太人博物馆，三层平面，轴测图显示了虚体的体量形式。

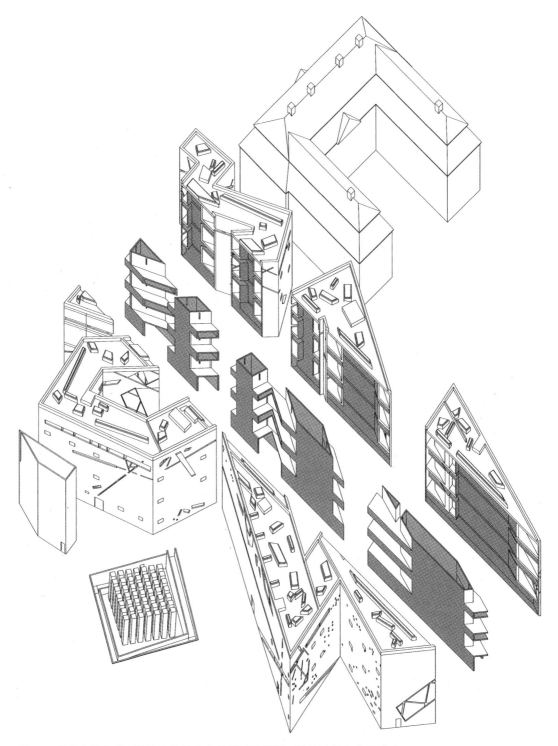

图23　犹太人博物馆，穿过虚体轴的分解剖面轴测图，显示了形象化的虚体。

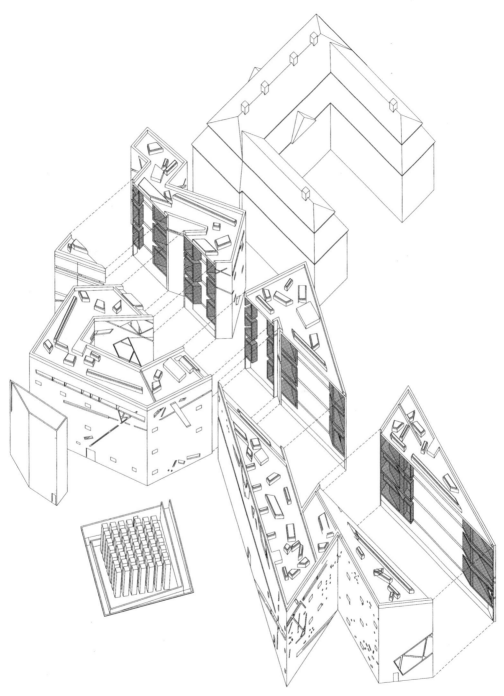

图24　犹太人博物馆，穿过虚体轴的剖面轴测图，强调的是围绕虚体空间的流线。

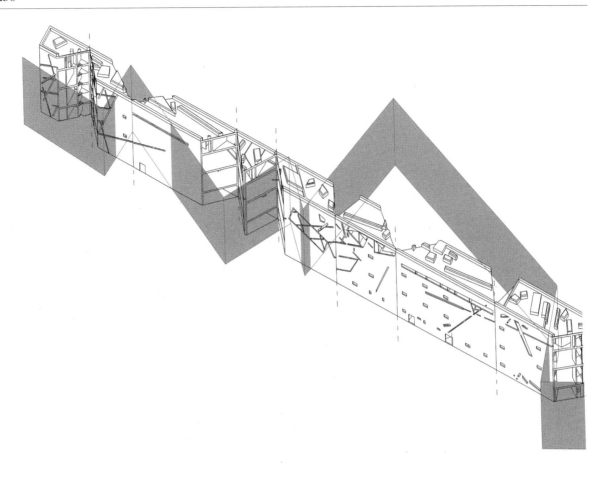

图25 犹太人博物馆，展开图。用红色强调的虚体痕迹，保持了实际平面的 Z 字形式。

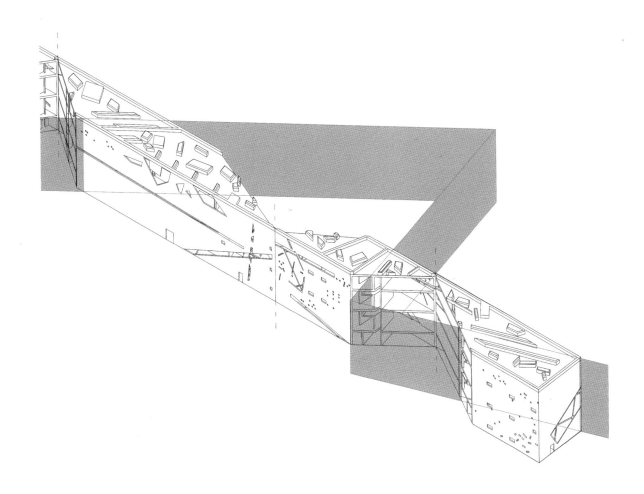

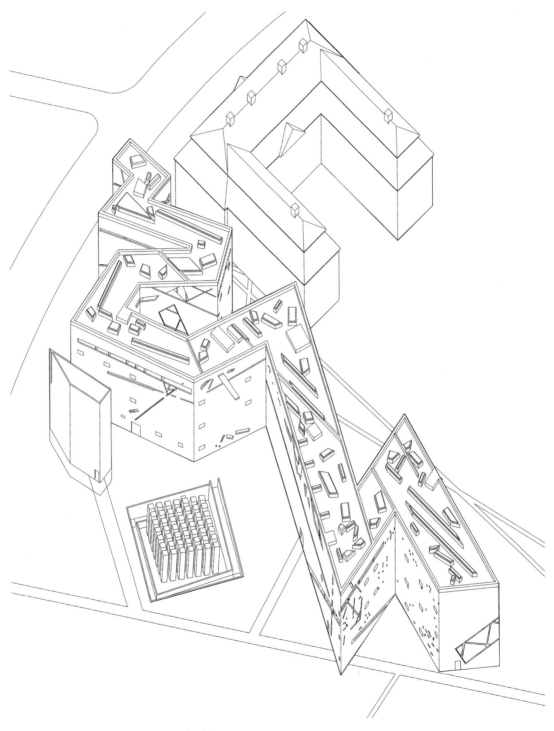

图26 犹太人博物馆，屋顶平面，轴测图。

图1　弗兰克·盖里及其合伙人，彼得·路易斯大楼，凯斯西储大学韦瑟黑德管理学院，美国俄亥俄州克里夫兰，2002年。

10 柔软伞形图解 The Soft Umbrella Diagram
弗兰克·盖里，彼得·路易斯大楼，1997—2002年

本书讨论的大多数图解，无论是图像化的、象征性的，还是指示性的，都是通过转换初始和已有条件来获得重要意义。格瑞格·林恩（Greg Lynn）[1]在其著作《胚胎学住宅》（*Embryological House*）和近期一些项目中，提出了一种没有初始条件的图解。林恩认为，形式作为其自身存在的完整外观，包含了一种他所谓的、形式自身的图解必要性。这种内在逻辑使形式能够产生某些图解。这种图解与外在先验所指（an external transcendental signified）无关，而只涉及其自身的操作。它们可以不再依赖任何先验的、决定建筑的概念（priori notions），如场地或功能。如果是这样的话，例如如果从局部到整体的问题——建筑与其场地的关系，其内部与外部的关系，或建筑与城市的关系——不再必须是先验事实，那么实际上，这就削弱了从局部到整体关系的必要性，而寻求这种关系的精读也是如此。林恩的作品将构成要素（component）作为无限重复的实体（an infinitely repeatable entity）而非局部（part）来进行处理。他认为，无论这种构成要素是建筑的还是城市的，都能够对其进行操作。这些构成要素与整体或先例都没有必然联系，而只是由一套内在的或计算机的逻辑所引发。

林恩认为，计算机算法（algorithm）同时以皮尔斯理论中象征符号和指示符号的方式运行。因为作为这一过程的表现，算法的意义清晰可辨。此外，这些操作随时间的推移而发生，时间也以指示符号的方式被记录。林恩进一步指出，这些数字化过程不再依赖与场地、功能、先前建筑必要性的外在关系。

257

建筑常常看着像建筑，是因为它提供遮蔽、围护、抵抗重力并坐落在场地中。但这些主题操作不必与之前的建筑规律相关——换句话说，不必与先例或所谓的规律持久性相关。林恩的观点意味着：对建筑来说算法过程实际上很陌生，那么建筑先例的自身规律就不必与未来建筑的规律相关联。这有效表明了，运用算法过程来操作图解，未必要学习建筑历史或20世纪的历史。林恩的观点或许最恰当地总结说明了，数字技术是对建筑先例的批判。在讨论弗兰克·盖里彼得·路易斯大楼设计的数字过程与类比过程关系时（digital and analogic processes），数字技术具有削弱建筑先例作用的观点十分有用。

1　格瑞格·林恩（1964—），美国建筑师、建筑教授，曾获得2008年威尼斯建筑双年展金狮奖。——译者注

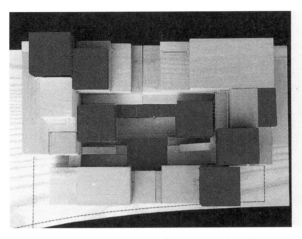

图2　彼得·路易斯大楼，研究模型，1997年6月。　　　图3　彼得·路易斯大楼，研究模型，1997年6月。

　　首先，很有必要区别一下林恩和盖里各自对数字技术的理解；再者，还需要考察一下林恩概念化与盖里现象化的不同。毫无疑问，林恩和盖里对数字技术的运用有重大区别。盖里或许会认为，其作品是应用计算机的成果。但同样也可以认为，盖里占据了一个无法清晰界定的领域，一种介于个人表达（或类比过程）与数字过程之间的状况。盖里的图解始于类比方法，而随后的数字化操作是这些形式的一种复制。或许可以更有效地认为，盖里作品的图解是图像符号化的；更重要的是，这种图解让盖里的作品处于现象领域。概念和现象的关键区别在于精读的不同。在概念中，注意力是从眼睛转移到头脑；而对现象来说，则是从头脑转移到眼睛。

　　盖里之前的作品，几乎没什么可称作是图解化的。但这些项目表明盖里总是有一个暗含的图解，它和密斯伞形图解的概念有着某种联系。盖里的图解可称作是"柔软的伞形"。它就像一个落下的降落伞或餐巾纸，以各种方式放置，并包含内部空间和结构组织。这种图解依赖于对屋顶及屋顶对剖面影响的清晰表达；而对过程来说，平面成为了剩余物。落下的餐巾纸或柔软伞形图解随后被翻译成数字格式。虽然数字化的过程产生了精确形式，但概念图解依然是类比式的。

　　除了柔软伞形图解，盖里的韦瑟黑德管理学院路易斯大楼还有一个古典的先例，具体说就是卡尔·弗里德里希·辛克尔的柏林老博物馆（Karl Friedrich Schinkel's Altes Museum）。盖里用一个平面作为先例，基本背离了柔软伞形图解暗含的从上到下的方法。如果路易斯大楼始于一个古典的平面，那么在剖面上，该先例被逐渐侵蚀损坏了。盖里将古典平面用作竖向发展的先验典范，但同时又挑战了古典平面暗含的剖面挤压观念。柏林老博物馆可看作是路易斯大楼的历史先例，其平面主要由正交的直线构成，中心部位有一个圆桶形；圆桶形向上伸出，所以从剖面上看，该建筑的平面和屋顶状况是一样的。绝大多数的古典建筑都是从平面开始沿竖向拉伸。辛克尔延续了这一传统。此外，这种传统也出现在路易斯·康的战后作品之中。因此，路易斯大楼对先例进行了批判。用林恩的话来说，如果可以把先例理解为是从局部到整体关系的运用，那么先例在今天的作用十分有限。从某

258

图4　彼得·路易斯大楼，模型，1997年9月。　　　　图5　彼得·路易斯大楼，草图，1997年10月。

种意义上来说，该建筑的发展对抗了柔软伞形图解从上到下的体系。其结果就像一种古典的盖里表达，但该建筑需要计算机的数字过程，以一种类比方法不可能有的方式，侵蚀其始于正交形的剖面。对于理解路易斯大楼的演化发展，及其与林恩作品在先例运用上的概念差别——林恩作品瓦解了先例的作用，这种数字技术的使用是一个关键点。

　　从某种意义上来说，通过研究模型和早期的草图来考察路易斯大楼的发展轨迹，会发现其起源的不可判定性。1997年6月的最初研究模型显示了一种张力，在清晰历史先例的正交组织和盖里以数字模型探索的生物形态（biomorphic）之间的张力。在这个双色的模型中，上层较小的体块坐落在底部体块上。从体块处理方面来说，这让人想起了1920年代和1930年代理查德·诺伊特拉（Richard Neutra）[1]和鲁道夫·辛德勒（Rudolf Schindler）[2]的作品。其体块的U形组织产生了正立面，就像有清晰通廊入口（propylaea）或入口主立面（frontispiece）的古典建筑一样。模型的中心部位是清晰 259 表达的虚体空间，其中有一个双核元素。该双核元素由两个带颜色的立方体和一个较小的长方形元素连接构成。一道竖向切口强调了强有力的中轴线。中轴线、主立面和U形主体都让人想起了古典主义和新古典主义的先例。

　　1997年6月的第二个模型延续了第一个模型的块状形式、U形主体和主立面模式，但其虚体化的中心却变成了金属和塑料材质的曲面生物形态。在盖里的柔软伞形图解中，能量来自上方；而此处的情况则不一样，能量是来自下方，仿佛模型的块状组织形式从内部被征服了。接下来，1997年9月的模型回归了方盒子单元的形式，但却表现出一种明确的风车形特征。

　　1　理查德·诺伊特拉（1892—1970），生于维也纳的美国建筑师。其主要作品是适合美国中产阶级生活要求和加利福尼亚州南部地区特点的小住宅，代表作品有考夫曼别墅等。——译者注

　　2　鲁道夫·辛德勒（1887—1953），生于维也纳的美国建筑师。其主要作品位于洛杉矶附近。——译者注

图6　彼得·路易斯大楼，研究模型，1997年10月。

　　1997年10月，一幅路易斯大楼的设计草图，深刻地捕捉了生物形态和正交形式之间的张力。第一眼看来，这张草图并不比胡乱涂画好多少。但它却引发了多种有趣的解读。首先，尽管草图画得很潦草，但可以从画面中看出一个多少有些正交的底部，还能看出围绕下沉中心的两部分之间的体量关系。草图包含了一系列生物形态的、非正交的形式，它们看上去既是从中心漩涡生长出来的，也是向中心漩涡塌陷下去的。草图暗含的剖面表明，这种力量既是离心的也是向心的。

　　1997年10月的模型，似乎是基于上述那张草图制作的。它表明U形形式和转角处有高塔的宫殿类型进行了整合，其生物形态的图解从虚体中心处开始爆炸。模型的色彩主题标识了一种意图，即旨在区分生物形态和生物技术（the biotechnic）、建筑底部与上层、中心与边缘之间的关系。1998年制作的数字模型保留了两种颜色的区别，显示了两种组织类型的共存。这不是从上到下的策略，也不是单色或单一材料的策略，而是保留辩证关系的策略。这种辩证关系存在于其本质之中，也存在于围绕虚体中心的双核之中。

　　1998年5月和1999年3月的两个研究模型，显示了底部和转角塔楼的存在。在模型中，它们以不同的材质清晰表达。这个模型有清晰的底部、作为包裹外皮（wrapper）的U形主体、虚体化的中心，以及虚体中的双核中心元素。然而双核元素本身似乎又包裹了另一个元素，创造了一个既是内部的又是外部的包裹外皮。从剖面模型可以看出，生物形态的形体被抬升离开底部，为虚体化的中心带来了剖面上的变化。在底部和生物形态形体这两个组件之间，有一种辩证关系，但疑问依然存

260

图7   彼得·路易斯大楼，数字模型，1998年4月。

在：生物形态形体究竟是从底部生长出来，还是向底部塌陷，或是悬浮在底部和屋顶之间？ 更有趣
的是，在1998年5月和1999年3月的模型中，剖面中的能量表现了，生物形态形体成为了一个内部
体量的包裹外皮，一个形体中的形体。虽然该剖面模型保留了一些早期的想法，但套壳和实体形式
的引入，为剖面的发展增加了另一个维度。

在剖面中，容器和被包容物、形象和地面、水平向和竖向、侵蚀力和稳定性之间形成了对话。所
有这些辩证的特质都明显显示在了模型中。虽然盖里大概是一个表现主义艺术家，但他在这些研究
模型中，采用了一种将直觉和对历史先例无意识影响力的理解结合起来的过程。该项目剖面中的螺
旋式能量，明显不同于柯布西耶斯特拉斯堡议会大厦项目或普瓦西萨伏伊别墅中坡道的能量。路易
斯大楼的剖面不是竖向拉伸的产物；确切地说，它是从一个作为最初整体的古典平面开始演化发展，
但这个最初整体的古典平面沿竖向移动时被腐蚀了，直到其局部与它们在古典平面中的原始状况毫 261
无关系为止。这个剖面让人想起詹姆斯·斯特林的斯图加特国家美术馆（Staatsgalerie in Stuttgart）
设计，而这表明：对柏林老博物馆、斯图加特国家美术馆和路易斯大楼之间关系的批判性评价会十
分有趣。

分析路易斯大楼2000年的一张数字渲染图就会发现，画面中仿佛去掉了潜在立面的直线形式，
剩下的只是一种似乎是从纸片中剥落出来的生物形态形体。两个塔楼现在可看作是纸的地面，而竖
向的爆发则是一系列来自纸的实际地面的剪切形象。这些重要概念图像，重申了一种准看不见 "地

图8 彼得·路易斯大楼，研究模型，1998年5月。

面"（a quasi-invisible "ground"）的概念。该概念根植于历史先例之中——如转角处的塔楼，对抗了新兴的生物形态形体的能量。

在这个项目中，形式构成的发展轨迹十分明显，并以一种不同于盖里其他项目的方式进行。在盖里的项目中，这是少有的一个可看作是对历史先例进行无意识批判的设计。在路易斯大楼设计中，对辛克尔柏林老博物馆的呼应首先也最主要体现在平面上。而柏林老博物馆的实际剖面与路易斯大楼的剖面主题并不一样。这并不是说，辛克尔平面的影响反映了完全无意识的抉择；这种影响能穿透个人的无意识，尤其是当图解化的操作允许这种无意识投射向表面时。图解为形象化弯曲的无意识表达提供了一种手段：图解常常激活了无意识的记忆，而这里反映的则是盖里于1995年为柏林博物馆岛上一个新增博物馆项目所做的设计竞赛方案。路易斯大楼不同于盖里的其他项目，介于有意识和无意识、类比方法和数字技术之间，这就使路易斯大楼成为盖里在此之前和之后设计项目之间的一个转折点。

路易斯大楼将类比方法和数字技术结合在了一起，尤其是在数字技术如何影响建筑剖面观念方面。传统的或类比的剖面是由平面产生，并在竖向上延伸至屋顶。数字模型为空间的延伸提供了可

262

图9 彼得·路易斯大楼，研究模型，1999年3月。

能，使其不必是笛卡尔式的了。但这不同于库哈斯阿加迪尔会议中心项目的剖面或里伯斯金在犹太人博物馆项目中对 X 轴线的侵蚀。这种技术使造型拥有了竖向延伸的新力量，如侵蚀和弯曲。对于剖面上没有这种侵蚀的平面和剖面先例来说，路易斯大楼项目中发展的竖向侵蚀十分有价值。在多米诺住宅中，空间横向连续延伸并作为水平基准。如今它能以一种更加微妙的方式发生变化，就像在阿加迪尔会议中心或 FOA 建筑事务所的横滨海港码头项目（Foreign Office Architects' project for Yokohama）中那样。这两个项目都主要关注剖面在水平方向上的扰动，并将其作为设计主题。但在盖里为韦瑟黑德学院设计的路易斯大楼中，剖面不仅是空间的水平基准延伸，还成为了竖向的空间调节：剖面在竖向上演化，发生弯曲并盘旋上升。正是这种不同于库哈斯、里伯斯金和柯布西耶的剖面反思，使路易斯大楼成为了过去和未来剖面观念之间的转折点。盖里同时否定了从平面开始沿竖向拉伸的观念和他自己柔软伞形图解的想法。在路易斯大楼中，弯曲的剖面被立面掩饰，进一步否定了剖、立面从局部到整体的关系。

　　盖里的路易斯大楼是一个关键项目，因为它提出了超越建筑先例的问题。在将图解概念化为类比策略方面，在区分类比过程与数字过程方面，它都标志了某种转变。林恩的设计依赖计算机，库

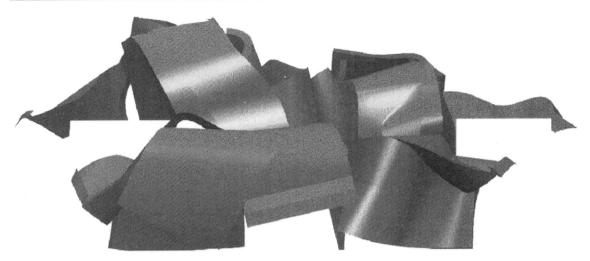

图10　彼得·路易斯大楼，侧立面，数字模型，2000年。

哈斯和里伯斯金以类比方式设计作品，而路易斯大楼的某些方面只能在数字技术中发展。作为本书的最后一个项目，路易斯大楼为其他九个项目提供了一个框架——即从现代主义建筑批评的发展演化的角度，从批判性使用各种形式图解的角度，如何看待其他九个项目。在作为现在的过去和作为未来的现在之间，路易斯大楼是一个转折点项目。在质疑古典的、从局部到整体关系统一性的优先权的过程中，它提出了潜在的范式转变。

　　盖里为韦瑟黑德学院设计的路易斯大楼，通过质疑先例，提出了不同于书中其他作品的从局部到整体的问题。可以认为，这里讨论的所有十座建筑都依赖于某些关于先例形式的可能过程，而先例则被看作是原始、真实、理想的。这十座建筑在图解上也都参考了一些先例。从历史来讲，任何范式转变都始于否定作为必要中介的先例。由此说来，在面对进化能力的时候，这里的分析可算是一项非凡但又必然徒劳的工作。这种进化能力产生了组件关系（component relationships）内部的条件，而这些组件关系与任何优先条件或先例都没有必然类比关系。

264　　如果说这十座建筑体现了建筑学的什么改变，那主要就是主客体关系的微妙变化。这体现在两个方面：第一，数字过程产生的形象化力量，迫使精读发生了变化；第二，主体本身成为被注视的客体，带来了主客体物质关系的变化。书中这些作品没有统一的主题。如果非要说一些的话，那便是对于这些作品，已不再有从局部到整体关系和可判定意义的精读。当叙述——作为一种主客体关系中被改变了的时间感——被削弱了，精读不禁被影响了，这就产生了不可判定性的观念。因此，文本是不可判定性的发动机。正是精读的变化，最终暗示了对于经典的反思。经典总是被精读的公认想法所支撑。而对这些公认想法的质疑，或许就是此刻经典的特征。
265

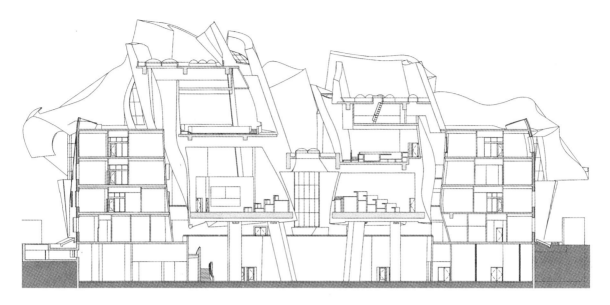

图 11　彼得·路易斯大楼，剖面，2000 年。

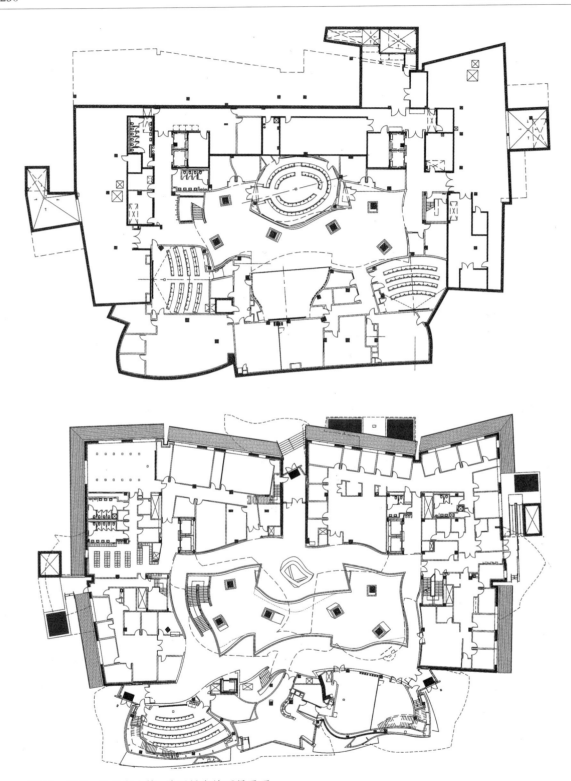

图12　彼得·路易斯大楼，地下层和地面层平面。

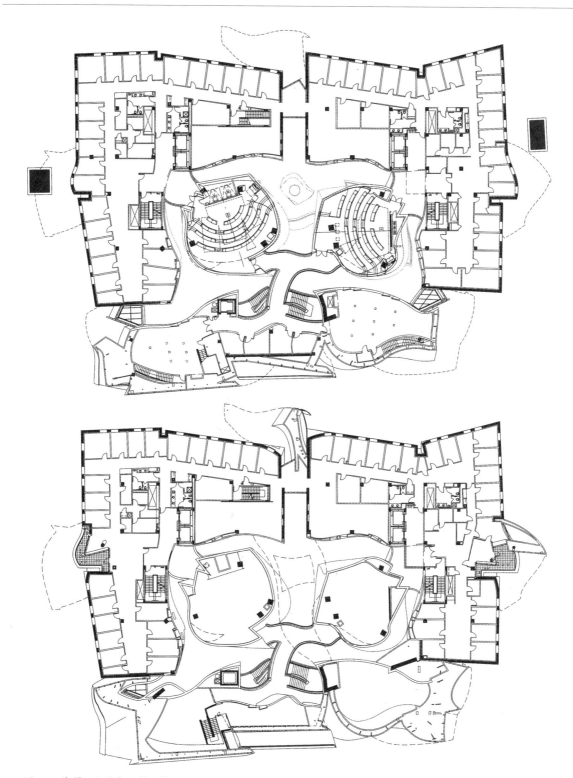

图13 彼得·路易斯大楼，第一层和第二层平面。

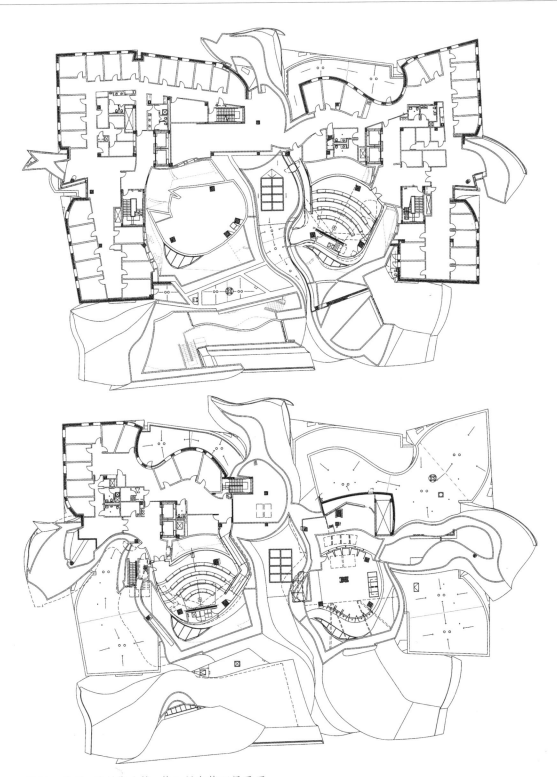

图14 彼得·路易斯大楼，第三层和第四层平面。

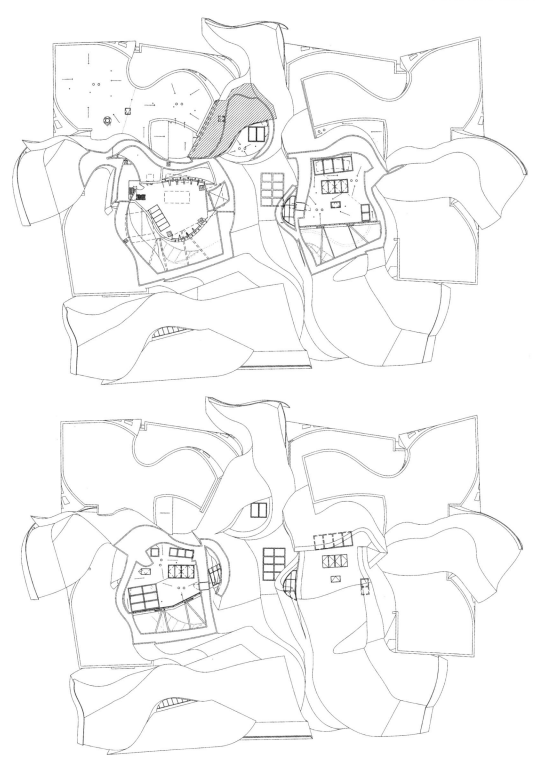

图 15 彼得·路易斯大楼，屋顶平面。

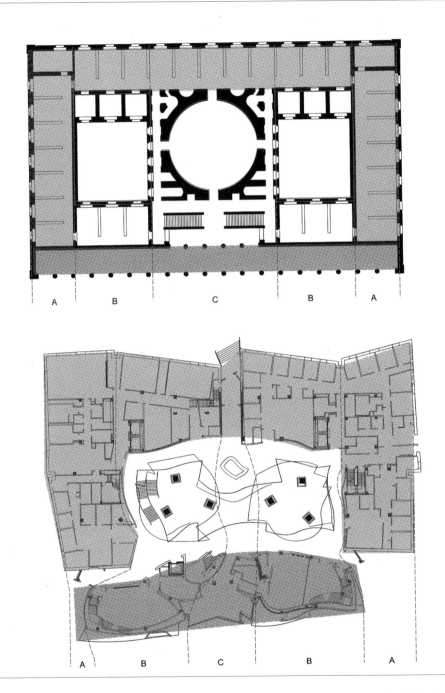

图 16　柏林老博物馆的平面，可看作是盖里设计的韦瑟黑德学院路易斯大楼的先例。第一眼看上去，辛克尔设计的柏林老博物馆的四个转角，有着清晰的体块感，堪称新古典主义宫殿的原型。其平面总体划分为 ABCBA 五段式，而横跨整个长边的入口主立面强调了建筑的正面性。

图 17　路易斯大楼的地面层平面也明显保留了古典建筑平面的痕迹，如 U 形的组织、入口主立面和 ABCBA 的总体划分。在路易斯大楼中，一个清晰的组件独立于主体，成为了辛克尔建筑中入口主立面柱廊的等价物。

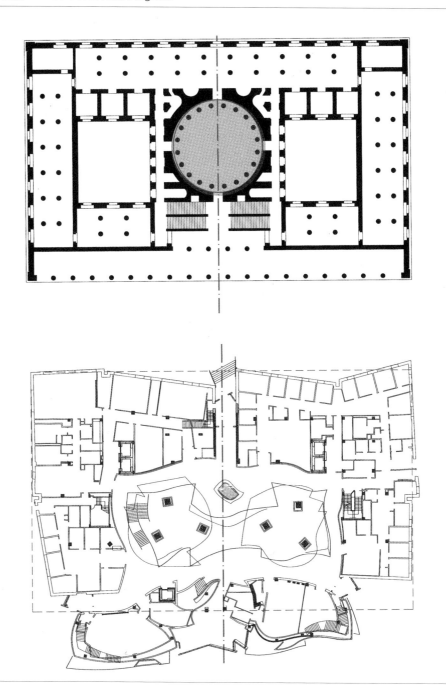

图18 在柏林老博物馆中，圆桶形的空间确立了竖向轴线。竖直轴线穿过中心体量，形成了轴对称性。而在中心圆桶体量的两侧都有一个方形空间和一个长方形体块。

图19 路易斯大楼的地面层平面，也是边上两部分围绕中心虚体的组织方式。在小尺度的中心核和受其影响的周边体块之间，有一种似是而非的作用。中心虚体似乎施加了一种力量，挤压了后部体块，并切入其相邻的体块。

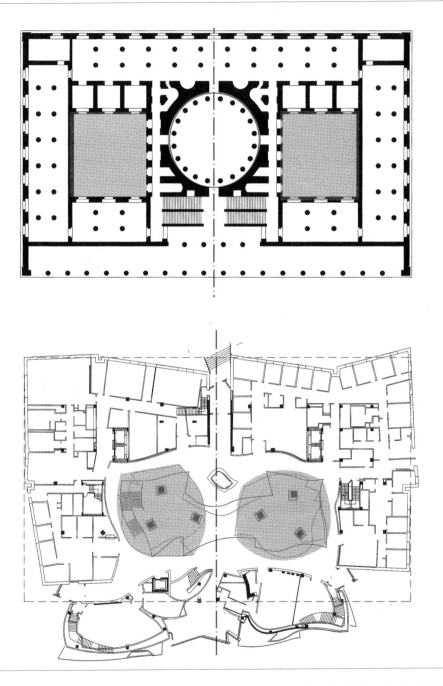

图20　在柏林老博物馆中，中心圆桶两侧的体量一样大小。圆桶形体量还被挤入中心空间的楼梯间所压缩。从切入圆桶墙体填充的壁龛宽度上，也能看出这种压缩。圆桶后部的壁龛开口较宽，而前部壁龛的开口则被压小了，似乎记录了来自楼梯的挤压。

图21　路易斯大楼的中心核由两个主要体量构成，它们形成了一个双核元素。这两个体量按竖直轴线大致对称。但这种对称随之又被不对称的主立面所隐藏。就像柏林老博物馆的主立面柱廊一样，路易斯大楼的主立面部分同样向中心施加了一个推力。

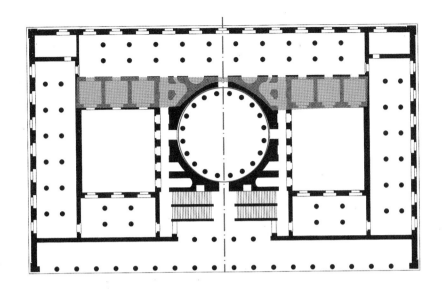

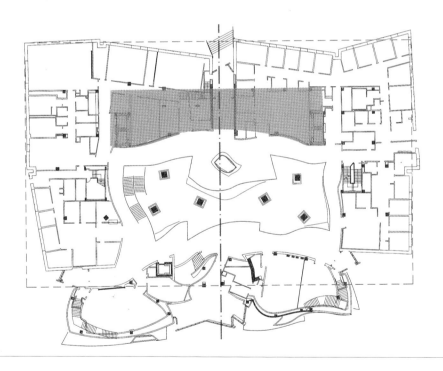

图22　在柏林老博物馆中，一个不规则的区域（红色部分），活跃了平面。

图23　在路易斯大楼中，也有一个不规则的区域，转变了实际平面的中轴线。

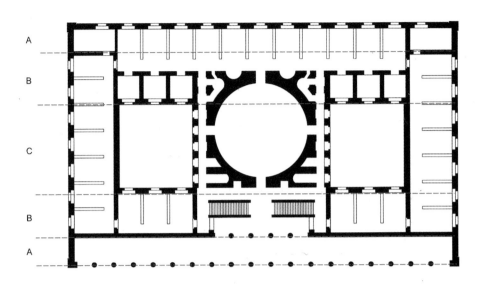

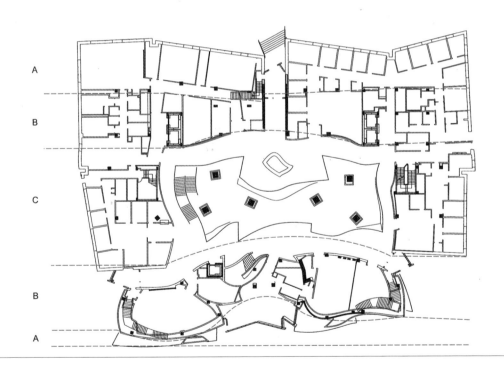

图 24　柏林老博物馆的平面既对称又不对称。虽然平面按竖直轴线对称，但却没有一根水平轴线处于主导地位。

图 25　本质上来讲，也能从路易斯大楼的平面中看出从上到下 ABCBA 的横向组织。但区域 C 的中轴线与桶形中心确立的中轴线却不一致。区域 C 中的桶形挤入后部的区域 B，又再挤压了后部的区域 A。这种挤压力量抵抗了所有对称的稳定性。

图26　柏林老博物馆的转角部分体现了其新古典主义的风格，这是从透视角度来看而非立面的效果。从转角处理来看，侧立面与正立面的关系被强调了，也使转角部分成为了重要主题。

图27　路易斯大楼不仅在平面上，在透视上也采用了新古典主义的手法。在转角部分，人们可以看出左侧窗户竖向层叠和右侧窗户金字塔般上升的不同。转角塔楼以此被清晰表达——其每个面展现了不同的信息，但又使转角部分成为了中心元素。

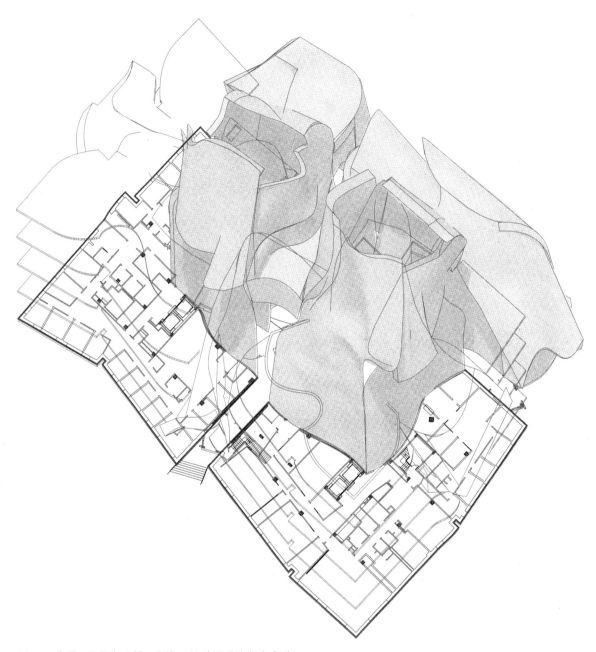

图 28　彼得·路易斯大楼，从地面层到屋顶的竖向弯曲。

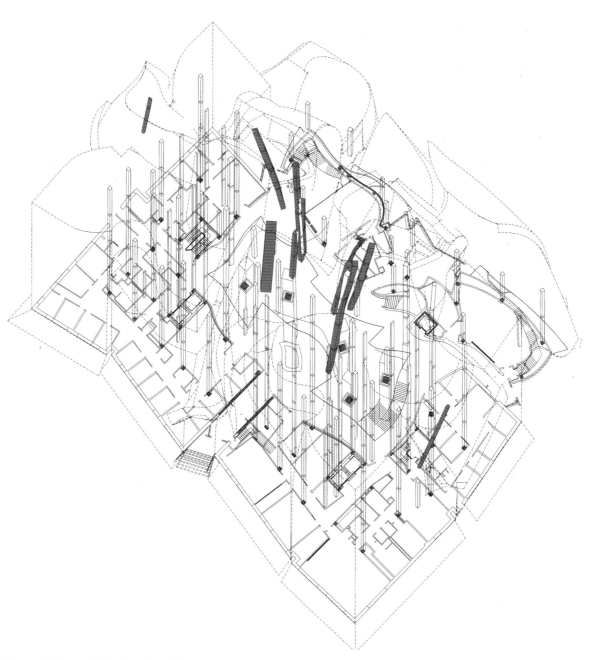

图 29 彼得·路易斯大楼, 带倾斜柱子的柱网。

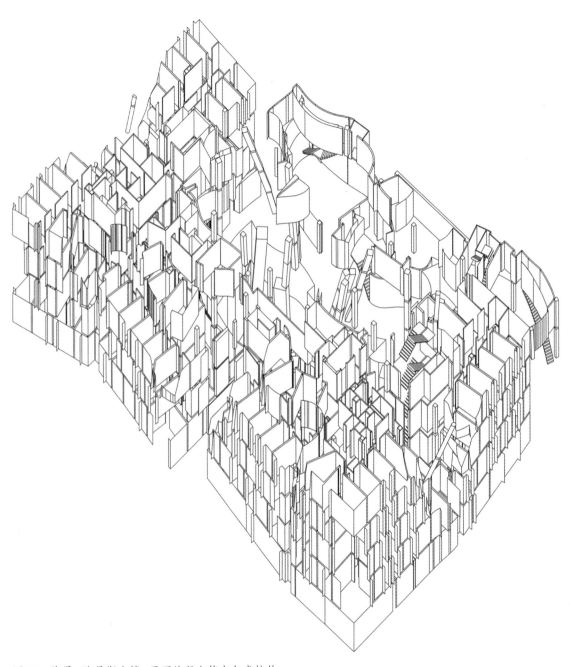

图30　彼得·路易斯大楼，平面的竖向笛卡尔式拉伸。

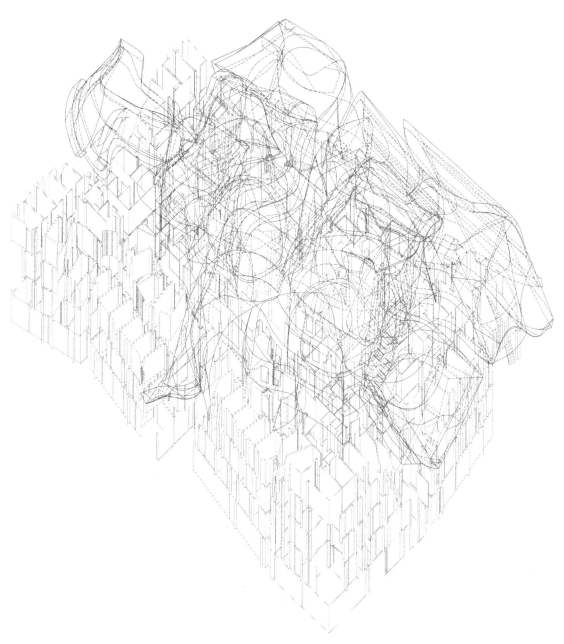

图31　彼得·路易斯大楼，竖向拉伸和剖面弯曲元素的对比。

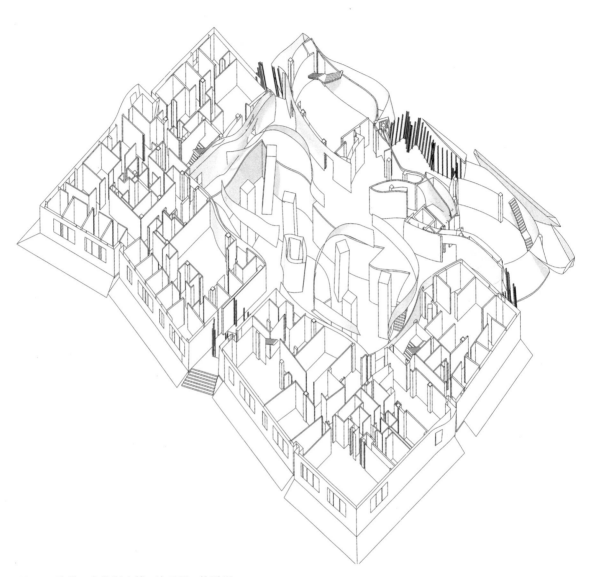

图 32　彼得·路易斯大楼，地面层，轴测图。

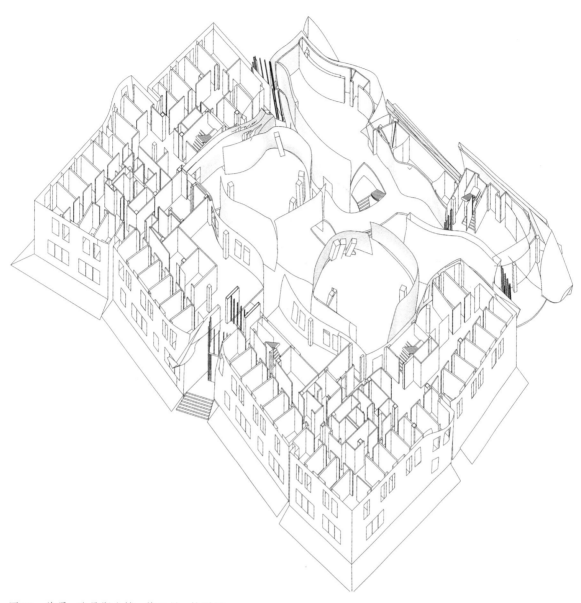

图33 彼得·路易斯大楼，第二层，轴测图。

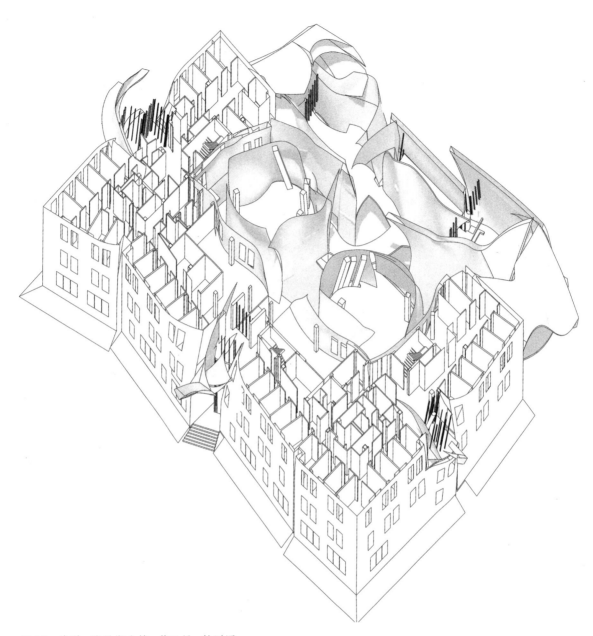

图34　彼得·路易斯大楼，第三层，轴测图。

图35 彼得·路易斯大楼，第四层，轴测图。

图36 彼得·路易斯大楼，第五层，轴测图。

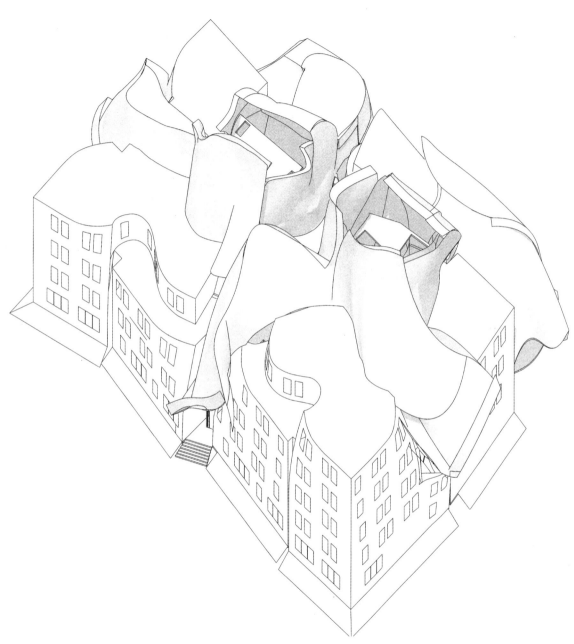

图37　彼得·路易斯大楼，屋顶层，东南向轴测图。

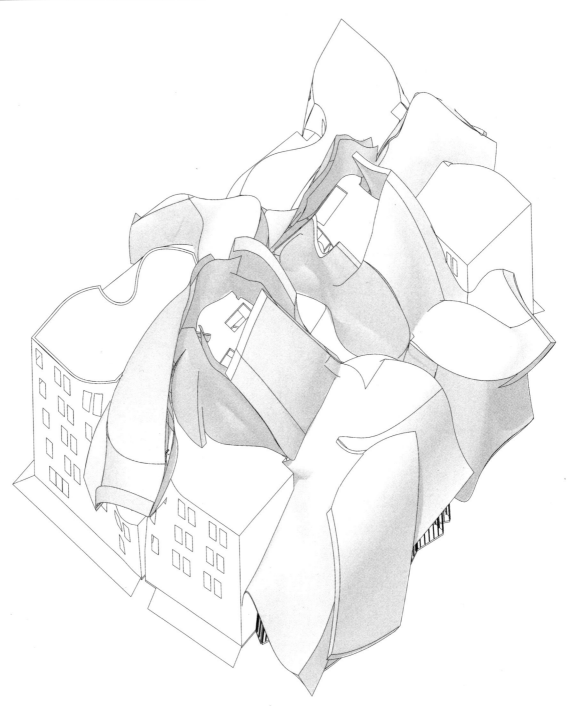

图38 彼得·路易斯大楼，屋顶层，西北向轴测图。

参考文献

导言

Barthes, Roland. "From Work to Text." In *Art After Modernism: Rethinking Representation,* edited by Brian Wallis, 168-174. New York: The New Museum of Contemporary Art, 1984.

Bloom, Harold. *The Western Canon: The Books and School of the Ages.* New York: Harcourt Brace, 1994.

Derrida, Jacques. *Of Grammatology.* Translated by Gayatri Chakravorty Spivak. Baltimore: Johns Hopkins University Press, 1976.

Eisenman, Peter. "Aspects of Modernism: Maison Dom-ino and the Self-Referential Sign." *Oppositions* 15/16（Winter/ Spring 1980）: 119-128.

Eisenman, Peter. "Post-functionalism." *Oppositions* 6（Fall 1976）: i-iii.

Rowe, Colin. "The Mathematics of the Ideal Villa." In *The Mathematics of the Ideal Villa and Other Essays.* Cambridge, MA: MIT Press, 1982.

Tafuri, Manfredo. *Architecture and Utopia: Design and Capitalist Development.* Translated by Barbara Luigi La Penta. Cambridge, MA: MIT Press, 1976.

Tafuri, Manfredo. *Progetto e utopia: Architettura e sviluppo capitalistico.* Bari, Laterza, 1973.

Tafuri, Manfredo. *Teorie e Storia dell'architettura.* Bari: Laterza, 1967.

Tafuri, Manfredo. *Theories and History of Architecture.* Translated by Giorgio Verrecchia. New York: Harper & Row, 1980.

1　文本的轮廓

路易吉·莫雷蒂，"向日葵"住宅，1947—1950年

Banham, Reyner. "Casa del Girasole: Rationalism and Eclecticism in Italian Architecture." *Architectural Review* 113

（February 1953）: 73-77.

Bucci, Federico and Marco Mulazzani. *Luigi Moretti: Works and Writings.* Translated by Marina deConciliis. New York: Princeton Architectural Press, 2002.

Eisenman, Peter. "Luigi Moretti and the Culture of Fragments." *Area* 74（May/June 2004）: 170-181.

Eisenman, Peter. "La Casa 'Il Girasole,'" *Moretti visto da Moretti.* Rome: Palombi, 2007.

Finelli, Luciana. *Luigi Moretti, la promessa e il debito: architetture 1926-1973.* Rome: Officina, 1989, 2005.

Moretti, Luigi. "Valori della Modanatura." *Spazio* 6（1951-2）. Translated by Thomas Stevens as "The Values of Profiles." *Oppositions* 4（October 1974）: 109-139.

Moretti, Luigi. "Strutture e sequenze di spazi," *Spazio* 7（1952-3）. Translated by Thomas Stevens as "The Structures and Sequences of Space." *Oppositions* 4（October 1974）: 109-139.

Stirling, James. "'The Functional Tradition' and Expression," *Perspecta* 6（1960）: 88-97.

Venturi, Robert. *Complexity and Contradiction in Architecture.* New York: Museum of Modern Art, 1966.

2　伞形图解

路德维希·密斯·凡·德·罗，范斯沃斯住宅，1946—1951年

Blaser, Werner. "Farnsworth-Haus in Plano, Illinois von Mies van der Rohe, 1945-50." *Detail* 26（November/December 1986）: 526-529.

Blaser, Werner. *Mies van der Rohe: Farnsworth House: weekend house.* Basel: Birkhauser, 1999.

Eisenman, Peter. "miMISes READING: does not mean A THING." In *Mies Reconsidered,* organized by John Zukowsky. New York: Rizzoli, 1986.

Eisenman, Peter. "Mies and the Figuring of Absence." In *Mies in America,* edited by Phyllis Lambert, 706-715. New York: H. N. Abrams, 2001.

Guisado, Jesus Maria Aparicio. "The Dematerialisation of the wall, an evolution of tectonics: Gottfried Semper, Mies van der Rohe and the Farnsworth House." *Arquitectura* 310（1997）: 16-21, 116-119.

Hartoonian, Gevork. "Mies van der Rohe: The Genealogy of Column and Wall." *Journal of Architectural Education* 42（Winter 1989）: 43-50.

Lambert, Phyllis. "Mies Immersion." In *Mies in America,* edited by Phyllis Lambert, 192-589. New York: H. N. Abrams, 2001.

Lohan, Dirk. *Farnsworth House, Plano, Illinois, 1945-1950.* Tokyo, Japan: A. D. A. EDITA Tokyo, 1976.

Schulze, Franz. *The Farnsworth House.* Chicago: Lohan Associates, 1997.

Schulze, Franz. *Mies van der Rohe: A Critical Biography.* Chicago: University of Chicago Press, 1985.

3 文本的异端

勒·柯布西耶，斯特拉斯堡议会大厦，1962—1964年

Deleuze, Gilles. *Francis bacon: The Logic of Sensation.* Translated by Daniel Smith. Minneapolis: University of Minnesota Press, 2002.

Eisenman, Peter. "Aspects of Modernism: Maison Dom-ino and the Self-Referential Sign." *Oppositions* 15/16（Winter/Spring 1980）: 119-128.

Frampton, Kenneth. "Le Corbusier and 'I' Esprit Nouveau." *Oppositions* 15-16（Winter-Spring 1979）: 12-59.

Frampton, Kenneth and Roberto Schezen. *Le Corbusier: Architect of the Twentieth Century.* New York: H. N. Abrams, 2002.

Frampton, Kenneth. *Le Corbusier 1933-1960.* Cambridge, MA: MIT Press, 1980.

Le Corbusier, *Oeuvres Completes.* Zurich: Les Editions d'Architecture, 1970.

Le Corbusier, *Towards an Architecture.* Translated by John Goodman. Los Angeles: Getty Trust Publications, 2007.

Le Corbusier, *Vers une Architecture.* Paris: Les Editions G. Crès et Cie, 1923.

Rowe, Colin. "Mannerism and Modern Architecture." In *The Mathematics of the Ideal Villa and Other Essays,* 29-58. Cambridge, MA: MIT Press, 1976.

Sarkis, Hashim. "Constants in motion: Le Corbusier's "rule of movement" at the Carpenter Center." *Perspecta* 33（2002）: 114-125.

Smet, Catherine de. *Le Corbusier, Architect of Books.* Baden: Lars Müller Publishers, 2005.

Von Moos, Stanislaus and Arthur Rüegg. *Le Corbusier before Le Corbusier: Applied Arts, Architecture, Painting, Photography, 1907-1922.* New Haven: Yale University Press, 2002.

4 从格网到历时性空间

路易斯·康，阿德勒住宅与德·沃尔住宅，1954—1955年

Bonnefoi, Christian. "Louis Kahn and Minimalism." *Oppositions* 24（Spring 1981）: 2-25.

Brownlee, David B. *Louis I. Kahn: In the Realm of Architecture.* Introduction by Vincent Scully. New York: Rizzoli, 1991.

Fitch, James Marston. "A Building of Rugged Fundamentals." *Architectural Forum* 113 (July 1960): 82-87.

Frampton, Kenneth. "Louis Kahn and the French Connection." *Oppositions* 22 (Fall 1980): 20-53.

Jordy, William H. "Criticism, medical research building for Pennsylvania University, Phila.: Louis I. Kahn, architect." *Architectural Review* 129 (February 1961): 99-106.

Kahn, Louis. "Two Houses." *Perspecta* 3 (1955): 60-61.

Kahn, Louis. "Monumentality." In *Architecture Culture 1943-1968,* edited by Joan Ockman with Edward Eigen. New York: Columbia Books of Architecture/Rizzoli, 1993.

"Louis I. Kahn, architect, Alfred Newton Richards Medical Research Building, University of Pennsylvania, Philadelphia, 1958-1960." *Museum of Modern Art Bulletin* 28 (1961): 3-23.

Maniaque, Caroline. "Louis Kahn: La Maison comme Laboratoire d'éxperimentation." *Moniteur architecture AMC* 108 (June/July 2000): 94-100.

Norberg-Schulz, Christian. "Kahn, Heidegger, and the Language of Architecture." *Oppositions* 18 (Fall 1979): 28-47.

5   九宫格图解及其矛盾性

罗伯特·文丘里，凡娜·文丘里住宅，1959—1964年

"Interview: Robert Venturi and Peter Eisenman." *Skyline* (July 1982): 12-15.

Raggatt, Howard. "A Zone of the Blur." *Transition* 41 (1993): 7-13.

Rowe, Colin. "Robert Venturi and the Yale Mathematics Building." *Oppositions* 6 (Fall 1976): 1-23.

Mother's House: The Evolution of Vanna Venturi's House in Chestnut Hill. Edited by Frederic Schwartz. New York: Rizzoli, 1992.

Steele, James et al. "Special Issue: Venturi Scott Brown & Associates on Houses and Housing." *Architectural Monographs* 21 (1992): 24-30.

Venturi, Robert. *Complexity and Contradiction in Architecture.* New York: Museum of Modern Art, 1966.

Venturi, Robert and Denise Scott Brown, "Some Houses of Ill-Repute." *Perspecta* 13 (1971): 259-267.

Venturi, Robert, Denise Scott Brown, and Steven Izenour. *Learning from las Vegas: The Forgotten Symbolism of Architectural Form.* Cambridge, MA: MIT Press, 1972.

Von Moos, Stanislaus. *Venturi, Rauch and Scott Brown, Buildings and Projects.* New York: Rizzoli, 1987.

Wrede, Stuart. "Complexity and Contradiction Twenty-five Years Later: An Interview with Robert Venturi." In *American Art of the 1960s,* 143-163. New York: The Museum of Modern Art, 1991.

6　材料的反转

詹姆斯·斯特林，莱斯特大学工程馆，1959—1963年

Banham, Reyner. "The New Brutalism." *Architectural Review* 118（December 1955）: 354-361.

Cook, Peter. "Stirling and Hollein." *Architectural Review* 172（December 1982）: 52-54.

Eisenman, Peter. "Real and English: Destruction of the Box. I." *Oppositions* 4（October 1974）: 5-34.

Frampton, Kenneth. "Leicester University Engineering Laboratory." *Architectural Digest* 34（February 1964）: 61.

James Stirling, Buildings and Projects, 1950-1974. London: Thames and Hudson, 1974.

James Stirling, Buildings and Projects, 1950-1980. Edited by Peter Arnell and Ted Bickford. New York: Rizzoli, 1993.

Maxwell, Robert. *James Stirling/Michael Wilford.* Basel, Boston: Birkhauser Verlag, 1998.

McKean, John. *Leicester University Engineering Building.* London: Phaidon, 1994.

Rowe, Colin and Robert Slutzky, "Transparency: Literal and Phenomenal." *Perspecta* 8（1963）: 45-54.

Rowe, Colin and Robert Slutzky, "Transparency: Literal and Phenomenal. II." *Perspecta* 13（1971）: 287-301.

Scalbert, Irne. "Cerebral Functionalism: The Design of the Leicester University Engineering Building." *Archis* 5（May 1994）: 70-80.

Stirling, James. "Garches to Jaoul: Le Corbusier as a Domestic Architect in 1927 and 1953." *Architectural Review*（September 1955）: 145-151.

Stirling, James. "'The Functional Tradition' and Expression." *Perspecta* 6（1960）: 88-97.

Stirling, James. "Regionalism and Modern Architecture." *Architects' Yearbook* 8（1957）: 62-68.

Tafuri, Manfredo. "L'Architecture dans le Boudoir." Translated by Victor Caliandro. *Oppositions* 3（May 1974）: 37-62.

7　类比的文本

阿尔多·罗西，圣·卡塔尔多公墓，1971—1978年

Aldo Rossi, Buildings and Projects. Edited by Peter Arnell and Ted Bickford, essays by Vincent Scully and Rafael Moneo.

New York: Rizzoli, 1985.

Aureli, Pier Vittorio, "The Difficult Whole." *Log* 9（Spring 2007）: 39-61.

Bataille, Georges. *Le Bleu du Ciel.* Paris: J. Pauvert, 1967.

Bataille, Georges, *Blue of Noon.* Translated by Harry Mathews. New York: Unizen, 1978.

Eisenman, Peter. "The House of the Dead as the City of Survival." In *Aldo Rossi in America: 1976-1979,* 4-15. New York: Institute for Architecture and Urban Studies, 1979.

Johnson, Eugene J. "What Remains of Man-Aldo Rossi's Modena Cemetery." *Journal of the Society of Architectural Historians* 41（March 1982）: 38-54.

Moneo, Rafael. "Aldo Rossi: The Idea of Architecture and the Modena Cemetery." *Oppositions* 5（1976）: 1-30.

Rowe, Colin and Fred Koetter. *Collage City.* Cambridge, MA: The MIT Press, 1978.

Rossi, Aldo. *The Architecture of the City.* Translated by Diane Ghirardo and Joan Ockman. Cambridge, MA: MIT Press, 1984.

Rossi, Aldo. "The Blue of the Sky." *Oppositions* 5（1976）: 31-34.

Savi, Vittorio. "Il cimitero aldorossiano: traccia di racconto critico [the Aldorossian Cemetery: outline of a critical account]." *Lotus International* 38（1983）: 30-43.

Tafuri, Manfredo. "The 'Case' of Aldo Rossi." In *History of Italian Architecture, 1944-1985,* translated by Jessica Levine. Cambridge, MA: MIT Press, 1989.

Thom, Deborah. "The City of the Dead as the City of the Living: Aldo Rossi's Modena Cemetery." *Dimensions* 4（Spring 1990）: 14-17.

8   虚体的策略

雷姆·库哈斯，朱西厄大学图书馆，1992—1993年

Aureli, Pier Vittorio and Gabriele Mastrigli. "Postmodern Oppositions: Eisenman contro Koolhaas." *Arch' It files*（28 January 2004）.

Cornubert, Christophe. "Ein offenes Fenster: die Fassade der Bibliotheken von Jussieu in Paris." *Deutsche Bauzeitung* 128（1994）: 152-156.

Fernández-Galiano, Luis. "The Butterfly's Fate." *Log* 2（Spring 2004）: 15-23.

Koolhaas, Rem. "Junk Space." In *Content,* 162-171. Cologne: Taschen, 2003.

Lucan, Jacques. "Le concours de Jussieu." *Moniteur architecture AMC* 38（February 1993）: 22-25.

"Office for Metropolitan Architecture: two libraries for Jussieu University, Paris." *AA files* 26（Autumn 1993）: 36-44.

Somol, R. E. "12 Reasons to Get Back into Shape." In *Content,* 86-7. Cologne: Taschen, 2003.

Somol, R. E. and Sarah Whiting. "Notes Around the Doppler Effect." *Perspecta* 33（2002）: 72-77.

Vidler, Anthony. "Books in Space: Tradition and Transparency in the Bibliothèque de France." *Representations* 42（Spring 1993）: 115-134.

Zaera Polo, Alejandro, Rem Koolhaas, et al. "OMA/Rem Koolhaas 1992-1996." *El Croquis* 79（1996）.

9 轴线的解构

丹尼尔·里伯斯金，犹太人博物馆，1989—1999年

Anderson, Stanford et al. "Memoria." *Diadalos* 58（December 1995）: 122-125.

Evans, Robin. "In Front of Lines that Leave Nothing Behind." *AA Files* 6（1984）: 89-96.

Gonzales Cobelo, J. L., Donald L. Bates, and Daniel Libesking. "Daniel Libeskind 1987-1996." *El Croquis* 80（1996）.

Huyssen, Andreas. "The Voids of Berlin." *Critical Inquiry* 24（Autumn 1997）: 57-81.

Krauss, Rosalind. "Notes on the Index: Seventies Art in America." *October* 3（Spring 1977）: 68-81.

Krauss, Rosalind. "Notes on the Index: Seventies Art in America, Part II." *October* 4（Autumn 1977）: 58-67.

Libeskind, Daniel. "Between the lines: extension to the Berlin Museum, with the Jewish Museum." *Assemblage* 12（August 1990）: 18-57.

Libeskind, Daniel. *Chamberworks: Architectural Meditations on Themes from Heraclitus.* London: Architectural Association, 1983.

Libeskind, Daniel. *Daniel Libeskind: Jewish Museum Berlin: Between the Lines.* Munich and London: Prestel, 1999.

Libeskind, Daniel. *Jewish Museum Berlin.* Berlin: G+B Arts International, 1999.

Libeskind, Daniel. *A Passage Through Silence and Light.* London: Black Dog Publishers, 1997.

Rambert, Francis. "Presence de l'absence: Musée juif de Berlin." *Connaissance des arts* 561（May 1999）: 98-105.

Ullman, Gerhard. "El rayo del entendimiento: Libeskind, Museo Judo en Berlin." *Arquitectura Viva* 11（March-April 1990）: 14-19.

10　柔软伞形图解

弗兰克·盖里，彼得·路易斯大楼，1997—2002年

Dal Co, Francesco and Kurt W. Forster. *Frank O. Gehry: The Complete Works.* New York: The Monacelli Press, 1998.

Frank Gehry, Buildings and Projects. Edited by Peter Arnell and Ted Bickford. New York: Rizzoli, 1985.

Foster, Hal. "Re: Post." In *Art After Modernism: Rethinking Representation,* edited by Brian Wallis, 188-201. New York: The New Museum of Contemporary Art, 1984.

Krauss, Rosalind. "The Originality of the Avant-Garde: A Postmodern Repetition." In *Art After Modernism: Rethinking Representation,* edited by Brian Wallis, 12-29. New York: The New Museum of Contemporary Art, 1984.

Litt, Steven. "Business unusual [Peter B. Lewis Building, Cleveland]." *Architecture* 91（October 2002）: 68-73.

Martin, Jean-Marie. "Frank O. Gehry." *Casabella* 63（September 1999）: 12-21.

Polano, Sergio et al. "Forms and methods of deconstruction [Forme e modi della deconstruzione]." *Casabella* 63（September 1999）: 12-20, 88-89.

Owens, Craig. "The Allegorical Impulse: Toward a Theory of Postmodernism." In *Art After Modernism: Rethinking Representation,* edited by Brian Wallis, 202-235. New York: The New Museum of Contemporary Art, 1984.

索 引

斜体页码，表示该页有插图。页码均为原书页码，在本书中以边码形式标明。

50×50住宅　50 by 50 House, 57, *57*

阿德勒住宅　Adler House, 12, 20, 23, 102—119, *102, 104, 106, 108, 112—119*, 131

利昂·巴蒂斯塔·阿尔伯蒂　Alberti, Leon Battista, 29, 53

柏林老博物馆　Altes Museum, 259, 262, 270—275, *270—275*

伊利诺斯工学院校友纪念馆　Alumni Memorial Hall（IIT）, *56*, 57

罗马的美国学院　American Academy in Rome, 130

提图斯凯旋门　Arch of Titus, 29

建筑电讯派　Archigram, 157

昌迪加尔议会大厦 Assembly Hall at Chandigarh, 76, *77*

皮埃尔·维托利奥·奥雷利　Aureli, Pier Vittorio, 180

弗朗西斯·培根　Bacon, Francis, 73

彼得·雷纳·班纳姆　Banham, Peter Reyner, 27, 157

巴塞罗那德国馆　Barcelona Pavilion, 53, *53, 54*

爱德华·巴尼斯　Barnes, Edward, 130

罗兰·巴特　Barthes, Roland, 51

乔治·巴塔耶　Bataille, Georges, 179

瓦尔特·本雅明　Benjamin, Walter, 201

亨利·柏格森　Bergson, Henri, 235

柏林博物馆　Berlin Museum, 235, 236

彼得·布雷克　Blake, Peter, 157

莫里斯·布朗肖　Blanchot, Maurice, 103—104, 107

哈罗德·布鲁姆　Bloom, Harold, 12, 15

弗朗切斯科·波洛米尼　Borromini, Francesco, 21

艾蒂安—路易斯·布雷　Boullée, Etienne-Louis, 185, 190

乡间砖住宅　Brick Country House, 52

马塞尔·布劳耶　Breuer, Marcel, 52, 107

戈登·邦沙夫特　Bunshaft, Gordon, 130

剑桥大学历史系图书馆　Cambridge History Faculty Library, 159

战神广场　Campo Marzio, 182

哈佛大学卡朋特艺术中心　Carpenter Center, 76—78

波尔多音乐厅　Casa da Musica in Porto, 201, 207—208

"向日葵"住宅　Casa "Il Girasole," *18*, 22, 26—48, *26—48*, 130, 136

朱利亚尼—弗里赫里奥住宅　Casa Giuliani-Frigerio, 28

凯斯西储大学韦瑟黑德管理学院　Case Western Reserve, 11; and Weatherhead School of management, 19

摩德纳的圣·卡塔尔多公墓 Cemetery of San Cataldo in Modena, *22*, 23, 178—180, 184—198, *185—198*

都灵中心商务区方案　Central Business District Proposal, Turin, *180*

昌迪加尔议会大厦　Chandigarh, 75, 80: Assembly Hall, 76, *77*; Parliament Building, 76

国际现代建筑协会　CIAM（Congrès International d'Architecture Moderne）, 129, 157

"城市边缘"设计竞赛　City Edge competition, 234, *234*

哈里·柯布　Cobb, Harry, 130

乡间混凝土住宅　Concrete Country House, 52

勒·柯布西耶　Corbusier. *See* Le Corbusier

科斯塔墓园　Costa Cemetery, 185—186, 191

伊利诺斯工学院克朗楼　Crown Hall（IIT）, *56*, 57, 204

戈登·卡伦　Cullen, Gordon, 157

乔治·德·契里科　De Chirico, Giorgio, 179, 184

居伊·德波　Debord, Guy, 129

吉尔·德勒兹　Deleuze, Gilles, 73, 129

风格派　De Stijl, 51—52

德·沃尔住宅　DeVore House, 12, *19*, 20, 23, 103—111, 120—126, *104*—*107*, *109*, *120*—*126*, 131

特奥·凡·杜斯堡　Doesberg, Theo van, 29

多米诺住宅　Dom-ino. *See* Maison Dom-ino

迪朗　Durand, J.N.L., 183

柏林的荷兰大使馆　Dutch Embassy in Berlin, 207

李西斯基　El Lissitzky, 29

威廉·恩普森　Empson, William, 17

罗马世界博览会　Esposizione Universale di Roma, 179

埃克塞特图书馆　Exeter Library, 20, 110

范斯沃斯住宅　Farnsworth House, 12, *18*, 22, *50*—*52*, *55*, *57*, 60—71, *60*—*71*

联邦住房管理局　Federal Housing Authority, 130

牛津大学女王学院弗洛里大楼　Florey Building at Queens College, Oxford, 159

乌尔里希·弗兰岑　Franzen, Ulrich, 130

弗里克博物馆　Frick Museum, New York, 21

FOA建筑事务所　Foreign Office Architects, 263

米歇尔·福柯　Foucault, Michel, 9

格拉拉住宅区　Gallaratese housing complex, 180, *181*, 184, 187

弗兰克·盖里　Gehry, Frank, 11, 18—21, 23—24, 256—286

玻璃住宅　Glass House, 56, 58

迈克尔·格雷夫斯　Graves, Michael, 130

毕尔巴鄂古根海姆博物馆　Guggenheim Museum Bilbao, 18—21

西格弗里德·吉迪恩　Giedion, Sigfried, 129

詹姆斯·高恩　Gowan, James, 154, 159

沃尔特·格罗皮乌斯　Gropius, Walter, 52, 107

半宅　Half-House, 136

理查德·汉密尔顿　Hamilton, Richard, 156—157

马丁·海德格尔　Heidegger, Martin, 52

约翰·海杜克　Hejduk, John, 106—109, 130—131, 133, 136, 188

奈杰尔·亨德森　Henderson, Nigel, 156

路德维希·希伯塞默　Hilberseimer, Ludwig, 192

伊利诺斯工学院　Illinois Institute of Technology（IIT）, 55—57

独立团体　Independent Group, 156—157

阿默达巴德的印度管理学院　Indian School of Management, Ahmedabad, 20

纽约建筑与城市研究所　Institute for Architecture and Urban Studies in New York, 231

柏林犹太人博物馆　Jewish Museum in Berlin, 23—24, *23*, 230—231, *230*, 233—254, *236*—*254*, 263

约翰·乔纳森　Johansen, John, 130

菲利普·约翰逊　Johnson, Philip, 51, 56, 58, 130

卡尔·荣格　Jung, Carl, 188

朱西厄大学图书馆　Jussieu Libraries, 11—12, 21—22, 22, 24, 79—80, 200—202, 205—228, *200*, *206*—*228*

路易斯·康　Kahn, Louis, 12, 19, 20, 23, 102—127, 131, 161, 181, 205, 259

杰弗里·基普尼斯　Kipnis, Jeffrey, 24, 205

雷姆·库哈斯　Koolhaas, Rem, 11—12, 21—22, 24, 79—80, 200—228, 263, 264

罗莎琳德·克劳斯　Krauss, Rosalind, 231—232

让·拉巴图特　Labatut, Jean, 130

雅克·拉康　Lacan, Jacques, 202

勒·柯布西耶　Le Corbusier, 11—12, 19, 21, 23, 29, 51, 53, 54—56, 62—63, 72—100, 106, 111,129—130, 138, 155—156, 158, 181, 186, 201—202, 204—205, 207, 212, 218, 234, 236, 261, 264

欧内斯托·拉帕杜拉　Lapadula, Ernesto, 179

莱斯特大学工程馆　Leicester Engineering Building, 11—12, 20, 23, 154—176, *154*, *156*, *158*—*176*

丹尼尔·里伯斯金　Libeskind, Daniel, 23—24, 23, 188, 230—254, 263—264

"火之线"装置作品　*Line of Fire* installation, 234—237, 235, 242—243, *242*—*243*

利物浦建筑学院　Liverpool School of Architecture, 156

阿道夫·路斯　Loos, Adolf, 33, 53, 138, 181

巴黎卢浮宫　Louvre, Paris, 21

唐·林登　Lyndon, Don, 130

格瑞格·林恩　Lynn, Greg, 257—259, 264

雪铁龙住宅　Maison Citrohan, 51

多米诺住宅　Maison Dom-ino, 10, 51, 54, 63, 204, 212, 263

雅乌尔住宅　Maison Jaoul, 106, 158

曼海姆剧院　Mannheim Theater, 57

圆形石造碉堡　Martello towers, 157

戈登·马塔—克拉克　Matta-Clark, Gordon, 232—233, 236

康斯坦丁·梅尔尼科夫　Melnikov, Konstantin, 157, 162

路德维希·密斯·凡·德·罗　Mies van der Rohe, Ludwig, 12, 18, 22, 29, 50—71, 110, 138, 181, 201, 204—205, 207, 258

巴黎拉德芳斯大轴线方案　Mission Grande Axe, La Defense, Paris, *202*

摩德纳公墓　Modena Cemetery, 186—188, 190

查尔斯·摩尔　Moore, Charles, 130

路易吉·莫雷蒂　Moretti, Luigi, 12, 18, 22, 26, 26—48, 110, 130, 136,157, 201, 206—207

蒙丹方案　Mundaneum project, 186

现代艺术博物馆　Museum of Modern Art, 24, 130

贝尼托·墨索里尼　Mussolini, Benito, 155

国立橄榄球名人堂　National Football Foundation Hall of Fame, 137

柏林国家美术馆　National Gallery in Berlin, 57, *58*, 204

理查德·诺伊特拉　Neutra, Richard, 259

纽约运动员俱乐部　New York Athletic Club, 201, 203, *203*, 206

朗香教堂　Notre Dame du Haut, Ronchamp, *75*

大都会建筑事务所　OMA. See Rem Koolhaas

阿梅德·奥赞方　Ozenfant, Amédée, 74

斯特拉斯堡议会大厦　Palais des Congrès-Strasbourg, 12, *19*, 20, 23, 72—101, *72*, *75*, *77—101*, 201, 207, 218, 261

意大利文明宫　Palazzo della Civiltà Italiana, 179

曼杜瓦得特宫　Palazzo del Te, Mantua, 34

安德里亚·帕拉第奥　Palladio, Andrea, 19, 138, 188

摩洛哥阿加迪尔棕榈湾海滨会议中心　Palm Bay Seafront Convention Center, Agadir, Morocco, 204, *205*, 207. 263

爱德华多·保罗齐　Paolozzi, Eduardo, 156—157

昌迪加尔议会大厦　Parliament Building at Chandigarh, 76

拉维莱特公园　Parc de La Villette, 203, *203*, 204, 206

帕提农神庙　Parthenon, 73, 74

贝聿铭　Pei, I.M., 130

查尔斯·桑德斯·皮尔斯　Peirce, Charles Sanders, 22, 53, 130, 231

彼得·路易斯大楼　Peter B. Lewis Building, 19, 20, *23*, 24, 256—286, *256*, *258—286*

飞利浦展览馆　philips Pavilion, 75

圣马克广场　Piazza San Marco, 103

乔凡尼·巴蒂斯塔·皮拉内西　Piranesi, Giovanni Battista, 182

塞德里克·普莱斯　Price, Cedric, 157

马赛尔·普鲁斯特　Proust, Marcel, 103—104, 107

1/4住宅　Quarter-House, 136

卡罗·拉伊纳尔迪　Rainaldi, Carlo, 32, 136

里索住宅　Resor House, 56

理查德医学楼　Richards Medical Center, 20, 105, 110, *110*, 161

格里特·里特维尔德　Rietveld, Gerrit, 51

杰奎琳·罗伯逊　Robertson, Jaquelin, 130

欧内斯托·罗杰斯　Rodgers, Ernesto, 181

朱利奥·罗曼诺　Romano, Giulio, 34

阿尔多·罗西　Rossi, Aldo, 22, 23, 129, 178—198, 202

科林·罗　Rowe, Colin, 10, 11, 16, 76, 79, 156, 159, 182

鲁萨科夫工人俱乐部　Russakov Worker's Club, *157*, 162

苏格兰圣安德鲁大学学生宿舍　Saint Andrew's Dormitory, Scotland, 159

圣·卡塔尔多公墓　San Cataldo Cemetery. See Cemetery of San Cataldo

圣安德里亚　Sant'Andrea, 29

坎皮泰利圣玛利亚教堂　Santa Maria in Camitelli, 32, 136

鲁道夫·辛德勒　Schindler, Rudolf, 259

卡尔·弗里德里希·辛克尔　Schinkel, Karl Friedrich, 20, 259, 262, 270

施罗德住宅　Schroeder House, 51

文森特·斯卡利　Scully, Vincent, 130

西格拉姆大厦　Seagram Building, 56, 181

西雅图公共图书馆　Seattle Public Library, 201, 205, 207—208

塞格拉特纪念碑　Segrate Monument, *180*, 181

罗伯特·斯拉茨基　Slutzky, Robert, 159

彼得·史密森和艾莉森·史密森　Smithson, Peter & Alison, 156—157

斯图加特国家美术馆　Staatsgalerie in Stuttgart, 262

弗兰克·斯特拉　Stella, Frank, 10

詹姆斯·斯特林　Stirling, James, 11—12, 20, 23, 154—176, 202, 262

悉尼歌剧院　Sydney Opera House, 18

曼弗雷多·塔夫里　Tafuri, Manfredo, 129

第十次小组　Team Ten, 129, 157

朱赛普·特拉尼　Terragni, Giuseppe, 28

德州住宅　Texas House, *106*, 107, *130*, 131, 133, 136

拉图雷特修道院　Tourette, La, 76—80, 181

特伦顿公共浴室　Trenton Bathhouse, 20, 23, 105—107, *105*

法国国家图书馆　Très Grande Bibliothèque, 79, 202—203, 204, *204*, 205, 218

吐根哈特住宅　Tugendhat House, Brno, 52

马赛公寓　Unité d'Habitation, Marseilles, *202*, 234

约恩·伍重　Utzon, Jørn, 18

凡娜·文丘里住宅　Vanna Venturi House, *19*, 23, 27, 108, 128—152, *128*, *131—152*

马孔坦塔别墅　Villa Malcontenta, 19

光辉城市　Ville Radieuse, 130

圆厅别墅　Villa Rotunda, 19

萨伏伊别墅　Villa Savoye in Poissy, 74, *76*

斯坦因别墅　Villa Stein at Garches, 19, 74—75

维特鲁威　Vitruvius, 53, 74

罗伯特·文丘里　Venturi, Robert, 11, 20, 23, 27, 51, 128—152, 130, 181, 202, 206—207

费舍尔·冯·埃尔拉赫　Von Erlach, Fischer, 185, 190

蒂姆·弗里兰　Vreeland, Tim, 130

墙宅　Wall House, *107*, 108—109

凯斯西储大学韦瑟黑德管理学院　Weatherhead School of Management, Case Western Reserve, 19, 24, 258, 263, 270. See also Peter B. Lewis Building

耶鲁大学美术馆　Yale University Art Gallery, 20

彼得·祖姆托　Zumthor, Peter, 33

图片来源

John Bassett: 18, 21, 23, 36 right, 37, 38, 39, 40, 41, 42, 43, 44, 45, 46, 47, 48, 62, 63, 46, left, 66, 67, 68, 69, 70, 105, 120, 121, 122, 123.

Collection Centre Canadien d'Architecture/Canadian Centre for Architecture. Montréal: 157 left.

Collection Centre d'Art Contemporain Genève: 233, 235 left.

Chicago History Museum © Hedrich-Blessing: 56 right.

Conway Library, Courtauld Institute of Art, London: 275.

Le Corbusier, Licensed by SCALA/Art Resource, NY. © 2007 Artists Rights Society（ARS），New York/ADAGP, Paris/FLC: 54 left, 72, 74, 75, 76, 77, 78, 79, 157 ritht, 202 right.

Peter Eisenman collection: 158, 159, 160 left, 161 right, 183 left.

Gehry Partners, LLP: 256, 258, 259, 260, 261, 262, 263, 264, 265, 266, 267, 268, 269.

Archivio Ghirri © Eredi di Luigi Ghirri: 181, 186, 187.

Andrew Heid: 22 right, 23 right, 212, 213, 214, 215, 216, 217, 218, 219, 220, 221, 222, 223, 224, 225, 226, 227, 228, 270, 271, 272, 273, 274, 275, 276, 277, 278, 279, 280, 281, 282, 283, 284, 285, 286.

John Hejduk Archive, Collection Centre Canadien d'Architecture/Canadian Centre for Architecture. Montréal: 106 right, 107 right, 130.

Udo Hesse: 236, 237 left.

Louis I. Kahn Collection, University of Pennsylvania and the Pennsylvania Historical and Museum Commission: 102, 104, 105 left, 106 left, 107 left, 108, 109, 110.

Studio Daniel Libeskind: 230, 234, 235 right, 237 right, 239.

Libeskind/Licensed by SCALA/Art Resource, NY: 232.

Ariane Lourie: 19 right, 36 left, 60, 61, 64 right, 65, 117, 124, 125, 126, 242, 243.

Ajay Manthripragade: cover, 20 right, 22 left, 164, 165, 166, 167, 168, 169, 170, 171, 172, 173, 174, 175, 176, 190, 191, 192, 193, 194, 195, 196, 197, 198.

Mies van der Rohe Archive; digital images © The Museum of Modern Art/Licensed by SCALA/Art Resource, NY. © 2007 Artists Rights Society（ARS），New York/VG Bild-Kunst, Bonn: 50, 52, 53, 54 right, 55, 56 left, 57, 58.

Luigi Moretti, Archivio Centrale Dello Stato: 26, 28, 29, 30, 31, 32, 33, 34, 35.

Office for Metropolitan Architecture: 200, 202 left, 203, 204, 205, 206, 207, 209, 210, 211.

Matthew Roman: 89, 99.

Aldo Rossi Fonds, Collection Centre Canadien d'Architecture/Canadian Centre for Architecture. Montréal: 180 left, 185, 189.

Fondazione Aldo Rossi © Eredi Aldo Rossi, Photographs: © Alessandro Zambianchi, Simply. it: 178, 180 right, 182, 183 right.

James Stirling/Michael Wilford Fonds, Collection Centre Canadien d'Architecture/Canadian Centre for Architecture. Montréal: 154, 156, 160 right, 161 left, 162, 163.

Venturi Scott Brown and Associates, Inc. and Rollin La France: 128, 131, 132, 133, 134, 135, 136, 137.

Michael Wang: 23 left, 240, 241, 244, 245, 246, 247, 248, 249, 2580, 251, 252, 253, 254.

Carolyn Yerkes: 19 right, 20 left, 81, 82, 83, 84, 85, 86, 87, 88, 90, 91, 92, 93, 94, 95, 96, 97, 98, 100, 112, 113, 114, 115, 116, 117, 118, 119, 139, 140, 141, 142, 143, 144, 145, 146, 147, 148, 149, 150, 151, 152.

图书在版编目(CIP)数据

建筑经典:1950～2000/(美)彼得·埃森曼著;范路,
陈洁,王靖译.—北京:商务印书馆,2015(2020.8重印)
(建筑新视界)
ISBN 978 - 7 - 100 - 11165 - 2

Ⅰ.①建… Ⅱ.①埃…②范…③陈…④王…
Ⅲ.①建筑学 Ⅳ.①TU - 0

中国版本图书馆 CIP 数据核字(2015)第 059664 号

建筑经典:1950～2000

〔美〕彼得·埃森曼 著

范路 陈洁 王靖 译

商 务 印 书 馆 出 版
(北京王府井大街 36 号 邮政编码 100710)
商 务 印 书 馆 发 行
北京市十月印刷有限公司印刷
ISBN 978 - 7 - 100 - 11165 - 2

2015 年 8 月第 1 版　　　　开本 880×1240　1/16
2020 年 8 月北京第 2 次印刷　　印张 18¾　插页 12
定价:68.00 元